DevOps 導入指南

Infrastructure as Code で
チーム開発・サービス運用を効率化する

河村 聖悟／北野 太郎／中山 貴尋／日下部 貴章／
株式会社 リクルートテクノロジーズ

● はじめに

　DevOps という言葉を聞いて、何を思い浮かべるでしょうか？ インターネットで検索してみてもわかるように、DevOps というキーワードに関連する領域は非常に広い上、その定義も人によって様々です。そのため、いざ学んでみようと思っても、「一体何をやったら DevOps と言えるのかわからない」となってしまうこともあるでしょう。

　DevOps は、Dev（開発）と Ops（運用）が密に協調・連携して、ビジネス価値を高めようとする働き方や文化を指します。DevOps は最新の技術やツールを駆使していくだけでなく、それらを取り巻く組織や文化のあり方を含んだ考え方であり、継続的な改善を続けられる運用の仕組みまで広く取り入れています。よって、特定の何かを行うことによって「DevOps を実践している」と言えるような明確な定義はなく、それ故に学ぶことや実践していくことが難しくなっています。

　DevOps に実践のための明確な定義が無かったとしても、何故 DevOps のような考え方が生まれ、何を目的としているのか、そして、どのような手法やツールがその考え方を支えているのかを学ぶことは可能です。そういった学習を助けるために本書が企画されました。

　本書のタイトルに含まれている、Infrastructure as Code は、サーバやネットワークを含むインフラの設定や構成をコード化し、ソフトウェア開発を行う「開発」のスタイルを、インフラ「運用」に適用するアプローチです。これは DevOps が実践する、開発と運用の密な連携を支える方法として、非常に有用な手法です。

　本書では、この Infrastructure as Code がどのようなものであるのかだけでなく、いかに適用していくのかという点についても掘り下げていきます。そして、Infrastructure as Code がどのように DevOps の概念を支え、どのような効果をあげていくことができるのかについても解説しています。IT に携わって間もない方から、組織の中で中堅になったがまだ DevOps というものに馴染みのない方まで広く読めるように、技術や手法を入門から応用まで紹介しています。

　また、既に DevOps に関係する知識を持っているのに、実践としてなかなかチームに展開できない悩みを抱えている方も、どうぞ本書をご覧いただければと思います。本書では、個人の環境から DevOps に関わる技術の導入を、Infrastructure as Code を中心として段階的に行い、やがてチームに展開し、サービス開発・運用に発展して、メンバーの視点から組織に DevOps らしい手法を導入するまでを順番に説明しています。

　めまぐるしいスピードで変化する世の中への柔軟な対応を迫られている学生の方や、日夜価値を高めようとする IT 企業の方々にとっての強力なツールとして、DevOps の考え方や概念が一から応用まで身につくよう書き上げていますので、是非最後までお楽しみください。

CONTENTS

CHAPTER 1　DevOpsを知る　　007

1-1　DevOps登場の背景　008
- 1-1-1　DevOpsが誕生するまでの背景　009
- 1-1-2　アジャイル開発による継続的な開発への変化　010
- 1-1-3　継続的な開発によって見えてきた運用課題　011
- 1-1-4　DevOpsの誕生と歴史　017
- 1-1-5　まとめ　020

1-2　DevOpsを知る　021
- 1-2-1　目的は迅速にビジネスニーズに応えること　021
- 1-2-2　PDCAサイクルとDevOps　022
- 1-2-3　抽象化　023
- 1-2-4　自動化　026
- 1-2-5　共通化　027
- 1-2-6　継続的インテグレーション　030
- 1-2-7　モニタリング　031
- 1-2-8　目的意識・共感・自律的思考　032
- 1-2-9　まとめ　033

1-3　組織とDevOps　034
- 1-3-1　DevOpsで組織・チームのどんな課題に対応するか？　034
- 1-3-2　コンウェイの法則　037
- 1-3-3　まとめ　037

CHAPTER 2　DevOpsを個人で始める　　039

2-1　DevOpsでできることを小さく始めていく　040

2-2　個人からも実現できるDevOps　042
- 2-2-1　どこに着目するか？　042
- 2-2-2　ローカル開発環境の構築　043

2-3　個人環境からチーム環境へ持っていくための準備　050
- 2-3-1　Vagrantによるローカル開発環境のInfrastructure as Code化　051
- 2-3-2　Ansibleで構築作業をより汎用的にし、他環境へ展開する　060
- 2-3-3　Serverspecでインフラ構築のテストをコード化する　080

2-3-4　Gitを用いて必要な構成情報をチームに共有できるようにする 093
　　　2-3-5　Infrastructure as CodeとDevOpsのゴール 106

CHAPTER 3　DevOpsをチームに広げる　107

3-1　DevOpsをチームに展開することの意義 108
3-2　チームで行う作業効率化 110
　　　3-2-1　GitHubでチーム開発を行う 110
　　　3-2-2　Dockerを利用して開発をさらに効率的に進める 130
　　　3-2-3　Jenkinsを利用して作業を管理する 162
　　　3-2-4　継続的インテグレーション（CI）と継続的デリバリ（CD）で
　　　　　　リリースの最適化を行う 190
3-3　チームでDevOpsに取り組むことで得られること 205

CHAPTER 4　DevOpsのために仕組みを変える　207

4-1　DevOpsを中心に仕組みを変えていく 208
4-2　アプリケーション・アーキテクチャを変える 209
　　　4-2-1　The Twelve-Factor App 209
　　　4-2-2　マイクロサービスアーキテクチャ 212
4-3　インフラ・アーキテクチャを変える 217
　　　4-3-1　Immutable Infrastructureによる効率的なインフラ管理 217
　　　4-3-2　Blue-Green Deploymentでサービスを切り替える 221
　　　4-3-3　オンプレミス vs パブリッククラウド 228
　　　4-3-4　SaaS（Software as a Service） 231
　　　4-3-5　ログ収集と分析 235
4-4　チームを変える 240
　　　4-4-1　DevOpsとアジャイル開発 240
　　　4-4-2　チケット駆動開発 250
　　　4-4-3　Site Reliability Engineering 252
　　　4-4-4　ChatOps 258
4-5　DevOps化されたチームができること 266
　　　4-5-1　障害対応 266
　　　4-5-2　継続的インテグレーション/デリバリの実現 268
　　　4-5-3　パフォーマンスチューニング 268
　　　4-5-4　開発担当と運用担当の協力体制の構築 269

CHAPTER 5　実践・Infrastructure as Code　271

5-1　実践　継続的インテグレーション・継続的デリバリ　272
- 5-1-1　継続的インテグレーション・継続的デリバリの構成要素と連携　272
- 5-1-2　GitHubとSlackの連携：GitHubのイベントをSlackに通知する　276
- 5-1-3　GitHubとJenkinsの連携：git pushしたら処理が動く　280
- 5-1-4　JenkinsとSlackの連携：ジョブのイベントをSlackに通知する　287
- 5-1-5　JenkinsとAnsibleの連携：ジョブによりインフラの構築を行う　291
- 5-1-6　JenkinsとServerspecの連携：ジョブによりインフラのテストを行う　297
- 5-1-7　GitHubからJenkinsによるプロビジョニングを繋げる　302
- 5-1-8　継続的インテグレーション／デリバリで開発・構築・テストをひとつにする　303
- 5-1-9　より実践的な構成にするために　305

5-2　実践　ELKスタック（Elasticsearch, Logstash, Kibana）　308
- 5-2-1　ELKスタックの構成要素と連携　308
- 5-2-2　ELKスタックの構築　309
- 5-2-3　アクセスログを可視化する　319
- 5-2-4　可視化がDevOpsを身近にする　329

5-3　実践　Immutable Infrastructure　330
- 5-3-1　Immutable Infrastructureを実現する要素とリリースフロー　330
- 5-3-2　CloudFormationを利用して基本となる環境を構築する　332
- 5-3-3　Blue-Green Deploymentを利用したリリースを行う　340
- 5-3-4　障害発生時にインフラを切り替える　342
- 5-3-5　さらに実践的な構成にするために　344
- 5-3-6　Immutable Infrastructureがインフラの利用を根本的に変えていく　345

CHAPTER 6　組織とチームの壁を越えるDevOps　347

6-1　DevOpsを伝えることの難しさ　348

6-2　DevOpsを組織に導入する　349
- 6-2-1　新しい組織にDevOpsを適用する　349
- 6-2-2　既存の組織にDevOpsを適用する　349
- 6-2-3　DevOps導入のアンチパターン　357
- 6-2-4　DevOpsを導入する組織体制のベスト・プラクティスはあるのか？　360

6-3　チームで作り上げるDevOps　363

本書の読み方

章の構成

　DevOpsそのものを概要から解説する1章から順番にお読みいただくことで、2章で個人からDevOpsを始め、3章でチーム展開、4章以降で実践・応用というように、段階的なDevOpsの導入を学ぶことができるように構成されています。先に進むについて、導入難易度があがり、前の章で得た知識を元に更なる知識がつくようになっています。そして、6章では5章までに得た知識をいかにして組織に適用していくかについて学び、実践していける構成となっています。

コマンド表記について

　$記号で始まる以下のような行は、コマンドラインでの入力とその結果を表しています。そのため、$記号自体の入力は必要ありません。

```
$ echo hello
hello
```

　また、コマンド行や設定ファイル中、#記号以降に続く表記はコメントを表しています。その行が表す意味を解説するためのものであり、#記号以降の文字を入力する必要はありません。

```
$ echo hello # "hello"と出力される
```

CHAPTER 1

DevOpsを知る

　1章ではDevOpsについての概要と、DevOpsにまつわるキーワードを解説していきます。本章を読み終わると、DevOpsについて自分で説明ができ、関連する方法・技術について自分で調べられるような基礎知識がつきます。DevOpsはどういう背景で誕生し、具体的にどのような施策とツールで支えられているのかを解説していきます。

CHAPTER 1

DevOpsを知る

1 DevOps登場の背景

　例えばあなたが、とある製品、とあるサービスに開発担当として関わっていたとします。商品・サービスのビジネス上の価値を高めて欲しいという要求がきたら、どのように対応しますか？ ビジネス上の価値を高められる開発とはどんなものでしょうか？ いくつものアイデアがあると思いますが、素早く継続的な改善を行うことで新しい機能を追加してライバルに打ち勝ったり、失敗したと思った施策を柔軟性をもって改修することができたら、どうでしょうか？

　DevOpsは、Dev（開発）とOps（運用）が密に協調・連携して、**ビジネス価値を高めようとする働き方や文化**を指します。DevOpsでは、開発と運用が協調することにより、多くのチーム間のオーバーヘッドを解消することによって、省力化して開発に速さを与え、お互いの理解によって変更に柔軟性を与えます。開発と運用の連携という言葉を使った通り、働き方でありながら開発だけに閉じた手法ではなく、チームビルディングや開発フローの設計などの組織組み、更には、文化の形成までも含んだ考え方であり、DevOpsを知ろうとすれば知ろうとするほど、深く広く知る必要が出てきます。

　たとえじっくりとインターネットで検索したからといって、ずばり「これがDevOpsだ」という説明を見つけることは難しく、特定の何かを行うことによって「DevOpsを実践している」と言えるような明確な定義はありません。

　DevOpsがここまで広く多くの考え方を含んだのには、DevOpsが生まれてきた背景の複雑さが関係しています。

　開発手法やツールの発展と共に、開発面で継続的な改善を支えるツールが生み出され、運用と分離されていることによる課題が残り、運用の解決を吸収するかのように更にツールが発展してきました。このため、DevOps誕生までの基礎的な背景を押さえることで、何故DevOpsという考え方が今のツールや手法を内包することになったのかを深く理解することができます。

　本書は、1章にてDevOpsの概要や背景を知り、2章で個人での導入、3章でチーム導入、4章以降で実践・応用というように、段階的なDevOpsの導入を学ぶことができるように構成されています。そのため、1章ではまず全体の概要を押さえ、2章以降において、DevOpsの一体どんな部分から着手していくのかを押さえられるようにしましょう。

1-1-1　DevOpsが誕生するまでの背景

　DevOpsという考え方は、ある日突然芽生えた考え方ではありません。長い時間を使って成熟してきた継続的な開発手法を土台にしつつ、更に効率的に開発するにはどうしたらよいか、更に継続的な改善を続けるにはどうしたらよいか、ということへの打ち手を、誰もが悩み続けていました。誰もが抱えている、何とかしなければならないという課題が、明文化されとりまとめられて、今日のDevOpsに至ります。その基となる課題とは一体どのようなものでしょうか？　DevOpsが誕生するまでの土壌としては、大きく以下の2点が挙げられます。

- アジャイル開発による継続的な開発への変化
- 継続的な開発によって見えてきた運用課題

　アジャイル開発と呼ばれる継続的な開発スタイルが生み出した様々なツールや方法と、そこで生まれた運用課題が、DevOpsという考え方を生み、今日のDevOpsの概念や方法・ツールを支えています。まずは、これらのDevOps誕生に至る2つの要素を、順に見ていきます。

昔ながらの開発

アジャイル開発

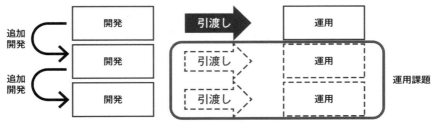

図1-1：昔ながらの開発とアジャイル開発

1-1-2　アジャイル開発による継続的な開発への変化

　1980年代からのサービス開発では、ウォーターフォールという開発手法が長く用いられてきました。

　ウォーターフォール型の開発では、開発工程を分割し、前の工程が終わらないと次の工程に進まないという開発スタイルをとります。工程の分け方は様々ですが、企画・要件定義・設計・実装・テスト・リリース・運用のように分けた工程を、上流から下流へ一段一段滝が流れ落ちるように進めていきます。各工程において確かなものを作り上げることでシステム全体の品質を向上させていくため、非常に時間がかかります。前の工程が完成していることを前提とするため、一度設計し、実装したものに変更が加わることはほとんどありません。もし変更があったとしても、テスト工程までにはほとんどの要件は調整済みとなっており、リリースまでの長い時間をかけた工程の中で新しい要件に対応することは、規模にもよりますがほとんどの場合、不可能です。

　一方で、昨今のWebサービスにおいては、ごく短期間での機能追加・改善が求められるようになってきました。ウォーターフォール型の開発では、この短期間で次々に要望が変化し、細かい変更の繰り返しに対しての柔軟性を問われる開発への対応が大変難しくなります。そのため、サービスを施策しながらフィードバックをうけ開発を重ねる「プロトタイピングモデル」や、少人数開発を前提とし、必要最小限の要件を加えた成果物を作ってリリースをして、顧客のフィードバックをうけて継続的な改善を繰り返す「アジャイル開発」というスタイルの開発等が誕生し、短期間での開発サイクルに対応しようという土壌ができ上がってきました。アジャイル開発については4章、継続的な開発手法の詳細については3章で解説しています。

　アジャイル開発ではウォーターフォールと異なり、頻繁に機能追加が行われます。ウォーターフォールのような従来の手法では考えられない回数のアップデートに対応し、継続的な改善を繰り返すために、継続性や効率を追求した開発手法やツールが考案され、継続的インテグレーションという考え方が生み出されました。この、継続的インテグレーションについては3章で解説しています。

　開発者は、自分達の範囲の効率化や自動化を進めていき継続的インテグレーションと呼ばれる成果物生成の効率化を進めていきましたが、どうしても運用面の課題が残ることに気が付き始めました。

図1-2：ウォーターフォールとアジャイル開発

1-1-3　継続的な開発によって見えてきた運用課題

　開発者が運用面の課題を解消しようと思い、特に自分たちだけでは対応することができなかったインフラ周りの設定・構築について、より効率的にするにはどうしたらよいかという打ち手を考えるようになりました。インフラ構築・設定変更を自動化しようというツールは古くから存在するものもありましたが、アジャイル開発の浸透とともに、これらの自動化ツールが、継続性や効率化を実践するものとして次々と取り入れられていきました。

　そもそも、開発チームと運用チーム、特に開発チームとインフラチームとの間には、いくつもの課題がありました。継続的な開発を進めてきたアジャイル開発実践者が、表立って開発と運用の間の課題に切り込んだのは、2008年です。

　Agile 2008 conference（アジャイル会議 2008）において、Patrick DeboisがAgile Infrastructure & Operations（アジャイルのインフラと運用）という資料を発表しました。

> 参照URL　http://www.jedi.be/presentations/agile-infrastructure-agile-2008.pdf

　この資料では、IT people, Operations separated from Dev. by design（運用チームは開発チームから故意に分離されている）という状態について触れています。スライドの中ではその状態から起きることの例を元に問題点を解説し、Infrastructure, Development and Operations（インフラ、開発、そして運用）という事例では、インフラチームがアプリケーションのことを気にしないという点についてあげています。

　運用の問題として、インパクトが分からないからアップデート用のパッチを適用しない、ハードウェアがサポート期限を迎える、スクリプトをリスタートして直す、マ

イグレーションが中途半端に終わる等の「技術的負債」を抱えることになると指摘しています。

また、開発の問題として、スペシャリストだらけになり、他の人の仕事はやらない、追加機能や改善を積み上げるはずのリストにはTODOだけが積まれてしまう、アプリケーション内部の知識がない、プロダクトマネージャーや運用マネージャー等チームごとにマネージャーが立つので、プロダクトの責任者（プロダクトオーナー）が複数になり真の要件が見えなくなる等の問題を挙げています。Agile infrastructure and development（アジャイルのインフラと開発）という事例では、開発者の視点では機能要件はチェックされるものの、モニタリング・冗長化・バックアップ・OS等の非機能要件がないがしろになる点を問題として挙げています。

この資料では、もちろん問題提起だけではなく、解決策についても提案がなされています。

運用の問題については、デイリースクラムと呼ばれる、日々の会議においての進め方における解決策をあげており、チームメンバーの興味があるかどうかで優先順位をつけたり、タスクにペアで取り組んだり、information radiation（情報の輻射）という、いわゆる情報が自然に伝わる状態を形成することの必要性について触れています。

ここで大切なのは、開発の問題についての解決策です。スライドでは、**機能横断型チーム（Cross Functional Team）**として、インフラチームを混ぜたアジャイル開発を紹介しており、インフラ要件を従来よりもっと早い段階で見える化し、課題については課題のオーナーを明確にすることを提案しています。

この発表の後、2009年にAgile 2009 Conference（アジャイル会議2009）において、Andrew ShaferがAgile Infrastructure（アジャイルインフラ）という発表を行いました。

> 参照URL　http://www.slideshare.net/littleidea/agile-infrastructure-agile-2009

ここでは、Web開発において起こる、開発と運用の間で起きる混乱を、wall of confusion（混乱の壁）と名づけて言及しています。この壁を超えて、開発と運用がお互いに壁を超えてお互いの領域に入ってアジャイル開発らしいインフラ運用となるアジャイルインフラを実現する手段として、Infrastructure is code（インフラはコードである）をテーマに方法を説明しています。今日の、本書で紹介しているようなInfrastructure as Codeの手段を用いて、Web開発をどのように進めるのが良いかについて言及しています。

全てをバージョン管理（Versioning everything）することの例として、ソフトウェアだけではなくコンフィギュレーション管理を導入してインフラを管理することや、ワンストップのデプロイ、モニタリング、インフラの継続的インテグレーション等に触れています。

特に、情報共有の基本的な考え方として、開発と運用は同じ場所で同じ物を見る（Dev and Ops see the same thing, in the same place）ことの実現手段として、コード化された構成情報を同じソフトウェア管理システムのリポジトリ（2章で紹介）にのせて見える化することや、全員がどのバージョンが使われているかを把握するためブランチ運用（3章で紹介）では常にメインとなるブランチからリリースするなどの方法について言及しています。

以上のように、「継続的な開発によって見えてきた運用課題」によって、DevOpsの考え方の土壌が形成されていき、その解決策として、開発（Dev）と運用（Ops）が情報のシェア（Information radiation）を行い見える化する過程で、インフラのコード化が加速して、Infrastructure as Codeの世界が形成されていきました。

DevOpsの誕生以降を見る前に、ここで、DevOps土壌形成とともに成長したInfrastructure as Codeの歴史にも触れておきたいと思います。

運用課題の解決策としてのインフラ構成管理ツール

DevOpsの運用課題を解決するための手段としてのインフラのコード化は、サーバやストレージ、ネットワーク等のインフラに設定を行う、インフラ構成管理（プロビジョニング）ツールによって発展しました。プロビジョニングと一口に言っても、ツールによってインフラに対して設定できる範囲はバラバラです。Velocity 2010 でのLee Thompson氏によるProvisioning Toolchain[1]（プロビジョニングのツール連鎖）というプレゼンテーションでは、サーバのプロビジョニングが3つの領域に分類されています。

表1-1：プロビジョニングの3つの領域

プロビジョニング領域	説明	該当するツールの例
オーケストレーション (Orchestration)	デプロイやノード間連携など、複数のサーバに対する設定や管理を担う	Capistrano, Func
コンフィギュレーション (Configuration)	OSやミドルウェアの設定を担う	SmartFrog, CFEngine
ブートストラッピング (Bootstrapping)	仮想サーバの作成や、OSインストールを担う	kickstart, Cobbler

---

[1] http://conferences.oreilly.com/velocity/velocity-mar2010/public/schedule/detail/14180

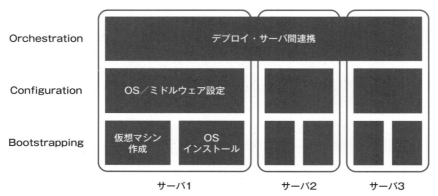

図1-3：プロビジョニング領域の構成イメージ

　最初の**ブートストラッピング（Bootstrapping）**領域は、仮想マシンやOSのインストールやセットアップを指します。
　例えば、IaaS（Infrastructure as a Service）というインフラ環境を提供するクラウドサービスにおいて、仮想マシンの立ち上げやコンテナの作成にあたります。利用者の目線からすると、インフラ運用担当がハードウェアにベースとなるOSを入れる場合に利用されるツールとなります。仮想マシンや、Dockerのようなコンテナが当たり前になってきた昨今は、仮想マシンのテンプレートであったり、サーバのイメージを作って、1度作ったイメージをベースに設定変更を行うことが多くなったためインフラ担当の担当領域もハードウェアからソフトウェアにより近づいていることにより、ブートストラッピングを用いた作業は数多く実行することはなくなってきました。仮想マシンの作成からkickstartと連動したゲストOSのインストール、そしてテンプレート化までを一貫的に実行するツールも登場しています。例えば、HashiCorp社によるPacker[2]では、上記の通り、OSインストール・設定変更・テンプレート化までを一気に実行します。
　次に、**コンフィギュレーション（Configuration）**領域は ブートストラッピングが終わったサーバへのOS設定変更やミドルウェアの設定適用などを指します。
　最後に、**オーケストレーション（Orchestration）**は開発物を複数のサーバへの一括デプロイのような、複数台に対する統一的な設定を施す作業を指します。
　最近では、PuppetやChef、Ansible等の構成管理ツールによってコンフィギュレーションとオーケストレーションの境界線はなくなり始めています。例えば、これらの構成管理ツールは、複数のサーバをWebサーバグループ、DBサーバグループのようにグルーピングを行い、それぞれのグループに対して設定を配布したりコマンドを実行したりすることが可能です。

---

[2] https://www.packer.io/

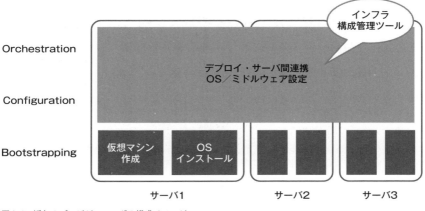

図1-4：近年のプロビジョニングの構成イメージ

Infrastructure as Code と DevOps

　Infrastructure as Codeとは、「インフラのコード化」を指し、上記のインフラ構成管理ツールによる設定のコード化・構成情報化の全てを指します。大切なのは、全てのインフラがこの設定・構成情報によってのみ、構築・設定変更されるということです。誰もが同じ構成情報を一元的に見ることができ、実機には構成情報通りの設定が反映されます。

　インフラ構成管理ツールの中でも、特にコンフィギュレーションツールは、サーバやミドルウェアの構成情報や設定情報を定義ファイルに記載し、直接実機への設定を行う代わりに、ツールによって定義ファイル通りに設定を行う、「継続的な開発によって見えてきた運用課題」の解決手法の軸となるツール群です。定義ファイルを記載することで、インフラの構成と設定を宣言として記載できるようになるため、インフラのプラットフォームごとの差異を吸収するための知識を必要としなくなります。このため、アプリケーションエンジニアでも、構成情報を記述しインフラを構築できるようになります。

　このように、Infrastructure as Codeはインフラの構成や設定の構成情報化によってソフトウェアの領域に転換し、インフラの構成や設定においてもソフトウェア開発の手法を適用することができるようになります。設定変更のためには、コードのように構成情報を書き、構成は通常のアプリケーション開発と同様の手法でテスト可能なツールを使いテストして、できた構成情報はコードと同様にバージョンを管理し、というように、開発部門から生まれたアジャイル開発のような継続的な開発手法をインフラ構築・運用にも適用することが可能になります。加えて、Infrastructure as Codeという言葉にある通り、インフラをコードで表現するとはいっても、コード化に高度なプログラミングの知識は必要ありません。大抵のコンフィギュレーションツールに

おいては、プログラミング言語に比べて学習コストの低いドメイン固有言語（DSL）によって、インフラの構成やコンフィグを記述できるようになっています。このため、あまりプログラミングに縁のなかったインフラエンジニアでも、一般的なミドルウェアのコンフィグを習得する程度の学習コストで記述することができるため、インフラエンジニアもアプリケーションエンジニアも、インフラ設定・運用について双方から歩み寄ることができるようになります。

開発と運用が密に連携してビジネス価値を高めようとするDevOpsにおいて、アプリケーション開発の担当者が、インフラ運用に対してソフトウェアの知見を用いて理解し、あるいは、直接設定変更ができるようになるInfrastructure as Codeは、非常に重要な考え方のひとつとなります。

コンフィギュレーションツールの歴史と特徴

現在、ツールの種類は増えていく一方ですが、コンフィギュレーションツールの歴史と特徴を、構成情報の扱い方を軸に見ておきましょう。

現在のコンフィギュレーションツールの原型となったCFEngineは、1993年のMark Burgess氏によって、オープンソースのコンフィギュレーションツールとして登場しました。コンフィギュレーションツールの祖父とも呼ばれます。CFEngineはC言語で記述されており、非常に軽量に動作することが特長でしたが、それ以上に、システム間の差異をC言語などで拡張することなく、DSLで構成を記述できるという点において、非常に注目を集めました。

2005年には、Luke Kanies氏がPuppet Labsにおいて、Rubyで開発されたPuppetをリリースしました。マニフェスト（Manifests）と呼ばれる構成情報ファイルに独自のDSLで構成を宣言することが可能です。C言語で書かれたCFEngineと比べて、PuppetはRubyであることによりポータビリティが優れています。

2009年にはAdam Jacob氏によって、RubyとErlangで書かれたChefが登場しました。レシピ（recipes）と呼ばれる構成情報ファイルにRubyベースのDSLで構成を記述し、Rubyの文法などがそのまま使えるのが特長です。

そして、2012年にはMichael DeHaan氏によって、Pythonで書かれたコンフィギュレーションツール、Ansibleが登場しました。設定・構成情報はYAML形式で表現されますが、実機設定を行う実行モジュールを様々な言語で記述できることが特徴です。

2-3-2においては、このAnsibleを例にとって、Infrastructure as Codeに非常に相性が良い構成管理ツールとして紹介します。

Ansible等の構成管理ツールによって得られるメリットは、様々あります。

- 省力化：自動化による迅速な設定
- 宣言的：構成情報によって今の設定対象の状態が明確に記載でき把握できること

- 抽象化：構成情報を対象の細かい環境の差異によって書き分ける必要がなく、できる限りコード実行の専門性が排除可能なこと
- 収束化：対象の状態がどうであっても期待した状態に変更されること
- 冪等性（べきとうせい）：何度実行しても同じ結果得られる

　Ansibleは、これらのメリット・特長を活かして繰り返しインフラにコードを適用し続けることが可能で、要件の変化に対して設定変更を繰り返し行うことに対応していくことができます。

1-1-4　DevOpsの誕生と歴史

　1-1-2と1-1-3で見てきた通り、アジャイル開発で継続的開発への改善が進み、その中で運用課題が残って、Agile Conference（アジャイル会議）の2008年・2009年の運用に対する問題提起とその解決策の提示によって、DevOps誕生に至る土壌が整ったことを見てきました。ここからは、こうした背景をもとに誕生した、DevOpsの誕生の経緯と歴史を見ていきましょう。

DevOpsの発芽

　2009年、O'Reilly主催の**Velocity**というカンファレンスにて、Flickr（当時：ルディコープ社、現：米Yahoo!社）の2人のエンジニアが10+ Deploys per Day：Dev and Ops Cooperation at Flickr（日に10回を超えるデプロイ：Flickrにおける開発と運用の協力）というプレゼンテーションを行いました。

> 参照URL　http://www.slideshare.net/jallspaw/10-deploys-per-day-dev-and-ops-cooperation-at-flickr

　最初のスライドには、以下のようにあります。

> *Dev versus Ops*
> （開発部門 対 運用部門）

　このプレゼンテーションでは、伝統的な組織では開発部門と運用部門は対立関係にあるとしています。開発部門はビジネスのためにサービスへ変化を加えようとしますが、運用部門は変化を嫌います。運用部門のミッションは安定稼働であったため、手を加えたくないのです。そしてさらに、負の無限ループが生じ始めると溝は一層深まるばかりです。まさにこのスライドでは、今まで形成された土壌の中で残り続けてきた運用面の課題がそのまま説明されています。

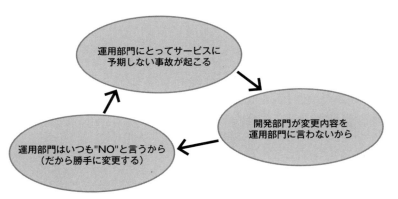

図1-5：開発部門と運用部門の負の無限ループ

サービスにおける運用を巡る負のループについては、以下のように書かれています。

- Because the site breaks unexpectedly
  （運用部門にとってサービスに予期しない事故が起こる）
- Because no one tells them anything
  （開発部門が変更内容を運用部門に言わないから）
- Because They say **NO** all the time
  （運用部門はいつも**NO**と言うから（だから勝手に変更する））
- （以下ループ）

いかにも分かりやすい負のループですが明文化されると改めておかしな構造になっていることに気が付きます。また、運用部門のミッションに対しての考え方について、以下のように言及しています。

> *Ops' job is NOT to keep the site stable and fast*
> （運用部門のミッションは安定稼働でも最適化でもない）
>
> *Ops' job is to enable the business (this is dev's job too)*
> （運用部門のミッションはビジネスを有効にすることである（開発部門も同様である））

世の中の変化に対応するためビジネスに開発部門が変化を加えようとしており、運用部門もビジネスのために安定を図るため変化を加えたくないのですが、立ち返ってみると、両者の目的は一致しています。では、その変化に怯え、避け続けるのか、それとも変化が要求される度に変化をするのか、後者であるためにも、このように綴ら

れています。

> Lowering risk of change through tools and culture
> （変化のリスクをツールと文化によって低減する）

ツールと文化に関して、変化に対応するためのいくつかの指標を提示しています。

[変化に対応するためのツール]
- Automated infrastructure（インフラの自動化）
- Shared version control（バージョン管理の共有）
- One step build and deploy（ワンステップのビルドとデプロイ）
- Feature Flags（アプリケーション中の機能の有効/無効を設定ファイルで管理すること）
- Shared metrics（メトリクスの共有）
- IRC and IM robots（IRCやインスタントメッセンジャーのbot）

[変化に対応するための文化]
- Respect（尊重）
- Trust（信頼）
- Healthy attitude about failure（失敗に対する前向きな姿勢）
- Avoiding Blame（非難をしないこと）

　このFlickrのプレゼンテーションでは、具体的な手段について詳細には語られていませんが、1日に10回ものデプロイを行うことはその当時では考えられないものであったため、開発にかかわる全ての人に、相当なインパクトを残しました。

DevOps誕生

　2009年10月30日、ベルギーでのイベント「DevOpsDays Ghent 2009」がITコンサルタントのPatrick Debois氏によって開かれ、こうしてDevOpsという言葉が誕生しました。前節で触れたプレゼンテーションの中でも、特に「10+ Deploys per Day」はIT業界にインパクトを与えたものの、従来の開発文化が残っている企業からは「不可能ではないか」、または「できたとして、そんなにデプロイしても意味があるのか」といった後ろ向きな意見もあったようです。実際に、前節で触れたDevOpsという言葉を生み出したPatrick氏のブログにおいて、最初は「開発と運用が協力するなんて馬鹿げている」と非難され、諦めかけていたと述べています。

参照URL　http://www.jedi.be/blog/2009/11/15/devopsdays09-two-weeks-later/

そう語られるほど、企業におけるIT部門の開発と運用の間に生じていた溝は深いものがありました。しかし、IT業界だけではなく世界のあらゆる物事が計り知れないスピードで変化する昨今、どんなに開発と運用との間の溝が深くあろうともそれを埋め、組織全体が一体となりビジネスに適用できる企業こそが競争優位に立つことができるでしょう。

1-1-5　まとめ

1-1では、DevOps誕生の背景を学んできました。DevOps誕生までの土壌として、アジャイル開発による継続的な開発への変化と、継続的な開発によって見えてきた運用課題があり、その課題をいかに解決するかを開発者達が悩んだ結果、DevOpsが提唱されました。次の節からいよいよ、DevOpsについて学んでいきます。

CHAPTER 1 DevOpsを知る

2 DevOpsを知る

1-2-1 目的は迅速にビジネスニーズに応えること

　DevOpsでは、開発部門と運用部門が密に連携し、様々な手法と文化を取り入れ商品やサービスへの改善にかかる時間を短縮し、迅速にビジネスニーズに応えることが求められます。繰り返しの改善によって、新たな施策を実施したり、うまくいっていないところを迅速に変化させていくことによってビジネスを支えます。単に新規のサービスを作り出したり、新規機能の追加をすることに留まらず、既存のサービスを迅速に、開発と運用の両面から改善して育てていくことが非常に重要となります。

　迅速にビジネスニーズに応えるという基本的な考えを表しているのが、1-1-4で紹介したDevOpsという言葉が生まれたイベントの名前、Velocity（ベロシティ）です。ベロシティとは、「単位時間あたりのビジネスへの貢献度」を指します。その言葉の通り、いかに素早くビジネスに貢献するかについて追い求めた結果の産物のひとつとして、DevOpsがあります。

　開発と運用が密に連携しお互いの観点をもってサービスを改善するためには、お互いの専門性を認め、いかにお互いを理解し合うことができるかがポイントとなります。このような開発と運用の連携を支えるツールの種類として、インフラの自動化やバージョン管理の共有等があることを既に紹介してきましたが、これらの開発と運用の連携を支えるツールを形成する要素として、以下のようなものが考えられます。

[開発と運用の連携を支えるツールを形成する要素]

抽象化	あらゆるリソースを抽象化していかなるプラットフォームの差異をも吸収し、専門性や複雑性を低減すること
自動化	抽象化されたリソース利用の自動化を可能にし、専門性や開発と運用の人的負荷を低減すること
共通化	共通のバージョン管理システム、コミュニケーションツールを用いて情報を見える化し、開発と運用の密な関係を構築すること
継続的インテグレーション	開発と運用の開発・構築手法の統一化によって改善の速度を飛躍的に伸ばすこと
モニタリング	リソースの情報を一元化して見える化し、開発と運用が密に運用できる関係を構築すること

また、開発と運用の連携を支える文化としては、「尊重」「信頼」「失敗に対する前向きな姿勢」「非難をしないこと」などがあると紹介しましたが、それらの文化を形成する要素としては、以下のようなものがあります。

［開発と運用の連携を支える文化を形成する要素］

目的意識	開発・運用が共に、サービスを育て迅速にビジネスニーズに応えるという共通の目標を持ち連携しやすくすること
共感	開発と運用がお互いのチームの気持ちを汲み取り、受け入れ関係を密にしていくこと
自律的思考	開発部門と運用部門が依頼を待つのではなく自律的に動くことで共通の目標の達成に近づけること

　開発と運用の連携を支えるツールを形成する要素としては、主に専門性や複雑性を排除してオーバーヘッドを減らし、情報を見える化することを狙います。そうすることで誰もが同じ情報に基づいて迅速に動けるようにして開発・運用の密な連携を支え、自動化や継続的インテグレーションによって改善への対応時間を劇的に短くし「迅速」に目的達成につなげることを目指していきます。そして、開発と運用の連携を支える文化を形成する要素としては、開発と運用が自分たちのミッションを超えて共通の目的を持ち、お互いの立場を理解しながら自律的に考え行動し、共通の目的である「ビジネスニーズに応える」ことを狙います。

　このようにDevOpsにまつわる様々な文化的な考え方やツールは、DevOpsが目指す「開発部門と運用部門が密に連携し、様々な手法と文化を取り入れ商品やサービスへの改善にかかる時間を短縮し、迅速にビジネスニーズに応えること」に共通点を持ち、様々な要素によって形成されています。

1-2-2　PDCAサイクルとDevOps

　PDCAサイクルとは、現代の品質管理の父と呼ばれるEdwards Deming氏によって提唱された、企業活動・事業活動における継続的な生産改善やその制御に用いられるマネジメント手法です。業務を、Plan（計画）→ Do（実行）→ Check（評価）→ Act（改善）と4段階で改善を施し、改善が施された状態から、またPlan（計画）に戻って継続的に改善を行います。

　一周PDCAを回すことで、次の周では更に高みを目指すことができるという要領ですが、DevOpsではどのように考えるべきでしょうか？

　DevOpsとは、DevOpsを支える考え方・施策・ツール等様々な取り組みによって成り立つものです。どれが欠けてもDevOpsとは言えず、一度に全ての改善を完成形として導入するということもなく、日々改善して実践していくものです。DevOps自体

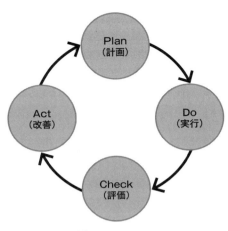

図1-6：PDCAサイクル

の導入もまたPDCAとして回していく必要があり、継続的インテグレーション等においてもPDCAの手法を用いてサービスを継続的に改善していく考え方となっています。このように、DevOpsとPDCAサイクルは切っても切り離せない関係となっています。

DevOpsにおいて、PDCAサイクルを回すための方法としては、アジャイル開発の継続的な開発手法がその例のひとつです。継続的インテグレーションと呼ばれる開発物のビルドと試験、それぞれの結果のフィードバックまでを継続的に実行する手法は、開発物の質を高めていくためのPDCAサイクルを具現化したものと言えるでしょう。他にも、開発部門と運用部門のコミュニケーション、環境のあらゆる情報のモニタリング等、継続的な改善をPDCAによって回していきます。

1-2-3　抽象化

ここから、開発と運用の連携を支えるツールを形成する要素を種類別に見ていきます。

抽象化とは、あらゆるリソースの抽象化していかなるプラットフォームの差異をも吸収することを指します。インフラの抽象化では、OS・サーバ・ストレージ・ネットワークなどの抽象化が挙げられます。抽象化を行うことにより、専門性や複雑性を低減することができます。DevOpsでは、開発と運用の密な連携が必要となりますが、抽象化によるインフラに関する専門性や複雑性の排除によって、開発側からインフラ側の構成や設定に歩み寄ることができるようになります。

抽象化を分解すると2つの解釈があり、ひとつ目は「同じ規格やルールで単体または複数の異なるプログラムや機器を呼び出せること」でこれを「標準化」と呼び、2つ

目は「実際には有りもしない何かに成りすますこと」でこれを「仮想化」と呼びます。

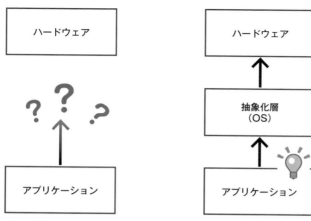

図1-7：抽象化層の役割

　「標準化」「仮想化」のアプローチは、OS・サーバ・ストレージ・ネットワークにおいても同様に行われ、個別ハードウェアのノウハウが、ソフトウェアにどんどん寄せられていっています。DevOpsを支える技術においては、インフラの専門性の排除を行い開発側からインフラ構成にアプローチできるように「標準化」「仮想化」の流れを迎えています。

　OSの抽象化では、ひとつのOS上で複数の人が異なるアプリケーションのビルドを行いたいという意図で、1979年にファイルシステムの分離が可能なchrootが登場したことが原型となります。ファイルシステムの分離に留まったchrootに対し、2000年にFreeBSDというOSにおいて、Jailという考え方が生まれ、一部のシステム変更権限（root権限）を分離することが可能となりました。2001年には、Jail機構を基にしたLinux-VServerの開発が始まり、ひとつのサーバ上のCPU時間・メモリ・ネットワークなどのリソースを分割し、複数のLinux仮想サーバを動作させる構想が生まれました。2005年にはSolarisコンテナ（Solaris Containers）が登場し、2008年にはLinuxにおいてもLXC（The Linux Containers Project）が誕生し、個別のプロセス単位で名前空間（ネームスペース）によるリソースの分離を行うことで仮想化を実現するコンテナという概念が広まりました。2013年に、dotCloud社（現在はDocker社へ社名変更）によって、LXCを用いて実装されたコンテナ、Docker[3]がオープンソース化され、爆発的に普及しました。現在のDockerはGo言語による独自実装を行い、更にプラットフォーム間のポータビリティを上げており、OSの抽象化はまだ進化しています。OSの仮想化は、DevOpsにおいて、開発と運用の密な連携において、インフ

---

[3] https://www.docker.com/

ラ構成をソフトウェアによせ一元管理したり構成を変更する際に用いるInfrastructure as Codeにおいて最も用いられる技術のひとつです。本書においても、3章でDockerについて解説しています。

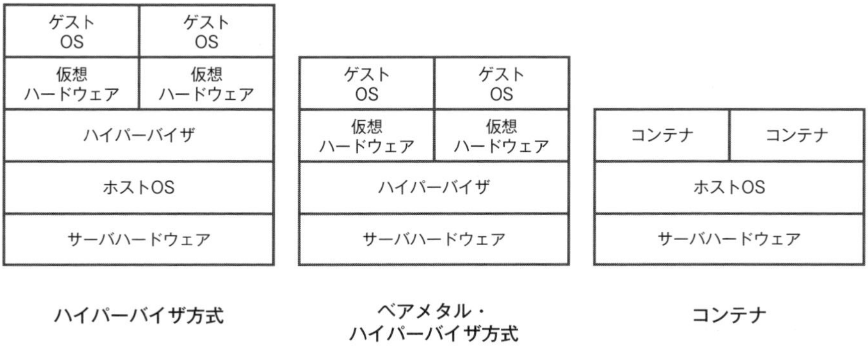

ハイパーバイザ方式	ベアメタル・ハイパーバイザ方式	コンテナ
ゲストOS / ゲストOS 仮想ハードウェア / 仮想ハードウェア ハイパーバイザ ホストOS サーバハードウェア	ゲストOS / ゲストOS 仮想ハードウェア / 仮想ハードウェア ハイパーバイザ サーバハードウェア	コンテナ / コンテナ ホストOS サーバハードウェア

図1-8：仮想化方式

　OS層より下の物理サーバの抽象化についても触れておきましょう。PCの上に仮想のPCを作るコンセプトで、1999年にVMware社からVMware 1.0が登場しました。全ての物理ハードウェアをソフトウェアで表現し、OSの上で全く別のOSを動かすことが可能となります。仮想化されたハードウェアを仮想化マシン、仮想化マシンをのせる大本のOSを仮想化ホストと呼びます。仮想化ホストは、ハイパーバイザとも呼ばれます。LinuxやWindowsのようなOSを入れた後に、ハイパーバイザのソフトを入れるケースと、物理ハードウェアの上にいきなりハイパーバイザを入れる（ベアメタル・ハイパーバイザ）と呼ばれる方法があります。代表例として、2003年には、Xen[4]というLinuxカーネルをハイパーバイザ化する技術が登場し、2006年にはKVMという仮想化技術が登場して、翌年2007年にはLinuxカーネルにKVMがマージされ、Linuxディストリビューションでは標準的にサーバ仮想化を導入できるようになりました。2009年にはVMware vSphereが登場して、軽量な仮想化専用OS（ベアメタル・ハイパーバイザ）として大変注目を浴び、実際に大企業においても導入され、利用されてきました。これらの、OSの抽象化とサーバの抽象化の双方のメリットを得るために仮想マシン上にコンテナを構成するハイブリッド構成が注目を浴びています。Google社が2015年に、Borg[5]というコンテナ型アーキテクチャを発表しました。ハードウェアの抽象化である仮想マシン上にコンテナを展開することで、ハードウェアのリソース制約を気にすることなく、コンテナによってハードウェアを極限まで使い切ることができます。以上のように、サーバの仮想化により、より物理

---

[4] https://www.xenproject.org/
[5] https://research.google.com/pubs/pub43438.html

的な制約から離れてサーバやインフラ構成を設計できるようになり、今日では物理ハードウェアを意識する場面は大幅に減り、インフラ担当だけしか知らない知識はますます減っています。

　ストレージの抽象化はどうでしょうか？ ひとつの物理ストレージに論理ストレージをいくつも作成できたり、ポリシーに基づいて動作内容を配布・決定できるようなストレージ機器を、SDS（Software Defined Storage）と呼びます。EMCやNetApp等のストレージ企業において多くのストレージ用OSが、ソフトウェアから制御できるようにAPI（アプリケーション・プログラミング・インタフェース）を設けており、よりソフトウェアとの親和性を高めようという傾向にあります。ストレージは、専門エンジニアがいて各サービス向けの容量を計算してデータ配置を決めたり、ディスクの増設計画を立てたりと、開発側からはインフラ担当が何をやっているのか全く分からない世界でしたが、SDSの考え方によって、仮想化されたストレージをソフトウェアから制御できるようになり、より開発と運用が密に連携しやすくなりました。

　ネットワークの抽象化の手段として、古くから知られているのがVLAN（Virtual Local Area Network）です。1994年に実装されたのが始まりで、これはひとつの物理スイッチを複数の論理的なスイッチに分けるための技術です。スイッチはひとつのシステムに多数設置されることが多いものの、全てに同じ設定をしないとネットワークが構成できないことと、大規模なネットワークの柔軟な変更の需要が大きくなったことで、この課題を解決するための手段としてSDN（Software Defined Network）が提唱されました。SDNはいくつかの実現手段がありますが、共通していることはスイッチをControl Plane（設定などの管理機構）とData Plane（パケットの転送機構）とに分離することです。ポリシーや設定内容の制御を担うControl Planeは、ソフトウェアによって管理されます。開発側は低い学習コストでソフトウェアの知見を駆使しながら、ネットワークの設定を変更することができます。ファイアウォールやロードバランサの様な従来は専門のエンジニアしか触ることができなかった機材も、ソフトウェアからの制御に移行することによって、インフラ担当だけではなく開発側も内容を把握したり変更したりすることができるようになりました。

1-2-4　自動化

　自動化とは、機械的にプログラムから制御して、人の操作を必要としない作業を指します。アプリケーションのビルドや、アプリケーションのテスト等、毎回同じ操作を必要とする場合に、その動作をプログラミングしておき、プログラムから一連の動作を実施することで実現します。

　抽象化されソフトウェア化されたインフラは、設定もソフトウェアの世界で完結するようになったため、プログラミングが可能となりました。コンテナや仮想化などの

技術が早くから用いられたサーバやOSのプログラミングによる操作が可能なのはもちろんのこと、ストレージやネットワークなどのハードウェアにおいても、**REST API**と呼ばれる、リソースをURLで表しHTTPプロトコルを使ってリソースの状態を取得したり設定変更したりできる、API（アプリケーション・プログラミング・インタフェース）を提供するのが一般的となっています。このREST APIを使ってリソース状態を変更する手順をプログラムとして組み上げることで、従来、変更手順書等を作成して手作業でやっていた作業を、すべて機械的に自動で行うことができるようになります。

抽象化されソフトウェア化されたOS・サーバ・ストレージ・ネットワーク等は、指定したパラメータを基に全ての設定を自動で行えるようになりつつあります。例えば、サーバを一台追加しようと思った時に、コンテナなどの技術を用いてOSを立ち上げ、ストレージを設定し、ネットワークに組み込むなどの一連の作業を自動で行うことができます。

自動化は、オープンソースの様々なソフトウェアを組み合わせることによっても可能です。後ほど紹介する継続的インテグレーションは、自動化を用いて実現する代表例となります。

1-2-5　共通化

課題管理システム

コミュニケーションツールの統一化はアジャイル開発の中で発展してきたものですが、DevOpsの中では開発と運用の連携のため更に大事になります。

情報の一元化や見える化は、密な連携を行うために欠かせない要素となります。

ただ会話が円滑に進むことだけ目的とせず、運用面においてもシステム連携がしやすいツールが多く登場してきています。

例えば、課題管理システム（ITS：Issue Tracking System）はチケット管理ツールと呼ばれており、課題が書かれたチケットが解消された時にすぐにチャットツールのようなコミュニケーションツールへ通知させる連携ができるようになっていたりします。有名なツールとしては、JIRA[6]やRedmine[7]、Trac[8]等があります。また、障害が発生した時にどのサーバのどのコンポーネントに障害が発生したのかを自動的に課題管理システムに上げて、インシデント管理を行い、通知までを一気に担う

---

* 6　https://ja.atlassian.com/software/jira
* 7　http://redmine.jp/
* 8　https://trac.edgewall.org/

PagerDuty*9のようなサービスも登場しています。チケット管理ツールについては1章の後半でさらに細かく解説しています。

　課題管理システムであるJIRA、Redmine、Tracはいずれも、アジャイル開発に対応した機能を持っています。アジャイル開発におけるバックログの管理が、バグの管理やTODOの管理と同様にできるようになっていて、アジャイル開発における追加仕様を記載したユーザストーリー等を扱うことができます。アジャイル開発で用いられる、タスクごとの進捗（未着手・実行中・作業完了）を付箋で行う方式のカンバンにGUIで対応していたり、バージョン管理システムと連携して、どのストーリーがどの開発で対応されたかをシステム的に連動させることができるものもあります。バックログの中から、対応優先順位を決めてドラッグ＆ドロップで並べ替えをしたり、ストーリーポイントと呼ばれるチームにとっての対応規模感を表す数字を基に多角的なグラフを作成できるツールもあります。特にJIRAはこのダッシュボードと呼ばれるグラフ作成・状態把握の機能に特化しており、チーム開発の管理用にいくつもの資料を作ることなく、チームメンバーが実際の開発で参照しているタスク・仕様の一元管理された場所で、そのまま進捗を把握できるようになります。こうした特徴から、イテレーションやスプリントと呼ばれる短い開発サイクルでの開発継続と、デジタルデータで柔軟に課題管理や優先度付けに対応できる課題管理システムは、非常に相性が良いと言えます。開発物やインフラコードのコミット、あらゆるタスクにおいてもチケットとして発行しておくことを推奨する開発手法として「チケット駆動開発」が知られています。この開発手法については4章にて詳しく紹介します。

　設計情報や日々の議事録等の共通化はどうでしょうか？ 各チームが個別にテキストやExcelに記載をし、制限された共有フォルダで管理していた設計情報や議事録を、Wikiに代表されるWebを利用したツールへ情報を一元化して管理することで、お互いにやっていることが広い範囲に公開可能で、検索もしやすく、同時編集や編集内容の履歴管理もできるようになります。代表的なツールとして、RedmineのWiki機能やConfluence*10があります。これらのツールも、課題管理システムと同様に、外部システムとの連携がとれるように設計されており、コミュニケーションツールへ更新情報を通知したり、URLを直接共有することによって、特定の情報を直接参照できたりします。

コミュニケーションツール

　コミュニケーションツールについては、チャットを利用した開発スタイルが浸透してきています。開発部門と運用部門が共通のコミュニケーションツール上にいることで、これらの情報を基に会話がしやすくなるのは当然ですが、チケット管理システム

＊9　https://www.pagerduty.com/
＊10　https://ja.atlassian.com/software/confluence

や議事録等の情報のWeb化により、URLをベースに関係者と情報のやり取りを行うことができるようになります。ツールとしては、古くはIRCが用いられ、代表的なツールとしてSkype[11]やSlack[12]、ChatWork[13]等が各社の業務において利用されています。最近注目されているのがチャットツールへのbot（robotの略称でロボットの意）の投入です。チャットツールにbotアカウントを登録することで、チャットツールが苦手とするシステム間の連携をbotの介入によって実現することができます。例えば、障害を検知するシステムと連携することで、障害の発生時にbotがどのシステムに障害が生じたのかを発言することもできます。botは、システム間連携のためだけではなく人が行ってきた簡単な作業を代替することもできます。チャット上のとある単語に反応して、発言の内容に応じた動作を行うようにプログラミングしておくと、例えば特定の言葉でサービスを再起動したり、サーバを追加したりという作業を、チームでの会話の上で実現できるようになります。それにより、誰が何をしているかがクリアになるばかりか、作業までのステップが数段減り、より効率的になります。チャットツールとbotの連携によって、システム間の連携だけではなく人の作業代替などの多くの効果が見込めるため、特別に「ChatOps」と呼ばれることがあります。本書では、Slackを用いたChatOpsとシステム間連携について4章・5章で解説しています。

ソフトウェア構成管理ツール

　情報の一元化はコミュニケーションだけではありません。ソフトウェア構成管理ツール（SCM：Software Configuration Management）を利用することで、コード化・ソフトウェア化されたインフラの構成情報や設定情報をソフトウェア構成管理ツールに格納し、変更点・変更者をバージョン管理することで、開発も運用も同じ情報を基に、設定修正や確認ができるようになります。それにより、複数のファイルにまたがった手順書や、メンテナンスされていない設定情報等を撤廃することができるようになります。

　ソフトウェア構成管理ツールは、バージョン管理やリリースの管理なども含めたシステムを内包します。本書では、ソフトウェア構成管理のうちバージョン管理ツールとしてあげられるGit・Subversion・Perforce等の中から、GitやASPサービスであるGitHubを中心に2章・3章と解説しています。

---

[11] https://www.skype.com/ja/
[12] https://slack.com/
[13] http://www.chatwork.com/ja/

1-2-6　継続的インテグレーション

　アジャイル開発における**継続的インテグレーション**とは、コードのビルドや静的・動的テストを頻繁に継続的に実施していくことを意味します。

　継続的インテグレーションは、英語でContinuous Integrationと書くことから**CI**と略されることがしばしばあります。

　継続的インテグレーションには、コードに起因する問題の早期発見やビルド、テストにかかわる作業コストの削減、テスト状況の見える化などの大きなメリットがあります。Infrastructure as Codeの考え方を組み合わせることによって、アプリケーションとインフラ双方の成果物（コード）を継続的インテグレーションのビルド・テスト・リリースの流れにのせて、開発と運用のお互いの知見を共有して問題の顕在化を早められます。また、継続的インテグレーションのツールを利用することにより、ビルドやテスト等の似たような作業を自動化して繰り返し実施できることから、サービスを改善してリリース準備するまでを迅速に行うことができるようになります。結果、デリバリタイムの大幅な短縮が可能となり、DevOpsにおける迅速なビジネス価値の向上に貢献することもできるようになります。

　オープンソースの継続的インテグレーションツールとしては、本書ではJenkinsを用いた継続的インテグレーションを5章で紹介しています。また、クラウドの継続的インテグレーションツールサービスとしては、Travis CI[14]やCircleCI[15]などがよく知られており、クラウドにインフラ環境を作っている場合は、このような外部サービスとの連携によっていち早く継続的インテグレーションの環境を立ち上げることも可能です。

　構築から試験までのジョブが成功次第、本番環境へのリリース準備までを完了する継続的デリバリという概念もあります。こちらもDevOpsのビジネス価値を高めるという考え方に沿っており、改善策が導入されるやいなや、継続デリバリの手法によって、利用者へいち早く改善内容を届け使ってもらうことができるようになります。本番環境への自動適用になるため、安全に適用するには4章で紹介するBlue-Green Deploymentという概念とも連動する必要があり、少々高度な実装が必要になります。

　継続的インテグレーションの詳細な解説は、3-2-4で行っていきます。

---

[14] https://travis-ci.org/
[15] https://circleci.com/

1-2-7 モニタリング

　システムの状況をリアルタイムに、正確に観測することのできるモニタリング基盤を構成します。DevOpsのPDCAサイクルにおけるCheck（評価）を実施するための基盤です。また、次にどのようなAction（実行）を起こすかを計画する材料にもなります。

　モニタリングは従来、リソース状況や死活監視の状態をリアルタイムに見ていく目的で用いられてきましたが、継続的な改善を行うために、よりビジネスに即した値を取得し分析するようになりました。単なる監視用途ではなく、リソースの状態を継続的に取得し可視化するメトリクスモニタリングでは、サーバの負荷状況（CPUやメモリなどの使用量）だけではなく、サービスの利用者からのWebページのアクセス数などを数値化することで定量的な分析を行うことを可能にします。例えば新たに打ち出したキャンペーンの効果をみたり、次のキャンペーン打ち出しの場合のインフラ増強などの目安に使うための値として取得することが考えられます。

　よりビジネスに直接関係のあるモニタリングとしては、サイトへの訪問者数と、例えば商品を購入した人数の割合を比較するコンバージョン率をモニタリングし、施策の効果を測るケースもあります。新規施策を入れたページとそうでないページを出し分けて効果をみるA/Bテストを実施して、それぞれのページのアクセス数やどのページで離脱したかを確認しながら、次の施策を検討するのにモニタリングが用いられます。

　CPU使用率やメモリ使用率、ディスクI/Oのリソース消費率等のメトリクスをモニ

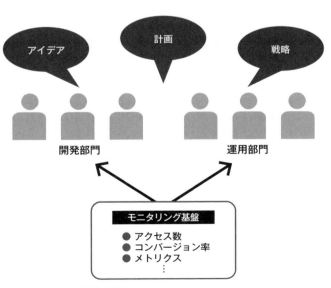

図1-9：モニタリング結果を活かす

タリングして、継続的な改善としてのパフォーマンス・チューニングを行う用途に使うこともあります。

広く知られている監視ツールにはZabbix[16]、Munin[17]、JP1[18]、Hinemos[19]等があります。モニタリング無しでは継続的な改善は行えないため、DevOpsにおいては非常に重要な仕組みのひとつとなります。

ログを情報源とするメトリクスのモニタリングには複数のミドルウェアを組み合わせることによって実現します。ログを収集するミドルウェア、収集したログから必要な情報を検索するミドルウェア、収集した結果を見やすくグラフ化するミドルウェアの3種類の組み合わせです。サービスを構成する機器の台数は以前と比べて非常に数が多くなり、また、サーバの増減がより気軽に行えるようになった昨今では固定されたログの取得方法では変化への対応が難しく、ログの量も膨大になったため、収集・検索・加工を単一システムで実施することが難しくなりました。よって、それぞれを得意とするミドルウェアを組み合わせることが最近では主流となっています。

その組み合わせの一例として、Elasticsearch[20]（ログの全文検索）、Logstash[21]（ログの収集）、Kibana[22]（ログの可視化）の組み合わせがあげられます。これらの頭文字を取ってELKスタックと呼ばれ、広く使われ、この構成がデファクトスタンダードになりつつあります。本書では、5-2にてELK構成について詳しく紹介します。他にも、モニタリングのインタフェースとして最近広まってきているのはGrafana[23]などがあり、ログの収集にFluentd[24]を扱うこともあります。

1-2-8　目的意識・共感・自律的思考

ここから、開発と運用の連携を支える文化を形成する要素を考えます。

DevOpsにおいては、開発と運用の密な連携が必要となります。そのために、共通の目的意識をもつことが重要となります。従来、開発は新しい機能の追加を目的としたり、運用はサービスを止めないで継続することを目的としてきました。例えば、開発側が新しい機能の開発を行ってサービスに導入しようと思っても、今までのサービ

---

[16] http://www.zabbix.com/
[17] http://munin-monitoring.org/
[18] http://www.hitachi.co.jp/Prod/comp/soft1/jp1/
[19] http://www.hinemos.info/
[20] https://www.elastic.co/jp/products/elasticsearch
[21] https://www.elastic.co/products/logstash
[22] https://www.elastic.co/products/kibana
[23] http://grafana.org/
[24] http://www.fluentd.org/

スを安定的に稼働させようとしている運用側から見たら、新しい機能が運用を不安定にする要素に見えてしまい、新しい機能の追加はお互いとって大変な負担となっていました。共通の目的が、サービスを育て迅速にビジネスニーズに応えるというものに変われば、開発側が新しい機能を作り、それを運用側と連携してサービスに投入し、継続的にサービスを続けていくことがお互いにとってごく自然なこととなり、開発側も運用側もどうやったら実現できるかを考えることになります。

　共通の目標に向かって、サービスを育てようとしても、お互いの仕事が分からないまま、勝手な機能追加開発や、運用継続のための勝手なメンテナンスが起こってはなりません。開発と運用がお互いのチームの気持ちを汲み取り、どんな変化がお互いのどんな負担となるのか、どうしていくのがお互いにとってより良い方法で、どうしたらより良いサービス改善となるのかを共感していく必要があります。

　共感を得るにあたり、開発部門と運用部門が、それぞれ誰かが動いてくれるのを待っていても仕方がありません。運用部門が開発側の依頼を待つのではなく、開発側が運用側の指摘を待つのではなく、お互いが、自律的に動くことで共通の目標の達成に近づくことができます。

1-2-9　まとめ

　DevOpsとは、**開発部門と運用部門が密に連携し、様々な手法と文化を取り入れ商品やサービスへの改善にかかる時間を短縮し、迅速にビジネスニーズに応えること**であり、そのDevOpsを支える側面には、ツールと文化の２つの側面がありました。抽象化・自動化・共通化・継続的インテグレーション・モニタリングに対応できるツールを導入することにより、専門性を排除したり情報を見える化することで、開発・運用の密な連携を促すことができます。文化面では、開発と運用が共通の目的意識を持ち、お互いに共感しながら自律的に動けるような文化を形成することが、DevOpsの目的を達成へ繋がることを学びました。

　DevOpsにおいては、PDCAサイクルを回しながら改善を行っていきます。チャットツール・課題管理システム・バージョン管理ツール・継続的インテグレーションのためのツール・インフラ自動テストツール・モニタリングツールを組み合わせることによってPDCAサイクルを構成します。

CHAPTER 1 — 3 組織とDevOps

DevOpsを知る

1-3-1 DevOpsで組織・チームのどんな課題に対応するか？

　ここまで、DevOpsの意味とそれを構成する要素をツールと文化に分けて考えてきました。そうして成り立つDevOpsは、具体的にどんな課題を解決してくれるのでしょうか。ここでは、DevOpsが、どんな課題に対してどのような効果をもたらすかについて考えていきます。

■ 属人性の排除

　属人性のある作業とは、ある特定の人に強く依存する作業を意味します。その人だけが知っていること、その人がいなくなったら困ることは、DevOpsにおける開発と運用の密な連携の阻害要因となるため、排除しなくてはなりません。運用という観点で見た時に、属人性があることは致命的です。例えば、特定の人しか知らない設定方法やデプロイ方法があったり、特定の人しか知らないサービスの更新が行われているとしたら、チームとしての知見は非常に脆弱であり、サービス継続への脅威となります。

　こういった知見の共有が閉じてしまう問題に対して、サーバやストレージ、ネットワークといったインフラリソースの設定手順をまとめた構築手順書に全ての知見を残す他に手段はありませんでした。しかし、今では、これらの問題は、構成管理ツールによって、構築手順の見える化を図ることにより解決できます。コードであるため条件分岐のある工程も全て表現でき、今までは人が頭で判断して作業していた工程は、どんなスキルセットの人であっても繰り返し実行できるようになります。

　本書で触れるインフラ構成管理ツールAnsibleのリード開発者であるMichael DeHaan氏は、構成管理ツールがもたらす属人性の排除の効果についてこのように述べています。

> この会議室にいる全員が簡単にローリングアップデートできるようになるためのツールである

出典　https://www.ansible.com/blog/2013/11/29/ansibles-architecture-beyond-configuration-management

ローリングアップデートとは、複数のコンポーネントから成るシステムにおいて、部分的にコンポーネントをアップデートしていくことで、システムを停止させずにシステム全体のアップデートを図る手法です。一般的に、ローリングアップデートを行うためには高度な知識を必要とし、専門色が強いため知見の共有は難しくチームとしての対応は難しい作業でしたが、構成管理ツールはそうした作業でさえもチームの誰もが実施できることが可能になり、属人性の排除が可能になります。

チーム間のオーバーヘッドの削減

　あなたの組織では、専門家集団ごとにチームが編成されていないでしょうか？
　そうでない方も、想像してみてください。開発部門からサーバの構築を依頼された時、いくつのチームが関係するでしょうか。サーバチーム、ネットワークチーム、ストレージチームのように複数のチームが関係している場合、まぎれもなく、その組織はサービスの改善に対して大きなオーバーヘッドを抱えている状態です。このような専門的なチームによって構成された組織では、チーム間のやり取りにおいてオーバーヘッドが大きく、チーム間の伝達にドキュメントを作ったり、承認行為が発生したり、各チームで期間の見積もりにバッファを持つ等、本来ひとつのチームであれば不要な期間や作業が大量に発生することになります。
　開発チームと運用チームの密な連携では、これらのオーバーヘッドを取り除き、一緒に要件を受け相談し進め、クロスチェックし、お互いの作業を知った状態でサービスの改善を進める関係を目指します。密な連携を支えるツールは様々ですが、例えばバージョン管理ツールや、インフラ構成管理ツールを用いた場合、インフラをコード化することによって開発チームと運用チームから見える構成情報が一元化され、知見も共有されて、専門性が排除されることで人材が流動的になり、結果として組織構成を簡易化するのに役立つ場合もあります。
　また、チャットツールや共通の課題管理システム等の導入によって、開発部門と運用部門の行動も、構成管理情報も、システムの状況も全ての情報が一元化され、誰から見ても情報が手に取るように分かるようになるため、チーム間の情報伝達のオーバーヘッドが減り、より素早い改善施策を打ち出せる体制を築くことができるようになります。

品質を高くする

　開発チームしか知り得ないこと、運用チームしか知り得ないことがあり、お互いのチームに全く共有されていなかったとします。新しく追加された機能のリリースに、新しいミドルウェアのバージョンが必要だった場合、この事実が共有されていなければリリース後にサービスが動かない等のトラブルが起こりえます。
　企画の指示により、開発チームがインフラ運用チームに黙ってとあるキャンペーン

の機能を組み込みました。実は、実装された機能にはバグがあり、アクセス数以上にサーバのリソースを食い潰してしまう問題がありました。その結果、不自然にサーバの負荷が高騰し、サービスが全く動かなくなりました。運用チームは改修の事実自体を知らされていないため、アクセス数はそれほど変動していないのに急激にサーバの負荷が高くなった現象を見てもその理由が分かりません。ログを追ってURLを特定しても、キャンペーン用の機能は正常にトップページに組み込まれていたため、正解までたどり着くことができません。最終的に、運用チームは回り道をしつつもなんとか原因を突き止め、開発チームに連絡を取ることができました。そこからバグが修正されて、解消されるまでにほぼ半日近く時間がかかってしまい、その間サービスは全く動きませんでした。この問題はどうやって解消すれば良いでしょうか？開発チームと運用チームが、リリースのタイミング・リリースの内容・それによる影響範囲などを把握して、一緒にモニタリングしていたら、より早い段階で原因を突き止め、バグの修正が開始できていたでしょう。

　障害だけではなく、パフォーマンスについても同様です。開発チームはアプリケーションのことだけを、運用チームはインフラ運用のことだけを考えて開発と構築を行った結果、お互いに期待するコネクションプールの数が合わなくてパフォーマンスが出ないなんてこともあります。一緒にサービスを設計することは非常に大切で、アクセス数の見込み、それに対応するミドルウェアやネットワークの設定、サーバ数、データベースの使い方のレビュー等、考えることはたくさんあります。これを、開発チームが要求管理シートに記載して運用チームに渡して設定してもらうなどの対応を行っていると、肝心のアプリケーションの要件を知らないまま開発チームが思いの丈で書いた設定値をいれることになって失敗したりします。お互いに得意な領域を、お互いの事情を知りながら設定していくことが大切なのです。

　運用のことはしっかり考えているでしょうか？障害が起きた時、調査の基本となるのはログです。しかし、アプリケーション開発者は自分に必要なデバッグ情報だけをデバッグレベルのみで出力しており、運用チームは運用チームでログの容量を計算してログレベルを警告レベルのみにしてしまったがため、障害解析の段階でログには何が起きているのか全く出力されておらず障害解析ができない、という事態も考えられます。

　Webサービスや、スマートフォンアプリケーションの開発、ゲーム開発等、様々な開発で、DevOpsに適した体制を組むことで、運用チームと開発チームが知識を交換し、指摘しあって設計し、お互いの業務担当を深く知ることで、成果物をより品質の高いものにしていくことができます。

1-3-2 コンウェイの法則

1章を通して、DevOpsへの取り組みや、DevOpsにまつわるツールの導入によって、組織的な問題が解消するという話をしてきました。しかし、開発への考え方を変えることや、ツールの導入によってサービスのシステムの設定方法や構成が変わることによって、組織のあり方まで変わり得るのでしょうか？ その疑問は古くから考えられています。1967年にコンピュータ科学者でありプログラマである Melvin Conway 氏が組織とシステム構成の関係を表した法則を考え、それを**コンウェイの法則**と呼びます。

原文は以下の通りです。

> *Organizations which design systems are constrained to produce designs which are copies of the communication structures of these organizations.*

内容としては、「システムを設計する組織は、その構造をそっくりまねた構造のシステムを生み出してしまう」というものです。

この法則に則ると、ひとつの組織に開発チーム、サーバチーム、ネットワークチーム、ストレージチームのように複数のチームを構成した場合、システムも専門性の高い規則にしたがって、機能分離された構成になるということです。

専門性の高いチームは、先ほどまでの説明の通りオーバーヘッドが非常に大きくなります。このオーバーヘッドを生み出してしまう組織構成について、システムの設計が先にあるのか、組織の設計が先にあるのかという議論はありますが、DevOpsの開発と運用が密に連携するという考え方を導入し、DevOpsを支えるツールの導入によってシステム構成も組織のあり方も同時に変えることは、少なからず組織へ良い影響を与えていくことになるでしょう。

参照URL　http://www.melconway.com/Home/Conways_Law.html

1-3-3 まとめ

DevOpsの導入にはツールだけでなく文化も変えていく姿勢が必要です。DevOpsの取り組みによって、組織における属人性の問題や、チーム間のオーバーヘッド、品質の向上などの課題に対して、改善に取り組むことができることを学んできました。

DevOpsを導入しようという組織への取り組みと、ツールや開発手法の変化を並行に行うことにより、よりビジネスの価値を高められるDevOpsの考え方に近づけていくことができるでしょう。実際、組織に対してどのようにDevOpsの考え方を導入していったら良いのかについては、6章で紹介していますので、そちらも合わせて読んでみてください。

　本章を振り返っていきましょう。「アジャイル開発による継続的な開発への変化」によって開発が継続的に開発を進められる方法が整い、「継続的な開発によって見えてきた運用課題」が浮上したことが、DevOps誕生に至る背景でした。その解決策として、インフラ構成管理ツールが登場し、Infrastructure as Codeとしてインフラをソフトウェアの知見で制御する様々なツールが整いました。

　その背景の中、DevOpsが誕生し、開発と運用が密に連携してビジネス価値を高めるという新しい考え方が広まりました。PDCAサイクルを継続的に回しながらサービス価値を高めるDevOpsを支えるツールは、抽象化・仮想化・自動化・モニタリングによる見える化を駆使して成り立ちます。そのようなツールと、コミュニケーションツールを組み合わせて開発と運用はより密な関係を構築することができるようになります。PDCAサイクルを実現し、密なコミュニケーションを取りながら行う継続的な改善は、継続的インテグレーションと呼ばれる、開発・ビルド・テストを繰り返すツールや手法とともに実践されていきます。

　DevOpsは、上記のようなツールだけではなく、文化的側面を変えたり、属人性を排除したり、コミュニケーションのオーバーヘッドを減らしたり、品質を向上させる体制を組んだり、という組織的な取り組みも必要です。コンウェイの法則で紹介したように、システム構成と組織構成の関係に着目することで、システムと組織の両面からの取り組みが必要となることが理解できたと思います。

　1章全体を通して、DevOpsの背景・思想・文化・ツールを学んできました。ここまでで、DevOpsとは何かという問いに、自分の言葉で説明できるようになっていることと思います。しかし、実際、どのように自分のいる組織やチームと一緒に実践していったら良いのかが分からないと思います。2章からは、まずは自分一人の環境をDevOpsに近づけていくための実践方法を学び始めます。

CHAPTER 2

DevOpsを個人で始める

　1章では、DevOpsの概要を学びました。2章では、概要を掴んだDevOpsを始めることに重点を置き、具体的なDevOps施策・ツールを紹介していく中で、実践を行いながら理解していきます。2章を読み終わる頃には、個人環境を、DevOpsの考え方とツールを用いて効率化し、チームメンバーや仲間に具体策を伝えていけるようになります。

CHAPTER 2

DevOpsを個人で始める

1 DevOpsでできることを小さく始めていく

　1章では、DevOpsとはDev（開発）とOps（運用）が密に協調・連携して、ビジネス価値を高めようとする働き方や文化であるとお伝えしました。背景や成り立ちを理解することで、DevOpsの全体像はなんとなく理解できたかと思います。しかし同時に、最終的にでき上がったDevOpsの形というものがいかに素晴らしいものであったとしても、そこに至るための考え方やアプローチは多岐にわたるため、途方に暮れた方もいらっしゃるかもしれません。チームメンバー全体を説得したり、抜本的に開発手法を入れ替えるのは、規模が大きくなるにつれて抵抗が大きくなりがちであり、組織そのものをいきなり変えていくのは大変です。また、皆さんの所属するチームと担当するサービスが、現時点においてDevOpsからかけ離れていればいるほど、将来的なDevOpsのあり方を明確にイメージすることは難しいでしょう。ここで、DevOpsの本質はビジネス価値を向上させることにある、ということを思い出してください。最初からあれもこれもと考えてゴールを見失う前に、まずは少しずつステップを踏んでDevOpsを実現していく方法を考えてみましょう。

　ここから紹介するのは、仮にDevOpsが実現したとしてできるようになることを、ツールの力を借りて少しずつ実現していく方法です。開発担当と運用担当が密に連携することをいきなり目指すのは難しいから、では開発担当と運用担当が連携し合えるような環境を、ツールの力を利用して実現していきましょう、ということです。

　そこで2章では、全体を通して個人で始められる範囲でのDevOpsというものを考え、それを様々なツールの助けを借りながら実践していく方法を考えます。続く3章では、それをさらにチームへと展開していき、4章ではDevOpsに合わせて、むしろ組織やアーキテクチャそのものを変えてしまうことで環境・仕組みづくりを進めていきます。

　2章から順番に読み進めていき、4章までを一通り行うことで、ツールや仕組みの力によってDevOpsの土壌作りを行うことができます。4章まで進める頃には、皆さんのチームでの「DevOps」は、最初に比べて格段に実現しやすい環境になっているはずです。

　2章ではまず、DevOpsの土壌づくりを少しずつ始めるにはどうすればよいかを考えてみます。開発と運用の間の障壁をできるだけ減らし、相互の連携を高めるためには、それぞれの作業を効率的かつ透明にすることが前提となります。そのために、まずは個人で開発作業の効率化と作業の見える化に取り組んでみましょう。

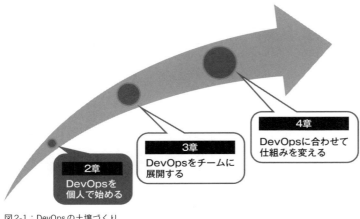

図2-1：DevOpsの土壌づくり

　ツールの導入がDevOpsの目的ではありません。一方で、ツールの導入によって開発や運用の効率化が行われ、開発担当と運用担当が連携するようになり、迅速にビジネススピードに追従することができるのであれば、それもまたDevOpsのひとつの手段ということができます。

　ここからは、開発や運用にかかわる作業を個人レベルで効率化し、DevOpsを体感しつつチームへ展開できるようにしていくアプローチを考えます。

CHAPTER 2
DevOpsを個人で始める

個人からも実現できるDevOps

2-2-1　どこに着目するか？

　現在、チーム開発を行っている方の状況は様々なケースが考えられますが、どのような状況であったとしても、システム開発・運用を行う流れは、大まかには以下の通りのはずです。

1. 企画・要件定義
2. 設計・実装
3. テスト
4. リリース
5. 運用

　ビジネス価値の向上のためには、品質を損なわずにこれらのサイクルを高速で回し、サービスを提供し続けることが必要です。最終的には、これらの工程を包括的に省力化し、それをチームで取り組んでいくからこそサイクルを高速で回し続けることができ、DevOpsとしての価値が発揮されることになりますが、まずは個人でできる範囲にフォーカスし、個人の開発（Dev）について省力的に行う方法を考えてみます。先ほど述べた通り、まずはDevOpsを個人で実現する方法を考えてみましょう。具体的には、以下のような流れで省力化を進めていきます。

1. VirtualBoxを使って、個人の開発環境を作る
2. Vagrantを使って、インフラをコード化することにより、簡単に個人の開発環境を作る
3. Ansibleを使って、構築や設定情報をコード化することにより、開発環境の構築や設定を効率的に行う
4. Serverspecを使って、あるべき姿をコード化することにより、構築や設定のテストを効率的に行う
5. Gitを使って、これまでのコードを効率的に管理する

ここからの説明は、皆さんの置かれている環境によって様々なケースが考えられます。したがって、皆さんの環境で似たような問題があると感じるところをピックアップしてご覧ください。

2-2-2　ローカル開発環境の構築

本番環境と同じ構成をローカル環境に持つことの意義

　自分自身のローカル環境に、小さな開発環境を作ることを目指します。その前に、まず開発環境が存在することの利点を考えてみます。

　開発環境が存在することにより、本番環境での処理や手順を安全に確認することができ、ひいてはサービスへの影響を最小限に留めることができるようになります。しかし、実際にはチームで共有する開発環境の数は有限であり、また常に自由に利用できるというわけではないケースが往々にしてあります。有限の環境のため、サーバサイドアプリケーションのデプロイやインフラの設定変更、テストなどの作業を他の占有的な作業や操作によって待たされるケースはないでしょうか。

　例えば、ミドルウェアの設定変更作業や、サーバの再起動のために作業を中断する必要が生じたり、パフォーマンステストを行うために、無関係のアクセスは禁止となるようなケースです。開発やテストを行いたいのに、環境がなくて進まない。そのような状況は効率的とは言えません。開発やテストを可能な限り効率化し、迅速な対応が可能となるようにしなければなりません。

　この問題を解決するには、開発環境の数を増やす必要があります。そのためには、従来はインフラエンジニアが開発環境をせっせと構築し、アプリケーション開発者へ引き渡す作業が必要でした。仮に構築し引き渡されたとしても、開発環境の数に応じてメンテナンスも必要になり、加えてその分のマシンリソースを常に確保しておかなければなりません。これは労力やコストの観点からも、現実的ではないことは明らかです。

　そこで、個人PCというローカル環境に、小さな開発環境を作ることができたらどうでしょうか。この小さな開発環境は、（アプリケーション開発者から見て）インフラエンジニアの手を煩わせることなく独自で構築することができ、さらにチームの共有環境のマシンリソースを専有しません。アプリケーション開発者が個人で環境を整え、その中で開発を行うことができるようになることで、開発の待ち時間も短縮され、全体としての省力化に繋がります。

　改めて考えてみると、これまでチーム共有の開発環境で行っていた作業の中でも、必ずしも本番環境の完全なクローンを必要としなくても良い（すなわち、ローカル開発環境でよい）ケースがあります。チーム共有の開発環境と、ローカル開発環境それ

それに適するケースを比較すると、次のようになります。

- **チーム共有の開発環境が適しているケース**
  - リリース前の最後の確認
  - 性能試験
  - ロードバランサやスイッチなど、サーバで完結しない処理の確認
  - ASPやAPIなどシステム外とのインタフェースの確認
  - データベースなど、その環境にしか存在しないリソースを利用する処理
- **ローカル開発環境が適しているケース**
  - アプリケーション開発の初期段階〜ユニットテストレベル
  - プロトタイプでの実装
  - リスクや影響が大きい変更の初期調査
  - 環境を完全に専有して行うべき作業の確認

このように、ローカル開発環境を利用することで、より効率的に開発を行うことができるケースがあることが分かります。さらに、これらの開発やテストなどの作業は、サービス開発において何度も行うことになります。したがって、単にローカル開発環境を準備する、というだけでなく、その中で行うであろう開発やテストも可能な限り効率化を図っていきましょう。こうして得られる環境は、誰にも影響を与えることなく、効率的に開発を行うことができる最高の環境になります。

VirtualBoxを利用したローカル開発環境の構築

さて、ここまでの説明で、ローカル開発環境を持つことの意義を理解できたかと思います。ここからは、VirtualBoxを利用して実際にローカル開発環境を構築する方法を紹介します。VirtualBoxは、Oracle社によって提供されている、自身の端末に仮想マシンを構築するためのツールです。

> **参照URL** https://www.virtualbox.org/

VirtualBoxを利用することによって、自身の端末のOSやインストールしているツール類の影響を受けずに、システムの開発環境を安全に構築し利用することができるようになります。

さて、ここからは実際にVirtualBoxを導入して、ローカル開発環境を構築していきましょう。なお、ここからの説明では手元の環境はmacOSを前提にして説明を行いますが、これから端末上で動作するツールは全てWindows版も提供されていますので、適宜読み替えてご覧ください。なお、確認しているVirtualBoxのバージョンは**5.1.2**です。

VirtualBoxは、公式サイトからダウンロードできます。公式サイトの中央にある

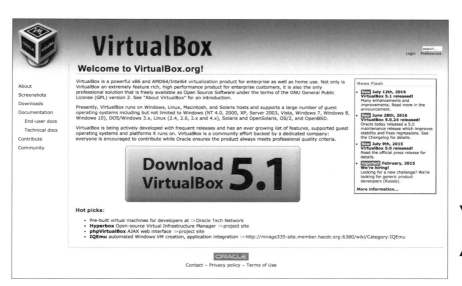

図2-2：VirtualBox公式サイト

「`Download VirtualBox 5.1`」というリンクから、ダウンロードの画面に移ることができます（バージョンは今後変わる可能性があります）。

ダウンロード画面では、皆さんのローカル環境のOSに応じて、必要なパッケージをダウンロードすることができます。例えば、macOS環境であれば「`VirtualBox 5.1 for OS X hosts`」の横にある「`amd64`」というリンクからダウンロードしてください。（Windowsの場合は、「`for Windows hosts`」の横にある「`x86/amd64`」というリンクからダウンロードします）

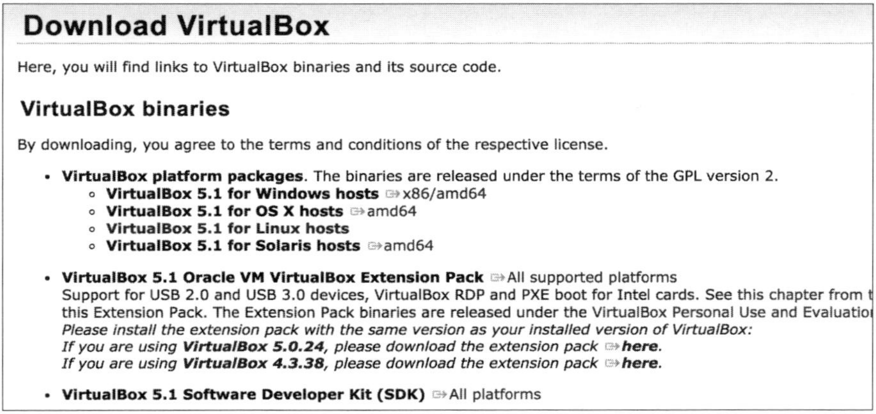

図2-3：VirtualBox公式サイト

045

ダウンロード後は、インストーラの指示にしたがって設定を進めてください。基本的には、画面の指示にしたがってデフォルトのまま進めていけば問題ありません。
　VirtualBoxのインストールが完了したら、実際に仮想マシンをこのVirtualBox上に構築してみましょう。VirtualBoxを利用して仮想マシンを構築する場合、OSイメージを登録する作業が必要です。既に存在する実環境上のサーバからOSイメージを作成することも可能ですが、ここではフリーのOSイメージを利用してみます。
　OSイメージは様々な場所で提供されていますが、ここでは**CentOS**を利用することにします。CentOSの場合、公式サイトからイメージをダウンロードすることが可能です。

参照URL　https://www.centos.org/

図2-4：CentOS公式サイト

　Get CentOS Nowから**Minimal ISO**を選択し、選択してください。次のページでは、全世界のミラーサイトからISOファイル（OSのイメージファイル）をダウンロードできます。どこからダウンロードしても構いませんが、**Actual Country -**にリストアップされているURLの中のいずれかひとつからダウンロードすると良いでしょう。例えば、理化学研究所のURLからダウンロードする場合は、以下のリンクをクリックしてダウンロードします（ファイル名は変わる可能性があります）。

参照URL　http://ftp.riken.jp/Linux/centos/7/isos/x86_64/CentOS-7-x86_64-Minimal-1511.iso

　ここでは、CentOS7をダウンロードします。ダウンロードしたら、いよいよVirtualBox上でこのイメージを登録します。VirtualBoxを起動したら、**新規**ボタンを押し、以下の通りに設定してください。

- 名前：`CentOS`
- タイプ：`Linux`（「**名前**」を入力すると自動的に反映されます）
- バージョン：`Red Hat（64-bit）`（「**名前**」を入力すると自動的に反映されます）

設定後、「**作成**」ボタンを押します。

図2-5：イメージの追加設定1

次の画面では、「**ファイルの場所**」にあらかじめ「`CentOS`」と入力されているため、このまま「**作成**」ボタンを押してください。

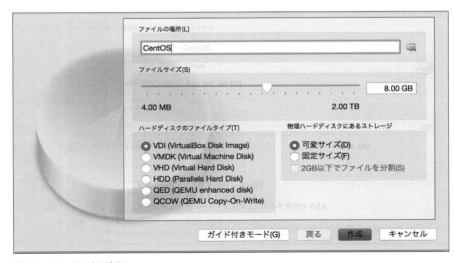

図2-6：イメージの追加設定2

047

次に、VirtualBoxのメイン画面から、先ほど追加したCentOSを選択し、上のボタンから**起動**を選択してください。

図2-7：VirtualBoxの基本画面

次の画面で、先ほどCentOSの公式サイトからダウンロードしたISOファイルを選択します。

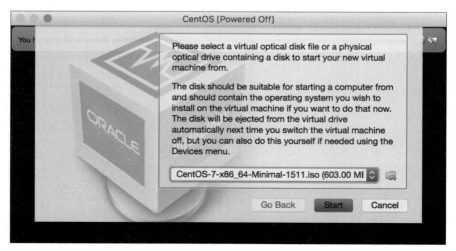

図2-8：OSイメージの選択

程なくしてCentOSのインストールが開始されます。あとは、CentOSインストーラの設定にしたがってインストールを行えば、CentOSの導入が完了します。

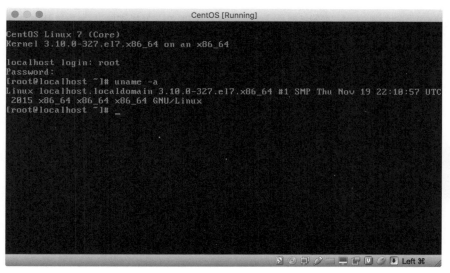

図2-9：OSインストール後の仮想マシンのコンソール

　ここまでの手順で、皆さんの端末上に仮想マシンを構築することができました。この仮想サーバは、共有された開発環境とは異なり、皆さん自身だけのものです。他の誰にも影響を与えませんし、作りなおすこともできる環境で、自由に開発を行うことができます。

　この開発環境は、皆さんだけのものとはいえ、そこで開発やテストを行ったアプリケーションは本来の共有開発環境（ひいては本番環境）でも動作することが期待されます。そこで、ローカル開発環境で開発を進めたアプリケーションコードをGitなどのバージョン管理システム（2-3-4にて解説します）にて管理・登録することで、次はこのコードを開発環境へデプロイし、開発環境で継続して開発・テストへ進めることができます。

　これまでは、環境が提供された上で、しかも他のチームメンバーと環境利用の調整を行う必要があり、順番がくるまでは開発やテストが全く進められなかったのに対し、先にローカル開発環境にて開発を進めることができることで、より効率的になったことが分かると思います。

049

CHAPTER 2-3

DevOpsを個人で始める

個人環境からチーム環境へ持っていくための準備

ここまでの準備によって、ローカル開発環境を準備することができました。ローカル開発環境が整ったことで、開発作業自体は滞りなく進めることができそうです。しかし、その環境を構築するまでには、いくつもの手順を経て、時間もかけて作業する必要が生じました。ちょっと面倒だな、と思われる方も多いかと思います。これでは、効率的とは言い切れません。

また、仮にこの環境を利用して開発を進めたとしても、この環境は依然として皆さん自身のものであって、他のチームメンバーでは利用できません。利用するためには、前述までの手順をチームメンバーがそれぞれ行うか、あるいは皆さんが作成したOSイメージを絶えず更新し続けて配布する必要が生じます。

例えば、皆さんが一旦構築・デプロイしてローカル開発環境では動作が確認できたシステムを利用して、他のメンバーが別の機能の開発を進めたいとしたらどうでしょう。またあるいは、バグの調査のために、一旦皆さんの作成したローカル開発環境を利用したいとしたらどうでしょう。

チームで開発を行う以上、チームで行う作業のナレッジを共有し、同じ作業を繰り返し行わないようにする（あるいは繰り返し行う作業を効率的にする）工夫はとても大切です。何度も行う作業だからこそ、そこに対する効率化が掛け算で効いてくるためです。

まとめると、VirtualBox（だけ）を利用したローカル開発環境を利用する場合、次のような課題が発生します。

- **環境構築に時間と手間がかかる**
  一度構築してしまえば手間はかからないとはいえ、初期構築には少し手間がかかります。
  実際にはインストール直後のプレーンなOSで開発を進めることはありませんので、この後に各種設定作業を行うことを考えると、作業はより煩雑になると思われます。

- **環境の共有が難しい**
  環境を共有するためには、皆さんが作った仮想マシンの構築手順をそのまま他のメンバーが行う必要があります。
  あるいは、VirtualBoxのイメージを作成し、他のメンバーに共有することもできますが、仮想マシンのイメージサイズは大きく、どうやってそれを管理・共有するのかという問題もあります。

- 環境の把握が難しい
  上記により環境の統一がなされたとしても、そのイメージはどんな構築手順によって生成されたものかはイメージだけを見ても分かりません。
  別途資料化して手順と構成情報を残す必要があります。

- 環境のメンテナンスが難しい
  したがって、仮に環境のアップデートがあった場合は、手順と構成情報、そしてイメージを全て乖離させないようにメンテナンスしていく必要があります。

ここからは、ローカル開発環境をいかに手間なくチームメンバーに共有し、環境をメンバー全員で統一するかを考えます。環境と構築手順を簡単に共有できることにより、構築やメンテナンスのナレッジを浸透させることができます。ひいては、構築の手間を効率化することができ、一度作成したら、誰もがその環境を再現して開発やメンテナンスを行うことができるようになります。

2-3-1 Vagrantによるローカル開発環境のInfrastructure as Code化

前述の課題は、まさに**Infrastructure as Code**という考え方によって解決することができます。ローカル開発環境の構築手順をコード化することで、以下のようなメリットを得ることができます。

- 環境の共有を簡単に行うことができる
  構築手順となるコードだけを共有し利用することで、誰もが環境を再現することができます。

- 環境情報の把握を行うことができる
  コードを見ることで、どうやってローカル開発環境が構築され、何によって構成されているかを把握することができます。

- 環境のメンテナンスを簡単に行うことができる
  コードを修正するだけで、環境のメンテナンスを行うことができます。コードがそのまま構築手順となるため、手順と環境情報の乖離も発生しません。

こうしたInfrastructure as Codeの世界は、**Vagrant**というツールを利用することで実現することができます。Vagrantは、Hashicorp社が提供している**仮想環境構築ツール**です。VirtualBox単体ではOSイメージを登録する必要があったのに対し、Vagrant

では以下の作業をコード化することができます。

- OS（仮想マシン）の作成
- OSの設定
- OS構築後の設定（ミドルウェア構築やアプリケーションデプロイなど）

後述しますが、上記のような構築する一連の手順を`Vagrantfile`に記載し、これを共有することで、誰もが同じ環境を作ることができます。

Vagrantの基本的な使い方

ここからは、実際にVagrantを利用して環境を手軽に共有する具体的な方法を実践してみます。なお、Vagrantは`1.8.5`にて確認を行っています[1]。Vagrantは、公式サイトからダウンロードすることができます。

参照URL　https://www.vagrantup.com/

図2-10：Vagrantの公式サイト

上記サイトのDOWNLOADから、皆さんの環境に合わせたインストーラを選択してください。例えばmacOSの場合は、「`Universal（32 and 64-bit）`」からインストーラをダウンロードします。

VirtualBoxと同じく、Vagrantも基本的に画面の指示に従い、デフォルトのインストールで問題ありません。まず、適当なワークディレクトリを作成し、ターミナル上（Windowsではコマンドプロンプト）でワークディレクトリの中に移動します。そして、次のコマンドを実行することにより、Vagrantで仮想マシンを構築するための基本セットが作成されます。

---

[1] バージョン1.8.5ではバグがあり、仮想マシン作成後にsshで接続できません。将来的には解消する見込みですが、1.8.5を利用する場合は以下を確認してください。
https://github.com/mitchellh/vagrant/issues/7610

図2-11：Vagrantのダウンロードページ

▶ ワークディレクトリのVagrantの設定

```
$ vagrant init
A `Vagrantfile` has been placed in this directory. You are now
ready to `vagrant up` your first virtual environment! Please read
the comments in the Vagrantfile as well as documentation on
`vagrantup.com` for more information on using Vagrant.
```

　この時点で、ディレクトリの中に **Vagrantfile** というファイルが存在していることが分かります。Vagrantでは、先述の仮想マシン構築に関する定義や手順は全てこの **Vagrantfile** に記載していくことになります。次に、この **Vagrantfile** の中を記載していきます。まずは、サンプルとなる **Vagrantfile** の例を以下に示します。こちらは以下のGitリポジトリにも登録していますので、ファイルをダウンロードしたい方はこちらをご覧ください（Gitについては2-3-4、GitHubについては3-2-1で紹介します）。

参照URL　https://github.com/devops-book/vagrant-demo1.git

▶ **Vagrantfile** の内容[*2]

```
# -*- mode: ruby -*-
# vi: set ft=ruby :

Vagrant.configure (2) do |config|                                    ⓐ
```

[*2]　Vagrant 1.8.5のバグにより、vagrant up後にAuthentication failure.のリトライを繰り返す場合は、(E) の直後に、**config.ssh.insert_key = false** をVagrantfileに書き足してください。

053

```
    config.vm.box = "centos/7" ─────────────────────────────── Ⓑ
    config.vm.hostname = "demo" ────────────────────────────── Ⓒ
    config.vm.network :private_network, ip: "192.168.33.10" ── Ⓓ
    config.vm.synced_folder ".", "/home/vagrant/sync", disabled: true ─ Ⓔ
end
```

　Ⓐの**Vagrant.configure**から先、末尾の**end**までの間に仮想マシンの定義を行っています。2はコンフィグの設定形式のバージョンを意味します。これ以降に記載する設定の書き方は、バージョン2の形式にしたがって記述する、という意味になります。特にバージョン2の意味は気にしなくても問題ありません。

　Ⓑの**config.vm.box**は、言わばこれから構築する仮想マシンのベースとなるイメージを選択しています。

　ここでは、Hashicorp社の公式のboxから取得しています。

　Ⓒの**config.vm.hostname**は、これから構築する仮想マシンのホスト名を定義しています。

　Ⓓでは、この仮想マシンが持つIPアドレスを指定しています。

　Ⓔは、端末上のディレクトリと仮想マシン上のディレクトリの同期を無効にしています。macOS環境では気にする必要はありませんが、Windows環境ではデフォルトで同期を行うことができないため、意図的に無効にしています。

　さて、ここまで定義したら、一旦この仮想マシンを構築し、起動してみましょう。起動は、以下のコマンドで行うことができます。

▶ Vagrantによる仮想マシンの起動

```
$ vagrant up
```

　結果は以下のようになります。

▶ Vagrantによる仮想マシン起動結果

```
$ vagrant up
Bringing machine 'default' up with 'virtualbox' provider...
==> default: Box 'centos/7' could not be found. Attempting to find and
install...
    default: Box Provider: virtualbox
    default: Box Version: >= 0
==> default: Loading metadata for box 'centos/7'
    default: URL: https://atlas.hashicorp.com/centos/7
==> default: Adding box 'centos/7' (v1603.01) for provider: virtualbox
    default: Downloading: https://atlas.hashicorp.com/centos/boxes/7/
versions/1603.01/providers/virtualbox.box
==> default: Successfully added box 'centos/7' (v1603.01) for
'virtualbox'!
```

```
==> default: Importing base box 'centos/7'...
==> default: Matching MAC address for NAT networking...
==> default: Checking if box 'centos/7' is up to date...
==> default: Setting the name of the VM: demo_
default_1462348203986_67366
==> default: Clearing any previously set network interfaces...
==> default: Preparing network interfaces based on configuration...
    default: Adapter 1: nat
    default: Adapter 2: hostonly
==> default: Forwarding ports...
    default: 22 (guest) => 2222 (host) (adapter 1)
==> default: Booting VM...
==> default: Waiting for machine to boot. This may take a few
minutes...
    default: SSH address: 127.0.0.1:2222
    default: SSH username: vagrant
    default: SSH auth method: private key
    default:
    default: Vagrant insecure key detected. Vagrant will automatically
replace
    default: this with a newly generated keypair for better security.
    default:
    default: Inserting generated public key within guest...
    default: Removing insecure key from the guest if it's present...
    default: Key inserted! Disconnecting and reconnecting using new
SSH key...
==> default: Machine booted and ready!
==> default: Checking for guest additions in VM...
    default: No guest additions were detected on the base box for this
VM! Guest
    default: additions are required for forwarded ports, shared
folders, host only
    default: networking, and more. If SSH fails on this machine,
please install
    default: the guest additions and repackage the box to continue.
    default:
    default: This is not an error message; everything may continue to
work properly,
    default: in which case you may ignore this message.
==> default: Setting hostname...
==> default: Configuring and enabling network interfaces...
```

いろいろと出力されていますが、途中に**Machine booted and ready!**と表示されていることから、無事に仮想マシンが起動しているようです。実際に、ここで**VirtualBox**を見ても、確かに仮想マシンが起動していることが分かります。

図2-12:VirtualBoxマネージャーの確認

実際に接続した仮想マシンにsshで接続してみましょう。接続は簡単です。

▶ **Vagrantによる仮想マシンへの接続**

```
$ vagrant ssh
```

IPアドレスを指定することなく、またsshの鍵を別途用意することなく、簡単に接続できます。

▶ **Vagrantによる仮想マシンへの接続結果**

```
$ vagrant ssh
[vagrant@demo ~]$
```

実際に、定義通りにホスト名とIPアドレスが設定されていることを確認してみます。

▶ **仮想マシン上での名前とIPアドレスの確認**

```
[vagrant@demo ~]$ uname -n
demo
[vagrant@demo ~]$ ip addr show dev eth1
3: eth1: <BROADCAST,MULTICAST,UP,LOWER_UP> mtu 1500 qdisc pfifo_fast
state UP qlen 1000
    link/ether 08:00:27:ce:1f:b2 brd ff:ff:ff:ff:ff:ff
    inet 192.168.33.10/24 brd 192.168.33.255 scope global eth1
       valid_lft forever preferred_lft forever
```

```
        inet6 fe80::a00:27ff:fece:1fb2/64 scope link
            valid_lft forever preferred_lft forever
```

上記の通り、確かに**demo**というホスト名で、**192.168.33.10**のプライベートIPが付与されていることが確認できました。仮想マシンの停止を行う場合は、ホストPC上で以下のコマンドを実行します。

▶ ホストPCからの仮想マシンの停止

```
$ vagrant halt
==> default: Attempting graceful shutdown of VM...
$
```

再度仮想マシンを利用したい場合は、再度**vagrant up**を行ってから、**vagrant ssh**で接続すればすぐに利用できます。また、仮想マシンそのものを破棄してしまいたいときは、**vagrant destroy**コマンドを実行します。

▶ ホストPCからの仮想マシンの破棄

```
$ vagrant destroy
    default: Are you sure you want to destroy the 'default' VM? [y/N]
y
==> default: Destroying VM and associated drives...
```

再度仮想マシンを利用したい場合は、また**vagrant up**によって仮想マシンを再構築する必要があります。ここまでで基本的なVagrantの使い方を紹介してきました。単純な仮想マシンの起動や停止を行っただけですが、実質的に行ったことは以下です。

- **Vagrantfile**を作成
- **vagrant up**で仮想マシンを構築
- **vagrant ssh**で仮想マシンへ接続

そう考えると、VirtualBox単体で仮想マシンを準備していたときと比べると、随分手軽になったと感じる方も多いのではないでしょうか。

Vagrantの少し進んだ使い方

ここからは、Vagrantのもう少し進んだ使い方を紹介します。ここまでは、単純に仮想マシンを起動するだけにとどめていましたが、実際に開発に利用するには、仮想マシン起動後に追加で設定を行いたいと思う方もいらっしゃると思います。まずは、参考となる**Vagrantfile**を先に紹介します。こちらも、以下に登録していますので、

直接確認したい方はこちらをご覧ください。

> 参照URL　https://github.com/devops-book/vagrant-demo2.git

▶ Vagrantfileの内容

```
# -*- mode: ruby -*-
# vi: set ft=ruby :

Vagrant.configure (2) do |config|
  config.vm.box = "centos/7"
  config.vm.hostname = "demo"
  config.vm.network :private_network, ip: "192.168.33.10"
  config.vm.synced_folder ".", "/home/vagrant/sync", disabled: true
  config.vm.provision "shell", inline: $script ──────────────── Ⓐ
end

$script = <<SCRIPT ─────────────────────────────────────────── Ⓑ
  yum -y install epel-release
  yum -y install nginx
  echo "hello, vagrant" > /usr/share/nginx/html/index.html
  systemctl start nginx
SCRIPT
```

ポイントはⒶの`config.vm.provision`です。ここでは、シェルスクリプトとしてⒷ以降の処理を呼び出しています。ここで記述された処理は、仮想マシン構築後に実行されます。したがって、ここでは**demo**という仮想マシンが構築された後に、以下の処理が行われていることが分かります。

- EPEL（Linuxの拡張パッケージリポジトリセット）、nginxのインストール
- `index.html`の書き換え
- nginxの起動

`provision`で指定された処理を実行させるには、仮想マシンを作りなおすか、`vagrant provision`コマンドにより可能です。特に、`vagrant provision`コマンドは、既に起動済みの仮想マシンに対して、`provision`で指定された部分のみを再実行させることができます。

▶ 起動済みマシンへprovisionに書かれた処理を行う

```
$ vagrant provision
```

もし、これまでの実践を全て行っている場合、仮想マシンは`vagrant destroy`コ

マンドによって削除されていると思いますので、**Vagrantfile**を書き換えたあとに再度**vagrant up**コマンドにより仮想マシンを作りなおすことで構築が完了します。実際に構築したあとに、クライアントPCでアクセスしても、以下の通りちゃんと反映されています。

▶ ホストPCからの接続テスト

```
$ curl http://192.168.33.10/
hello, vagrant
```

Vagrantfile中の**inline**の部分をメンテナンスすることで、実際の環境に合わせたサーバの構築を行うことができます。

VagrantfileでInfrastructure as Codeを実現することの意義

ここまでの手順で、皆さんのローカル開発環境の構築手順をコード化することができました。改めて、Vagrantの利用によってもたらされた恩恵を振り返ってみます。

Vagrantfileには、環境に関する構築手順と環境情報が記載されていました。そこでは、2-3の冒頭で触れたような課題を解決できていることが分かります。

- 環境構築作業の省力化ができた
  Vagrantfileの中に記述されてさえいれば、誰でも**vagrant up**によって同一環境の構築が簡単にできるようになります。

- 環境の共有が容易になった
  Vagrantfileの共有（のみ）によって、環境情報そのものを簡単に共有できるようになります。

- 環境の把握が容易になった
  それにより、「このサーバは何であるか」は、**Vagrantfile**を参照することによって簡単に把握できるようになります。

- 環境のチームでのメンテナンスが可能になった
  また、チームのメンバーは、誰もがこのファイルを参照して**vagrant up**を行うだけで環境を利用することができます。

Vagrantの導入によって、環境構築に関するナレッジをチームメンバーと容易に共有することができ、また構築そのものの省力化を果たしました。開発をより効率的に行うことができるようになったことで、ひとつ省力化を果たすことができました。

059

> **COLUMN**
>
> **Vagrantを使いこなすために参照するドキュメント**
>
> Vagrantは比較的日本語での利用例もインターネット上に公開されていることから、検索すれば大抵の情報は得ることができます。その中でも、特に参照すべきサイトについて紹介します。
>
> - **Vagrant公式**
>   https://www.vagrantup.com/docs/
> - **Vagrant Box検索**
>   https://atlas.hashicorp.com/boxes/search
>
> ここでは紹介しませんでしたが、Vagrantは複数マシンの起動方法や、マシンイメージ（Vagrantでは**Box**と呼びます）を一から作る方法など、他にも便利な使い方が様々に存在します。インターネット上には、多くの方の利用例や**Vagrantfile**のサンプルがありますので、それらを参照してぜひVagrantを使いこなしてください。

2-3-2 Ansibleで構築作業をより汎用的にし、他環境へ展開する

ここまでの紹介から、VirtualBoxとVagrantを利用して、ローカル開発環境を効率的に管理し、利用することができるようになりました。しかし、環境の効率的な管理・利用を考えた場合、まだまだ改善の余地はありそうです。例えば、以下のような部分はどうでしょうか。

- **構築手順が分かりづらい**
  構築手順が**Vagrantfile**に記載されており、結局はシェルスクリプトのような形で構築手順を表現しています。
  したがって、構築手順の書き方は人によって様々な形になると予想されます。
  例えば、ミドルウェアの設定を少しだけ変更したい場合や、ミドルウェアのバージョンを変更したい場合に、どのようにコード化するかは、実装者に委ねられます。

- **設定の追加ができない**

  `Vagrantfile`に記載した構築手順は、仮想マシンを初期構築した場合に「一から構築する手順」でした。しかし、実際には構築済の環境に対して、追加の設定のみを行うケースも当然ありえます。その場合、本当にこの構築手順を一から流して良いのかは、これも実装の仕方に委ねられます。

  もちろん`vagrant provision`コマンドによってシェルスクリプトを動かし、構築処理のみを動かすことは可能です。ですが、その処理がもう一度動いてよいものかどうかはシェルスクリプトの中での条件分岐でカバーすることになります。結局は、シェルスクリプトでの実装に委ねられる問題がここでも発生します。

- **構築手順が他の環境へ流用しづらい**

  `Vagrantfile`によって得られたものは、あくまでローカル開発環境への構築手順に過ぎませんでした。
  しかし、せっかくコード化したのですから、もっと利用範囲を広げたくなります。
  例えば、スケールアウトしたサーバや、開発環境/本番環境、別システムのWebサーバなどです。
  こうした時に、`Vagrantfile`に直接構築手順と設定値を記述しては、コードの流用が難しくなります。なぜなら、異なる環境に対して構築を行う場合、その環境に依存したパラメータが必ず存在するためです。例えば、ネットワークが異なれば、サーバのIPアドレスは変わります。サーバのスペックが変われば、Javaが動作するアプリケーションであればJVMのヒープサイズも変わるでしょう。手順そのものは全く同じであっても、与えるパラメータが異なる場合に、少なくとも`Vagrantfile`では単純な書き方では対応しきれません。

これらの課題は、OS構築後の環境設定をいかに汎用的に分かりやすく、かつ流用しやすくするか、という点に集約されます。上述の課題は、まとめると以下の通りとなります。

- 環境構築手順（コード）の**属人性**を排除したい
- **異なる環境**でも同じ手順を流用したい

まずはこれらの課題について、解決策を考えてみます。

手順の属人性を排除する

現状のVagrant（と`Vagrantfile`）のみを利用したままでは、なぜ問題となるかを考えてみます。前述した通り、Vagrantそのものは環境構築をコード化するということを実現するツールであって、「コード化する」手法そのものは強制されていません。

061

すなわち、構築手順はVagrantfileの中に、シェルスクリプトのように記載しても構いません。ところが、シェルスクリプトはあまりに自由に記述することが可能なため、構築手順の表現方法は実装者によって人それぞれとなりがちです。コードのエラーハンドリングや環境の差異を考慮した条件分岐を考慮すると、さらにコードの複雑化が進むことも考えられます。

　結果、様々なパッケージを導入し、複雑な設定を行うことになることが多い実際のケースにおいては、構築手順も同時に複雑化することになり、コードの解読とメンテナンスに相当の負担が発生します。

　一方で、構築手順が統一的なフォーマットで記述され、整理されているとしたらどうでしょうか。誰が見ても変更箇所のあたりを付けることができ、結果として環境変更を容易に行うことができるようになります。

異なる環境で同じ手順を流用する

　Vagrantfileで記述した環境構築手順は、ローカル開発環境のためのものです。ですが本来、その手順は本番環境や開発環境で行うべき手順を流用したものでした。

　では、なぜこの手順をそのまま（共有）開発環境や本番環境で利用できないのでしょうか。理由はいくつか考えられます。

- **パラメータが異なる**
  例えばIPアドレスや、JVMのヒープメモリサイズなど、環境に依存する設定値は様々に存在します。ノード数も異なるでしょう。そうした環境に依存するパラメータを考慮すると、ローカル開発環境向けの構築手順はそのまま実行することはできません。場合によっては、OSのバージョンや種類が違ったとしても、手順としては可能な限り同一のものを扱いたいという願いもあるかもしれません。

- **安全に実行できない**
  仮に構築に失敗しても、何の影響も与えないローカル開発環境とは異なり、特に本番環境での構築ミスは許されません。事前/事後の確認をしっかりと行って、変更される範囲を把握した上で細心の注意を払いながら作業を行う必要があります。

インフラ構成管理ツール

　これらの問題は、AnsibleやChefなどのインフラ構成管理ツールによって解決することができます。インフラ構成管理ツールには以下の特徴があります。

- 宣言的
- 抽象化
- 収束化

- 冪等性
- 省力化

　これらの特徴は、ツールの表す性質を如実に表しているものの、それぞれは排他的な関係ではなく、複雑に関係しあっています。ここからは5つの特徴を順番に説明していきます。

宣言的

　構成情報によって設定対象の「状態」が明確に記載でき、状態を把握できることを、**宣言的**と言います。Michael DeHaan氏（Func/Puppetの開発者・現在はAnsibleのリード開発者）は構成管理ツールのことを**宣言的言語である**と述べています。宣言的であるとは、「サーバがどうなっていて欲しいかという**状態**を記述するのであり、どうしたいかという**作業**を記述するのではない」ということです。例えば、Ansibleにおいては、以下のように「起動している状態」を記述します。

▶ AnsibleのPlaybookにおける宣言的記述

```
service:
    name: nginx
    state: started
```

　上記のような表現方法は非常に分かりやすく、シェルスクリプトのような特定の記述に依存しません。誰が見ても、「nginxを起動状態とする」ということを認識できるようになります。また、状態を記述するため、「nginxが起動していなかったとしたら」という余計な情報もありません。これより前に、nginxが起動していようがいまいが関係なく、「起動状態であること」を宣言すればよいのです。結果的に、記述は非常に簡潔になり、開発者からみても分かりやすくなります。

抽象化

　抽象化とは、構成情報を対象の細かい環境の差異によって書き分ける必要がなく、できる限りコード実行の専門性が排除可能なことを指します。例えば、Chefにおいては、構成管理ツールの基本として、UbuntuやDebian GNU/Linuxなど、サポートされる多くの他のOSでも構成管理の記述が変わることはありません。構成管理情報は、Ansibleでは**Playbook**、Puppetでは**マニフェスト**、Chefでは**クックブック**と言います。それぞれの形式において、構成するひとつひとつのタスクに記述する状態を先ほど「宣言的」の節で見た通り、抽象的に書くことで、構成管理情報全体が抽象的になり、**Webサーバ**、**DBサーバ**のようにサーバの状態そのものを抽象化することができます。

　これにより、開発者は前提となる環境を明確に意識する必要がなくなります。例え

063

ば、Red HatであってもUbuntuであっても、同じ記述になるのです。実際にはパッケージのインストールが**yum**コマンドであったり**apt-get**コマンドであったりしたとしても、そのような細かい記述は全てツールが吸収してくれます。開発者は、単に「状態」だけを気にすればよい、ということになります。

余談ですが、AnsibleでPlaybookを作りこんだ場合は多少、抽象化レイヤを自分で負担する必要が出てくるので注意してください。

収束化

対象の状態がどうであっても期待した状態に変更されることを、**収束化**と呼びます。状態が収束化することによって、状態を時間軸から切り離すことができるようになります。例えば、設定ファイルの変更をイメージすると分かりやすいでしょう。設定ファイルの変更を手続き的に指定した場合、直前のファイルの内容を元に、特定の部分を書き換える、となります。皆さんの中にも、設定ファイルの変更を自動化するために、ファイルを**sed**コマンドや**awk**コマンドで書き換えていくようなスクリプトを作成された方がいらっしゃるかもしれません。しかし、設定変更を開始する時点で、設定ファイルの状態が想定されたものと異なっていた場合はどうでしょうか。その書き換えはうまくいかないかもしれません。

一方、収束化するとは、前の設定ファイルの内容がどうであるかを無関係に、その結果だけに帰結します。

これは、開発者から見てもメリットになります。なぜなら、その記述だけを見れば、状態を把握できるからです。手続き的であった場合は、その命令の背後には必ず前提条件が存在しています。開発者は、その前提条件を注意深く読み解く必要があります。時には、明文化されていないかもしれません。そう考えると、手続き的であることそのものが危険性をはらんでいるということがお分かりいただけるかと思います。

冪等性

何度実行しても同じ結果が得られる性質は、**冪等性**（べきとうせい）と呼ばれます。既に紹介した宣言的と収束化を組み合わせたような概念です。この冪等性と言われる性質は、インフラ構成管理において大きな意味を持ちます。冪等性が担保されていないシェルスクリプトでは、事前の状態を取得し、if文で「この場合はこの操作を行う」ことを厳密に定義する必要があります。

さもなければ、状態によってどんなコマンドが引き起こす結果がどうなるか、予想も担保もできないためです。これは、シェルスクリプトを使う利用者の心理とも合致します。環境構築手順をシェルスクリプトで表現した場合、その処理が安全に行われるかは、必ずスクリプトの中身を確認する必要が生じますし、実装する側の立場としても、そのケースを十分に留意してハンドリングする必要があります。したがって、実装者と利用者の双方に対して負担を強いる仕組みとなってしまいます。最悪の場

合、そのスクリプトは「怖くてもう使えない」ということにすらなりかねません。

しかし、冪等性があるツールを利用する場合、そうしたハンドリングは（ある程度まで）ツール側でカバーしてくれます。これにより、あるべき状態を定義するだけで、そこに至る道筋を考慮する必要がなくなり、記述がシンプルになる上、安全に構築を行うことができます。間違って複数回実行したとしても、結果は何ら変わらないのです。

結果、冪等性によって利用者は安心してこの仕組みを利用できるようになります。ツールを作ったにもかかわらず、動作が不安で怖くて使えない状態となってしまっては、チーム全体でのナレッジの共有へと繋げることはできません。

省力化

構成管理ツールでは、構成情報に基づいて、対象に対して迅速な設定を行います。一度設定を書いてしまえば、あとは全自動となるため、作業の**省力化**を実現することができます。複数台に対して同時に機械的に実行してくれるので実行速度が速いのは言うまでもありませんし、記述内容が宣言的な構成管理ツールは、非常に複数の対象の状態と構成が把握しやすく、管理について、非常に生産性が高いのです。また、省力化という観点でその他のメリットについてもまとめてみました。

- ポータビリティ
    - 環境を他のメンバーへ配布するときに、構成情報がテキスト形式であるため非常に軽量で渡しやすい（従来の仮想サーバのイメージは、バイナリ形式のため大容量となり、渡しづらい）
- レビュー
    - 構成情報はテキストファイルのためバージョン間の差分が明確に分かりレビュー時間が省ける
    - 抽象化された記述内容なので、OSやバージョンを気にする必要がないため、短時間のレビューで済む
- バージョン管理
    - うまくいかなければ前のバージョンに即座に戻すことができる
    - サービスによってはバージョンを上げないことで、環境を固定化させることができる
- オープンソース
    - 多くの人に使われているため、何かしらの問題に直面しても知見が世界的に共有されている
    - 新しいOSやバージョンの追従を行ってくれるため、メンテナンスする時間が省ける
    - ミドルウェアの構築手順をコードとしてインターネット上から取得することができる

サーバプロビジョニングは、構成管理ツールによって、実行速度だけではなくこうした様々なメリットを享受することができます。

Ansibleの基本的な使い方と冪等性

ここからは、Ansibleを例にして、これまでのVagrantの設定を基にインフラの構成管理を行っていきます。Ansibleとは、Python製のインフラ構成管理ツールです。

参照URL　https://www.ansible.com/

図2-13：Ansibleの公式サイト

Ansibleによって、ひとつのコントロール用サーバから構築対象サーバに対して構築を行うことができるようになります。その他の特徴は以下の通りです。

- 構築対象サーバに構成管理のクライアントツールを導入する必要がない
- 設定を決められたフォーマットで簡単に記述できる
- 最低コマンドひとつで（Ansibleの設定なしに）実行できるため、導入が容易

それでは、さっそくAnsibleを導入してみましょう。本節では、仮想マシン上にnginxを利用したWebサーバが1台構築されることを目指します。今回は、構築対象サーバ自身にAnsibleを導入します。構築対象サーバと構築指示サーバを分けて、リモートで構築を行う場合の方法は、5-1-5での実践の中で紹介していますので、そちらをご覧ください。

ここでは、Ansibleの動作を確認するために、ここまでの仮想マシン環境をそのまま利用して確認を行います。つまり、nginxが既にインストール済みの状態としてください。CentOSなどのRed Hat系Linuxの場合、AnsibleはEPELパッケージ系に含まれていますので、yumコマンドによってインストール可能です。

▶ 仮想マシン環境側でのAnsibleのインストール

```
[vagrant@demo ~]$ sudo systemctl stop nginx.service # この後のデモのために一旦nginxを停止
```

```
[vagrant@demo ~]$ sudo yum -y install epel-release
[vagrant@demo ~]$ sudo yum -y install ansible
```

ここでは、Ansibleのバージョン**2.1.1**を利用して設定を行っていきます。
以降のコマンドは、基本的に全て仮想マシン上で実施します。

▶ 仮想マシン環境のAnsibleのバージョン確認

```
$ ansible --version
ansible 2.1.1.0
  config file = /etc/ansible/ansible.cfg
  configured module search path = Default w/o overrides
```

さて、実際にAnsibleを実行してみましょう。Ansibleを単体で実行するには、**ansible**コマンドを利用します。

説明は後にして、まずは実際に実行します。

▶ ansibleコマンドによるnginxの起動例

```
$ sudo sh -c "echo \"localhost\" >> /etc/ansible/hosts"
$ ansible localhost -b -c local -m service -a "name=nginx state=started"
```

このコマンドでは、自分自身のnginxサービスを起動しています。**/etc/ansible/hosts**は**インベントリファイル**と言われるもので、Ansibleによって今後リモート実行を行うための対象サーバの一覧を定義しています。ここに記載されたサーバを実行対象として選択することができます。2行目では、実際に**ansible**コマンドを発行しています。それぞれの引数の意味は以下の通りです。ここではサンプルとして実行しているため、それぞれの引数の意味を暗記する必要はありません。

表2-1：**ansible**コマンド（例）での実行オプションの意味

引数	意味
`localhost`	インベントリファイルに記載されたサーバのうち、今回のコマンドで実際にコマンド発行を行う先を定義
`-b`	リモート実行される先のサーバで、どのユーザによって操作が行われるか。`-b`のみの場合は**root**ユーザで実行
`-c local`	接続先が自分自身の場合はsshが不要なため、local接続を行うために付与（通常、リモートサーバへの接続はsshで行われる）
`-m service`	**service**モジュールを利用することを定義。Ansibleでのモジュールとは、操作の種類のこと。例えば、「ファイルを作成する/削除する」「サービスを起動する/停止する」「パッケージをインストールする/削除する」という単位での処理を指す。モジュールは様々なものが用意されているため、以下を参照： 参照URL　http://docs.ansible.com/ansible/modules.html

次ページへ続く

引数	意味
-a "name=nginx state=started"	上記モジュール利用での追加の引数。ここでは、「nginxサービスに対して」「サービス起動状態であること」を定義

つまり、大雑把に言って、先ほどのコマンドは「ローカルホストに対してnginxサービスを起動状態にさせる」ことを指示するものです。もしnginxサービスが起動していない状態で、このコマンドを実行した結果は、以下のような結果になります。

▶ nginxが起動してない状態からのansibleコマンド実行結果

```
$ ansible localhost -b -c local -m service -a "name=nginx
state=started"
127.0.0.1 | SUCCESS => {
    "changed": true,                                          Ⓐ
    "name": "nginx",
    "state": "started"
}
```

なんとなく結果がお分かりでしょうか。ここでは、nginxが起動しています。Ⓐで、"changed": trueとなっていることを覚えておいてください。実際に起動しているか確認してみます。

▶ nginxの状態の確認

```
$ systemctl status nginx.service
● nginx.service - The nginx HTTP and reverse proxy server
   Loaded: loaded (/usr/lib/systemd/system/nginx.service; disabled;
vendor preset: disabled)
   Active: active (running) since 金 2016-05-06 10:06:52 EDT; 17min
ago
(以下略)
```

この通り、正常に起動しています。では、もう一度同じコマンドを発行してみたらどうなるでしょうか。

▶ nginxが起動状態にある時のansibleコマンドの実行結果

```
$ ansible localhost -b -c local -m service -a "name=nginx
state=started"
localhost | SUCCESS => {
    "changed": false,                                         Ⓐ
    "name": "nginx",
    "state": "started"
}
```

今度は少しだけ出力結果が変わっていることがお分かりでしょうか。❹で、今度は`"changed": false`と表示されていることが分かります。これは、既にサービスが起動状態である場合は、何も行う必要がなかったとして、「特に何も状態を変更しなかった」ことを意味しています。これが、「宣言的」であることにより状態が「収束化」するという「冪等性」を持つ、ということです。つまり、nginxサービスが`started`という状態を定義しておくことで、それまでがどんな状態でも、あるいは何度実行してもnginxは起動状態であることを保証しているのです。

Ansibleをより使いこなす：ansible-playbook

ここまでの説明では、冪等性の強力さを理解しながら、`ansible`コマンドが、ひとつの操作を実現してくれることを紹介しました。ここからは、本格的にAnsibleを利用していきます。再掲になりますが、本来Ansibleによって実現したいことは以下の3つでした。

1. 環境の設定や構築手順を統一的なフォーマットで記述できる
2. パラメータなどの環境ごとの違いを管理できる
3. 実行前に変更される箇所を把握できる

これらが実現できることを念頭に置きつつ、本格的にAnsibleを利用していきます。さて、ここからは以下のGitリポジトリをサンプルにしつつ動作を紹介します。Gitに関しては2-3-4にて説明しますので、この時点では以下のURLから直接ファイルを参照しながら読み進める程度で構いません。もしGitを利用できる場合は、このURLのリポジトリをクローンすることで、実際に動かしながら確認を行うことができます（`git clone`については3-2-1で紹介します）。

> 参照URL　https://github.com/devops-book/ansible-playbook-sample.git

仮想マシン内にGitをインストールする場合は、以下のコマンドでインストールすることができます。

▶ Gitのインストール

```
$ sudo yum -y install git
```

Gitをインストールした後は、コマンドでリポジトリを仮想マシン内にコピーすることができます。

▶ ansible-playbook-sampleリポジトリのクローン

```
$ git clone https://github.com/devops-book/ansible-playbook-sample.git
```

このリポジトリのディレクトリ構成は、以下のようになっています（無関係な部分は省略しています）。

▶ ansible-playbook-sampleのディレクトリ構造

```
ansible-playbook-sample
├── site.yml ─────────────────────────────────── Ⓐ
├── development ──────────────────────────────── Ⓑ1
├── production ───────────────────────────────── Ⓑ2
├── roles ────────────────────────────────────── Ⓒ
│   ├── common
│   │   ├── meta
│   │   │   └── main.yml
│   │   └── tasks
│   │       └── main.yml
│   └── nginx
│       ├── meta
│       │   └── main.yml
│       ├── tasks
│       │   └── main.yml
│       └── templates
│           └── index.html.j2 ────────────────── Ⓓ
└── group_vars ───────────────────────────────── Ⓔ
    ├── development-webservers.yml
    └── production-webservers.yml
```

ansibleコマンドでは、ひとつの処理を操作しましたが、実際にはこれまでの例のようにnginxのインストール「だけ」を行うことはありえません。例えば、インストールし、設定し、起動させるという一連の流れをもって「構築」とする場合がほとんどです。その場合に、処理や対象をグループ化し、まとめて管理することが必要となりますが、その場合は**ansible**コマンドではなく、**ansible-playbook**コマンドを利用します。

ansible-playbookコマンドでは、playbookファイルと言われるものに、構築情報の定義をあらかじめ行っておきます。構築を実行する場合は、このplaybookファイルを指定することで、自動的に一連の処理が流れていく仕組みです。

具体的に見ていきましょう。まず、上記でクローンしてきたサンプルを利用して、実際に構築を行ってみます。

▶ playbookの実行による構築

```
$ cd ansible-playbook-sample # クローンしたディレクトリの中に移動
$ ansible-playbook -i development site.yml
```

このサンプルでは、nginxのインストールと**index.html**の書き換えを行っていま

す。Vagrantのときとは異なり、環境ごとに設定が異なることを想定して、`index.html`の中身を環境ごとに違うものに書き換えることを想定しています。

実行結果は、以下のようになります。

▶ 仮想環境におけるplaybookの実行結果

```
PLAY ***********************************************************

TASK [setup] **************************************************** ── Ⓚ1
ok: [localhost] ─────────────────────────────────────────────────── Ⓚ2

TASK [common : install epel-release] ***************************** ── Ⓛ1
ok: [localhost] ─────────────────────────────────────────────────── Ⓛ2

TASK [nginx : install nginx] ************************************* ── Ⓜ1
ok: [localhost] ─────────────────────────────────────────────────── Ⓜ2

TASK [nginx : replace index.html] ******************************** ── Ⓝ1
changed: [localhost] ────────────────────────────────────────────── Ⓝ2

TASK [nginx : nginx start] *************************************** ── Ⓞ1
ok: [localhost] ─────────────────────────────────────────────────── Ⓞ2

PLAY RECAP ****************************************************** ── Ⓟ1
localhost                  : ok=5    changed=1    unreachable=0
failed=0 ────────────────────────────────────────────────────────── Ⓟ2
```

まずは実行結果を見てみましょう。Ⓚ1～Ⓚ2からⓄ1～Ⓞ2までのそれぞれの間が、タスクと言われる実行する操作と、その結果を表示しています。各アルファベットに続く1が実行する操作、各アルファベットに続く2が、実行する結果を示します。結果の見方は、以下の通りです。

表2-2：Ansible実行結果の見方

表示	意味
`ok`	既に結果が期待されている通りになっている（つまり、何も行う必要がなかったので実行しなかった）
`skip`	明示的な条件によってタスクそのものがスキップされた（実行しなかった）例えば、タスク1が成功したらタスク2は実行しない、という定義をAnsibleにあらかじめ行っている場合
`changed`	タスクの実行により、期待された通りに変更された
`unreachable`	そもそも実行対象ホストに通信が到達しなかった（エラー）
`failed`	実行対象ホストには到達したが、操作が何らかの理由により失敗した（エラー）

例えばⓁ1～Ⓛ2では、`TASK [common : install epel-release]`（Ⓛ1）とい

う操作に対して、**ok: [localhost]**（**L2**）と表示されていることから、「epel-releaseパッケージが既にインストール済みであるため、特に何もしなかった」という結果であることが分かります。さらに、**N1**～**N2**では、**index.html**の書き換えの箇所が**changed**となっています。**P1**～**P2**では、今回のコマンド実行結果のサマリが表示されます。**P2**は、実行対象ホストと、結果数のサマリです。つまり、ローカルホストに対しての操作（タスク）について、**ok**が5つ、**changed**がひとつだったことが分かります。この状態で、**index.html**を見てみると、開発環境の設定になっていることが分かります。

▶ index.htmlの確認

```
$ curl localhost
hello, development ansible
```

次に、本番環境の設定を行ってみましょう。

▶ 本番環境の設定

```
$ ansible-playbook -i production site.yml
```

結果は省略しますが、この状態で再度**index.html**を確認すると、本番環境の設定になっていることが確認できます。

▶ 本番環境設定されたindex.htmlの確認

```
$ curl localhost
hello, production ansible
```

このように、どのようなサーバに対してどんな操作を実行するかを定義するものが、playbookファイルと言われるものです。このサンプルでは、**A**の**site.yml**がそれに相当します（ここでは、コメントアウトされた行は省略しています）。

▶ ansible-playbook-sample/site.yml **A**

```
---
- hosts: webservers  ────────────────── ❶
  become: yes  ──────────────────────── ❷
  connection: local  ─────────────────── ❸
  roles:  ───────────────────────────── ❹
    - common
    - nginx
```

かいつまんで説明すると、このplaybookは、次のような定義を行っています。まず❶では、実行対象を決定しています。別途定義されているインベントリファイルの中

から、**webservers**のホストグループに対して処理を実行することを意味します。次に❷では、対象ホストで**root**ユーザにて処理を実行することを指定しています。❸では、今回の対象ホストがリモートではないため、sshではなくlocal接続を行うことを意味しています。最後に❹では、**role**として**common**と**nginx**の処理を行うことを指しています。ロールについてはこの後すぐに説明します。この通り、playbookファイルへの定義によって、一連の処理が全て明記されていることになります。

実行対象を定義する：playbookとインベントリファイル

playbookファイルの中の**hosts: webservers**は、別途定義したインベントリファイルの中で指定したグループを参照しています。インベントリファイルは、**ansible**コマンドの例の際は**/etc/ansible/hosts**に記載していましたが、今回のように別ファイルに定義して**-i**オプションによって指定することも可能です。今回は、Ⓑ1の**-i development**やⒷ2の**-i production**のように、環境ごとにインベントリファイルを分けて指定していました。

▶ ansible-playbook-sample/development Ⓑ1

```
[development-webservers]
localhost

[webservers:children]
development-webservers
```

親子関係になっているため少し複雑ですが、**localhost**は**webservers**グループと**development-webservers**グループに属していると捉えていただければ結構です。結果として、**ansible-playbook**コマンド実行時は、playbookファイル内にて**webservers**と指定していることから、インベントリファイルを参照した上で**localhost**を実行対象としています。

実行内容を定義する：playbookとrole

playbookファイルである**site.yml**中では、**role**として**common**と**nginx**の2つが指定されていましたが、この2つが具体的に何を行うのかは定義されていませんでした。

commonと**nginx**が具体的に行う処理内容は、Ⓒの**roles**ディレクトリ配下のそれぞれの**tasks**の中に明記されています。

▶ ansible-playbook-sample/roles/nginx/tasks/main.yml Ⓒ

```
---
# tasks file for nginx
```

073

```
- name: install nginx
  yum: name=nginx state=installed

- name: replace index.html
  template: src=index.html.j2 dest=/usr/share/nginx/html/index.html

- name: nginx start
  service: name=nginx state=started enabled=yes
```

　このように、ハイフン（-）とコロン（:）で羅列する書き方をYAML形式と呼びます（しばしば、その形式で書かれたファイルの拡張子は **.yml** とされます）。ここではnginxを例にしていますが、上記のようにインストールと設定、起動を一連のシーケンスとして定義しておくことで、実行の際に一括して処理を行うことができます。シェルスクリプトで処理を記述するよりも、記載のフォーマットが統一化されたことで、すっきりと書けるようになったと感じないでしょうか。この方式でのメリットは、シェルスクリプトのように分岐を作りこむことなく、規格化されたフォーマットで手続きが表現できる点です。

環境によって設定値を変える：varsとtemplate

　rolesによって一連の処理は定義されましたが、環境によって設定値を書き分ける方法を紹介していませんでした。これを解決するには、❺の **group_vars** を利用します。

▶ ansible-playbook-sample/group_vars/development-webservers.yml ❺

```
env: "development"
```

　これは、**development-webservers** グループを利用する場合は、**env** という変数を利用する、と定義していることになります。この **env** という値は、先ほどの **tasks** の中の **template** という記述の部分で利用しています。**template** というモジュールでは、ソースとなるファイル（**src=index.html.j2** のファイル）の中に記載されている変数部分を解釈し、値を埋め込んで指定したパスに配置する動きをします。

▶ ansible-playbook-sample/roles/nginx/templates/index.html.j2 ❹

```
hello, {{ env }} ansible
```

　つまり、ここでは **index.html.j2** の中の **{{ env }}** という部分が、先ほどの **group_vars** 内の **env** の値を参照し、**development** という文字列に置換されて埋め込まれることを意味しています。**group_vars** 配下のファイルは、インベントリのグループ単位で定義することも可能ですので、ここで環境ごとの設定値を書き分けることが可能になります。

実行前に変更差分を確認する：dry-runモード

ここまでの例を順番に実行していった場合、この時点ではindex.htmlは開発の状態になっています。

▶ ここまでのindex.html

```
$ curl localhost
hello, development ansible
```

ここから設定変更を行った場合を想定してみます。具体的には、nginxのroleで配置されるindex.htmlのテンプレートを少しだけ変更してみます。

▶ ansible-playbook-sample/roles/nginx/templates/index.html.j2 ⓓ

```
Hello, {{ env }} ansible!!
```

一文字目を大文字にし、末尾に!!を追加した新テンプレートを環境に反映……といきたいところですが、実際の環境でいきなり反映を行うのは少し怖いと思われる方もいらっしゃると思います。実際に反映する前に、どのような変更が想定されるのかを確認したいという気持ちです。Ansibleでは、このような場合にdry-runモードと言われる実行オプションが存在しています。このモードでは、本当に反映を行わずに、「実行したらどこが変更されるか」を事前に表示してくれます。

▶ dry-runモードの実行コマンド

```
$ ansible-playbook -i development site.yml --check --diff
```

ここでは、**--check**オプションでdry-runモードの指定、**--diff**オプションで変更差分を表示するように指定ます。結果は以下のようになります。

▶ dry-runモードによって反映せずに結果・差分を確認する

```
$ ansible-playbook -i development site.yml --check --diff

PLAY ************************************************************

(略)

TASK [nginx : replace index.html] ***********************************
changed: [localhost]
--- before: /usr/share/nginx/html/index.html ─────────────────── ⓒ
+++ after: dynamically generated
@@ -1 +1 @@
-hello, development ansible ──────────────────────────────── ⓡ1
+Hello, development ansible!! ──────────────────────────────── ⓡ2
```

```
TASK [nginx : nginx start] ******************************************
ok: [localhost]

PLAY RECAP **********************************************************
localhost                  : ok=5    changed=1    unreachable=0
failed=0
```

--diffオプションを付与して実行することにより、❶〜❷2までの表示が増えています。ここでは、**index.html**に対してのファイルの内容が変更されたことを意味しています。❶1が-から始まっていますが、これは今までのファイルの内容のうち、今回の実行により削除される行を意味します。

一方❷2は+から始まっており、今回の実行によって新たに追加される行を意味しています。これらを合わせて、今回の実行で**index.html**から**hello, development ansible**が削除され、代わりに**Hello, development ansible!!**が挿入されることが分かります。

このように、変更差分を確認しながら、実際にどのような変更が行われるのかをチェックすることができます。この変更が想定されたものである場合は、実際に反映を行います。本当に反映する場合は、**--check**オプションを除いて実行します。

▶ playbookの反映

```
$ ansible-playbook -i development site.yml --diff
```

このように、無事に環境へ想定された変更が反映されました。

▶ 反映結果の確認

```
$ curl localhost
Hello, development ansible!!
```

インフラ構成管理ツールがもたらすもの

ここまでの説明で、駆け足でしたがAnsibleを利用したインフラ構成管理と自動構築について触れてきました。振り返ると、もともと克服したかった課題については、Ansibleによってそれぞれ以下のような解決策で対応できていることになります。

- **構築手順が分かりづらい**

  Ansibleの持つ「宣言的」な記述方法によって、状態が「収束化」するように記載できました。その結果、余計な前提条件を気にすることなく、あるべき状態のみ

を理解すればよくなりました。つまり、手順ではなく結果だけを見ることができるようになっています。

- **設定の追加ができない**
  全ての設定は「冪等性」と「収束化」によってによって依存関係から解放されました。これにより、前提となる環境条件を気にする必要がなくなり、設定の追加もツールに任せて記載すればよくなっています。

- **構築手順が他の環境へ流用しづらい**
  「抽象化」された記述によって、OSなどの環境の条件を気にすることなく、構築によってあるべき状態のみをシンプルに理解できるようになりました。

　ここまでの説明によって、Vagrantの**Vagrantfile**の中に記載されていた構築手順が、Ansibleによって切り出され、より汎用的に扱うことができるようになりました。これにより、これまでローカル開発環境でしか利用できなかった構築手順が、Ansibleによって実際の開発環境や本番環境へも応用できるようになります。これは、これまで個人単位でしか活用できなかったものが、チーム全体で利用できるようになったということです。

　インフラ構成管理ツールによって表現された構築手順が、ナレッジとしてチーム全体に浸透し、それを利用してあらゆる環境の構築作業に利用されることは、開発担当と運用担当をはじめとしたチーム内、あるいはチーム間の協調に貢献することは言うまでもないでしょう。

> **COLUMN**
>
> ### Ansibleをさらに使いこなすには
>
> 　本編では、DevOpsの本質の理解のために、Ansibleのさわりの部分のみを駆け足で紹介してきました。しかしAnsibleは、他にも構築・設定作業の自動化に関する非常に多彩な機能を持っており、ここでは紹介しきれなかった便利な機能やベストプラクティスが数多く存在します。これだけではありませんが、例えば以下のようなことができます。
>
> - **Tag**
>   特定のtaskのみを実行できる
> - **Dynamic Inventory**
>   インベントリ（ホスト一覧）を、固定ではなく外部から動的に取得し読み込

むことができる
- **Ansible Galaxy**
  roleを一から記述する必要なく、インターネット上から取得し、流用できる
- **Ansible Tower**
  Webブラウザ用のダッシュボードや、REST APIでAnsibleを操作できるようにするRed Hat社のツール

これらの機能の詳細を調べるために、特に参考にすべきサイトを紹介しておきます。

- **Ansible公式ドキュメント**
  https://docs.ansible.com/ansible/index.html

Vagrantと同じく、Ansibleもインターネット上に文献が広く存在していますので、ぜひご自身で自分なりの手法を模索してみてください。

COLUMN

インフラ構成管理ツール

本編ではインフラ構成管理ツールとしてAnsibleを紹介しましたが、1-1-3で簡単に紹介した通り、世の中には様々なインフラ構成管理ツールが存在します。ここでは、代表的なツールとその特徴を紹介します。

■ Ansible（https://www.ansible.com/）

本編でも紹介しましたが、AnsibleはPython製の構成管理ツールです。Red Hat社より提供されています。

主な特徴として、以下のようなものがあります。

- **エージェントレス**
  プロビジョニング対象サーバにエージェントを導入する必要がありません。従って、導入が容易です。
- **YAML形式の設定ファイル**
  YAML形式でインフラ構成を宣言していくため、プログラムが得意でない人でも扱いやすいと言われています。

- インストールが容易

  パッケージ一つで導入可能なため、構成管理を始めやすいと言われています。

■ Chef（https://www.chef.io/）

Chef Software社により提供される、Ruby/Erlang製の構成管理ツールです。日本では、前身であるChef-Soloによってインフラ構成管理が広く浸透したという経緯があります。

通常はAnsibleと同じく、構成管理サーバから対象サーバに対してプロビジョニングを行いますが、Chef-Clientのローカルモードと言われる方法で、自分自身に対してのみ構成管理を行うこともできます。従って、大規模なインフラ構成管理を必要としない場合に用いられることがあります。

また、RubyベースにしたDSLによって構成情報を柔軟に表現します。

■ Itamae（https://github.com/itamae-kitchen/itamae）

クックパッド株式会社の荒井良太氏によって開発された、シンプルかつ軽量なインフラ構成管理ツールです。もともとはAnsibleの手軽さ、Chefのような柔軟なDSLの両方を兼ね備える、扱いやすいツールとして開発されました。

Chefの導入のためには、様々な用語や構成を理解しなければならず、「手軽にインフラ構成管理を始める」ためには敷居が高く、なかなか手を延ばしづらい状況にありました。そのため、上記メリットを活かしてItamaeの導入を進める企業も増えつつあります。

以下のような特徴があります。

- Chefに比べて管理する要素、覚える用語が少ない
- エージェントレス
- プラグインを独自に導入できる

■ Puppet（https://puppet.com/）

これらの中でも2005年という比較的古くから存在するインフラ構成管理ツールです。Puppet Labs社により、Rubyによって開発されていますが、Chefと異なり完全に独自のDSLでインフラ構成を表現する必要があり、若干敷居が高いと言われています。他のツールと異なり、プル型（つまりプロビジョニング対象サーバ側から処理を実行する）で実行されます。

079

2-3-3 Serverspecでインフラ構築のテストをコード化する

　ここまでの説明は、あくまで構築・設定変更を効率化するためのものでした。しかし実際には、構築や設定変更「だけ」を行うケースはありえません。皆さんのチームでも、作業を行う場合は、合わせて必ずテストを行っているかと思います。

　これまでのテストでは、手順書やパラメータシートに基づいて、別途テスト仕様書とテスト手順書をまとめ、それに応じてひとつひとつのテストを行っているケースがほとんどでした。こうしたテスト工程の作業についても、これまでに紹介した構築・設定と同様にコード化することができます。コード化することにより、以下のようなメリットがあります。

- テストコードがそのままテスト仕様書になる
- テストコードの流用ができる
- コードを通じてレビューを行うことができる

　そして何より、ツールによってテストを行うことができることにより、テスト実行という行為のコストが限りなく低くなるというメリットが挙げられます。テストについての必要性は、誰もが感じているにもかかわらず、世の中一般的にはテスト不足によってバグや障害が発生しているケースは多々あることでしょう。それには、テストは必要ではあるものの、「実施が大変である」という背景があるからに他なりません。

　さらに、インフラのテストとなると、より一層話は難しくなります。以前は、インフラの構築・設定手順に対応する形で、テストもひとつひとつ人の目で確認しながら行っていくのが通例でした。それは、テストのコード化と汎用化が難しいから、という理由に他なりません。

　ディレクトリのパーミッションや、全てのインストールパッケージの調査、サービスの起動状態などをひとつひとつチェックしていくのは、膨大な手順と手間がかかってしまいます。サーバの台数が増えればなおさらです。皆さんの中にも、例えばパーミッションがひとつ違っていただけでトラブルとなったケースを経験した方がいらっしゃるかもしれません。そういった状況も、テストさえすれば回避できたかもしれません。しかし、そもそも（包括的な）テストの準備と実行が難しいという背景があったからこそ、このような状況になっていると考えられます。

　しかし、一度作ったテストコードが再利用可能であり、テスト実施も簡単に行えるとしたらどうでしょうか。テスト実施の省力化に繋がることはもとより、サービス品質の向上にも繋がることは明白です。この、「手軽に実行できるようになる」というメリットを活かした考え方が継続的インテグレーションと言われるものですが、継続的インテグレーションについては3章で改めて説明します。

Serverspecによるテストの自動化

Serverspec も、テストという行為がシンプルかつ簡単に行えるためのツールのひとつです。特に、インフラ（サーバ）の設定をテストすることができます。

| 参照URL | http://serverspec.org/ |

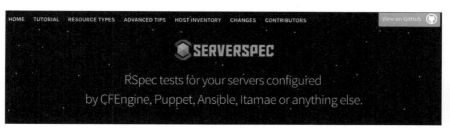

図2-14：Serverspecの公式サイト

Serverspec は、先述したコード化のメリットに加えて、以下のような特徴があります。

- テスト項目一覧を決まったフォーマットに基づいて記述することができる
- テスト結果をレポート形式で出力できる

お分かりの通り、Infrastructure as Code のメリットがそのまま享受できています。テスト工程も、Infrastructure as Code の恩恵を受け、ひいては省力化を行うことができるということです。

Serverspecの基本的な使い方

ここからは、実際にServerspec を導入してみましょう。これまでの説明で、せっかくAnsibleによるインフラの構成管理を行ったのですから、ここではServerspec もAnsibleによって導入してみます。

playbookファイルで、`- serverspec`の行のコメントアウトを外してください。

▶ ansible-playbook-sample/site.yml

```
---
- hosts: webservers
  become: yes
  connection: local
  roles:
    - common
    - nginx
    - serverspec # この行のコメントアウトを外す
```

Serverspec用のroleディレクトリ及びその配下のtaskなどは、既に2-3-2の途中で紹介した以下のGitリポジトリの中に準備されています。

> 参照URL　https://github.com/devops-book/ansible-playbook-sample.git

taskの中では、Rubyのインストールと、gemによってServerspecのインストールを行っています。

▶ **ansible-playbook-sample/roles/serverspec/tasks/main.yml**

```yaml
# tasks file for serverspec
- name: install ruby
  yum: name=ruby state=installed

- name: install serverspec
  gem: name={{ item }} state=present user_install=no
  with_items:
    - rake
    - serverspec
```

それでは、実際にインストールしてみましょう。

▶ **AnsibleによるServerspecのインストール**

```
$ ansible-playbook -i development site.yml --diff
（略）
TASK [serverspec : install ruby] **************************************
changed: [localhost]

TASK [serverspec : install serverspec] ********************************
changed: [localhost] => (item=rake)
changed: [localhost] => (item=serverspec)
（略）
```

無事にインストールされました。Serverspecには、sshにより遠隔でテストを行うモードと、Serverspecを導入した自身のサーバであるローカルホストで動作するモードの2種類があります。ここでは、ローカルモードでの導入を行います。あらかじめ設定を行っておくことも可能ですが、ここでは最初ということで対話的にセットアップを行います。

▶ **Serverspecの設定時に用いるコマンド**

```
$ serverspec-init
```

OSのタイプはCentOSなので1) **UN*X**、ローカルホストでの動作なので2) **Exec (local)** を選択します。

▶ Serverspec の実際の設定

```
$ mkdir ~/serverspec && cd ~/serverspec # セットアップ用ディレクトリの作成
$ serverspec-init
Select OS type:

  1) UN*X
  2) Windows

Select number: 1

Select a backend type:

  1) SSH
  2) Exec (local)

Select number: 2

 + spec/
 + spec/localhost/
 + spec/localhost/sample_spec.rb
 + spec/spec_helper.rb
 + Rakefile
 + .rspec
```

　すると、実行ファイルの一式が自動的に生成されました。テストの実体は、**spec/localhost/*_spec.rb** です。既にサンプルのファイルが生成されているので、このファイルを具体的に見ていきましょう。

▶ spec/localhost/sample_spec.rb（抜粋）

```
require 'spec_helper'

describe package('httpd'), :if => os[:family] == 'redhat' do ── Ⓐ1
  it { should be_installed } ─────────────────────── Ⓐ2
end

describe service('httpd'), :if => os[:family] == 'redhat' do ── Ⓑ1
  it { should be_enabled } ──────────────────────── Ⓑ2
  it { should be_running } ──────────────────────── Ⓑ3
end

describe port(80) do ─────────────────────────── Ⓒ1
  it { should be_listening } ─────────────────────── Ⓒ2
end
```

重要なのは、**describe**から**end**までの記述です（Ⓐ、Ⓑ、またはⒸのブロック）。なんとなくコードを見てお分かりかと思いますが、ここでは以下がテストされます。

- httpdがインストールされていること　　：Ⓐ2
- httpdサービスが有効化されていること：Ⓑ2
- httpdサービスが起動中であること　　　：Ⓑ3
- 80番ポートがlisten中であること　　　　：Ⓒ2

記載されているフォーマットは確かにプログラム的ではあるものの、特にテスト項目の部分である**should**の行などは、かなり自然言語的であると感じる方も多いのではないでしょうか。これがServerspecの強みです。テスト項目をコードに落とし込むとはいえ、仮にプログラム的に記述してしまうしかないとすると、人間にとっての可読性が下がり不便を強いることになります。一方、人間にとっての可読性を第一に考えると、ツールにとっては厳密な意味を決めることができず、テストの判断基準が曖昧になってしまいます。

Ansibleは、構築手順をYAML形式に落とし込んで、統一されたフォーマットで構築手順を記述していました。それと同様に、Serverspecもこのような形式で記述することにより、人間にとっての読みやすさとツールが実際に解釈してテストを実行するという機械/人間の双方の立場を両立しています。実際にテストを動かしてみましょう。当然、これまでの例ではhttpdをインストールしていないため、テストは失敗します。ただし、nginxが80番ポートを利用しているため、最後のテストだけは成功します。テストは、specディレクトリが存在するディレクトリ直下から、**rake**コマンドで行います。

▶ Serverspecによるテスト実行コマンド

```
$ rake spec
```

結果は以下のようになります。

▶ Serverspecによるテストの実行

```
$ rake spec
/usr/bin/ruby -I/home/vagrant/.gem/ruby/gems/rspec-core-3.4.4/lib:/
home/vagrant/.gem/ruby/gems/rspec-support-3.4.1/lib /home/vagrant/.
gem/ruby/gems/rspec-core-3.4.4/exe/rspec --pattern spec/localhost/\*_
spec.rb

Package "httpd" ─────────────────────────────────────── Ⓐ
  should be installed (FAILED - 1)

Service "httpd"
```

```
    should be enabled (FAILED - 2)
    should be running (FAILED - 3)

Port "80"
  should be listening

Failures:

  1) Package "httpd" should be installed
     On host `localhost'
     Failure/Error: it { should be_installed }
       expected Package "httpd" to be installed
       /bin/sh -c rpm\ -q\ httpd
       package httpd is not installed

     # ./spec/localhost/sample_spec.rb:4:in `block (2 levels) in <top
(required)>'

  2) Service "httpd" should be enabled
     On host `localhost'
     Failure/Error: it { should be_enabled }
       expected Service "httpd" to be enabled
       /bin/sh -c systemctl\ --quiet\ is-enabled\ httpd

     # ./spec/localhost/sample_spec.rb:12:in `block (2 levels) in <top
(required)>'

  3) Service "httpd" should be running
     On host `localhost'
     Failure/Error: it { should be_running }
       expected Service "httpd" to be running
       /bin/sh -c systemctl\ is-active\ httpd
       unknown

     # ./spec/localhost/sample_spec.rb:13:in `block (2 levels) in <top
(required)>'

Finished in 0.09569 seconds (files took 0.41051 seconds to load)
4 examples, 3 failures

Failed examples:

rspec ./spec/localhost/sample_spec.rb:4 # Package "httpd" should be
installed
rspec ./spec/localhost/sample_spec.rb:12 # Service "httpd" should be
enabled
rspec ./spec/localhost/sample_spec.rb:13 # Service "httpd" should be
running
```

```
/usr/bin/ruby -I/home/vagrant/.gem/ruby/gems/rspec-core-3.4.4/lib:/
home/vagrant/.gem/ruby/gems/rspec-support-3.4.1/lib /home/vagrant/.
gem/ruby/gems/rspec-core-3.4.4/exe/rspec --pattern spec/localhost/\*_
spec.rb failed
```

いろいろと出力されていますが、大きく3つの構成に分かれています。

- 冒頭Ⓐ〜：テスト項目の一覧とテストの成否
- **Failures**：Ⓑ〜：失敗となったテストケースの詳細
- **Failed examples**：Ⓒ〜：失敗となったテストケースの一覧（サマリ）

Ⓑの最後に **4 examples, 3 failures** とありますが、これがテスト結果のサマリとなります。

なお、実際には色付けされており、より分かりやすく表示されます。

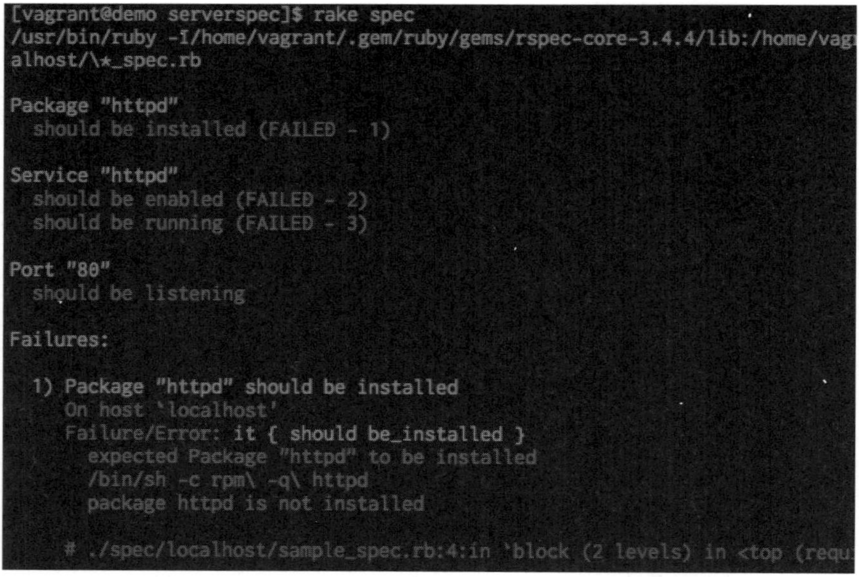

図2-15：Serverspecのテスト実行結果

構築するべきインフラに対してのテストコードを書く

これまでは例として **serverspec-init** コマンドによって実行例を見てきましたが、ここからはこれまでAnsibleで構築してきたnginxを例にして、具体的にテスト

コードを書いてテストを実行できるようにします。テストコードの配布も、Ansibleで行ってしまいましょう。playbookファイルに、**serverspec_sample**の行のコメントアウトを外してください。

▶ ansible-playbook-sample/site.yml

```
---
- hosts: webservers
  become: yes
  connection: local
  roles:
    - common
    - nginx
    - serverspec
    - serverspec_sample    # この行のコメントアウトを外す
```

既に**serverspec_sample**の中は記載済みです。

▶ ansible-playbook-sample/roles/serverspec_sample/tasks/main.yml

```
---
# tasks file for serverspec_sample
- name: distribute serverspec suite
  copy: src=serverspec_sample dest={{ serverspec_base_path }}

- name: distribute spec file
  template: src=web_spec.rb.j2 dest={{ serverspec_path }}/spec/localhost/web_spec.rb
```

これまで**serverspec-init**コマンドで生成されていたファイル一式を、Ansibleによって配布しています。それでは、配布を実行します。

▶ Ansibleコマンドによるspecファイルの配布

```
$ cd ~/ansible-playbook-sample
$ ansible-playbook -i development site.yml
（中略）
TASK [serverspec_sample : distribute serverspec suite] **************
changed: [localhost]

TASK [serverspec_sample : distribute spec file] ********************
changed: [localhost]

PLAY RECAP *********************************************************
localhost                  : ok=9    changed=2    unreachable=0    failed=0
```

これにより、**/tmp/** 配下に **serverspec_sample** というディレクトリができ、その配下に実行ファイル一式が格納されています。

▶ /tmp/配下にできたserverspec_sampleの確認

```
$ ls -ld /tmp/serverspec_sample
drwxr-xr-x. 3 root root 4096  5月  7 17:40 /tmp/serverspec_sample
```

それでは、まずは実行してみましょう。

▶ 配布されたテストの実行

```
$ cd /tmp/serverspec_sample
$ rake spec
```

結果は以下の通り、❹の部分でテストの失敗が0件として表示されているため、全て成功していることが分かります。

▶ 配布されたテストの実行結果

```
$ rake spec
/usr/bin/ruby -I/home/vagrant/.gem/ruby/gems/rspec-core-3.4.4/lib:/
home/vagrant/.gem/ruby/gems/rspec-support-3.4.1/lib /home/vagrant/.
gem/ruby/gems/rspec-core-3.4.4/exe/rspec --pattern spec/localhost/\*_
spec.rb

Package "nginx"
  should be installed

Service "nginx"
  should be enabled
  should be running

Port "80"
  should be listening

File "/usr/share/nginx/html/index.html"
  should be file
  should exist
  content
    should match /^Hello, development ansible!!$/

Finished in 0.1387 seconds (files took 0.3647 seconds to load)
7 examples, 0 failures ─────────────────────────────────────❹
```

試しに、nginxを停止してから再度テストを行ったらどうなるでしょうか。

▶ nginxの停止

```
$ sudo systemctl stop nginx.service
```

▶ nginxを停止してからテストを再実行

```
$ rake spec
（中略）

Failures:

  1) Service "nginx" should be running ─────────────── Ⓐ1
     On host `localhost'
     Failure/Error: it { should be_running }
       expected Service "nginx" to be running
       /bin/sh -c systemctl\ is-active\ nginx
       inactive

     # ./spec/localhost/web_spec.rb:9:in `block (2 levels) in <top
(required)>'

  2) Port "80" should be listening ─────────────────── Ⓑ1
     On host `localhost'
     Failure/Error: it { should be_listening }
       expected Port "80" to be listening
       /bin/sh -c ss\ -tunl\ \|\ grep\ --\ :80\\\

     # ./spec/localhost/web_spec.rb:13:in `block (2 levels) in <top
(required)>'

Finished in 0.13048 seconds (files took 0.31146 seconds to load)
7 examples, 2 failures

Failed examples:

rspec ./spec/localhost/web_spec.rb:9 # Service "nginx" should be
running ──────────────────────────────────────────── Ⓐ2
rspec ./spec/localhost/web_spec.rb:13 # Port "80" should be listening
───────────────────────────────────────────────────── Ⓑ2

/usr/bin/ruby -I/home/vagrant/.gem/ruby/gems/rspec-core-3.4.4/lib:/
home/vagrant/.gem/ruby/gems/rspec-support-3.4.1/lib /home/vagrant/.
gem/ruby/gems/rspec-core-3.4.4/exe/rspec --pattern spec/localhost/\*_
spec.rb failed
```

結果は、想定通りnginxサービスの起動（Ⓐ1, Ⓐ2）と、80番ポートのlistenチェック（Ⓑ1, Ⓑ2）が失敗します。

このように、インフラの状態に関するテストを、非常に簡単に行うことができます。テストそのものをここまで簡単に実行できるからこそ、開発の都度テストを繰り返し行うことができるようになります。具体的にテストコードの中身を見ていきましょう。

▶ /tmp/serverspec_sample/spec/localhost/web_spec.rb

```ruby
require 'spec_helper'

describe package ('nginx') do
  it { should be_installed }
end

describe service ('nginx') do
  it { should be_enabled }
  it { should be_running }
end

describe port (80) do
  it { should be_listening }
end

describe file ('/usr/share/nginx/html/index.html') do
  it { should be_file }
  it { should exist }
  its (:content) { should match /^Hello, development ansible!!$/ }
end
```

Serverspecの冒頭で説明した通り、基本的には**describe**から**end**までがresourceと言われるチェック対象の単位としてまとめられています。その中に、**it**や**its**という括りでテスト項目が存在しています。どのようなテスト項目が存在するかは、Serverspec公式サイトの**Resource Types**ページをご覧ください。

参照URL　http://serverspec.org/resource_types.html

ここに記載されているリソースタイプを組み合わせて、インフラに対するテストを効率よく行うことができるようになります。

構築とテストを組み合わせて利用する

ここまでの説明で、テストも自動化することができました。では、システム（特にインフラ）に対するテストを実行したい場合とは、どういう状況でしょうか。構築とテストは、切っても切り離せない関係にあります。構築するからには、その設定や状態は想定されたものであると期待して作業を行いますし、逆にテストするからにはその設定は正しいことを定義して動かすからです。したがって、（Ansibleなどの）イン

フラ構成管理ツールとServerspecは表裏一体の関係にあると言えます。何かを変更したら、毎回テストをするというフローを回していくのが理想です。この「構築したらテストを漏れなく動かす」という考え方を応用し、一連の操作を極限まで省力化したひとつの形が、継続的インテグレーションと呼ばれます。継続的インテグレーションについては、3章で説明を行います。

> **COLUMN**
>
> ### テスト結果をhtml形式で出力する
>
> Serverspecは、テスト結果をhtml形式で出力する機能も備えています。例えば、テストの結果一覧を他の誰かに共有する必要がある場合、コマンドの出力結果をコピーして渡すよりも分かりやすいことでしょう。html形式での出力のためには、Serverspecの他に、別途coderayと言われるgemをインストールする必要があります。
>
> ▶ **gemのインストール**
>
> ```
> $ gem install coderay
> ```
>
> coderayをインストール後、html形式で出力には、**rake spec**コマンドに出力オプションを追加します。
>
> ▶ **coderayを使ってhtml形式で結果を出力**
>
> ```
> $ rake spec SPEC_OPTS="--format html" > ~/result.html
> ```
>
> もしこのHTMLをブラウザ上から確認したい場合は、これまでの手順を行っている場合はnginxがインストールされていますので、以下の手順によってブラウザから確認することができます。
>
> ▶ **ブラウザから確認できるように結果を配置**
>
> ```
> $ sudo mv ~/result.html /usr/share/nginx/html/ # ドキュメントルートに配置
> $ sudo setenforce 0 # SELinuxを無効化
> $ sudo systemctl start nginx.service # nginxを起動
> ```
>
> その後、以下のURLにアクセスすればテスト結果がHTMLで確認できるはずです。
>
> **参照URL** http://192.168.33.10/result.html

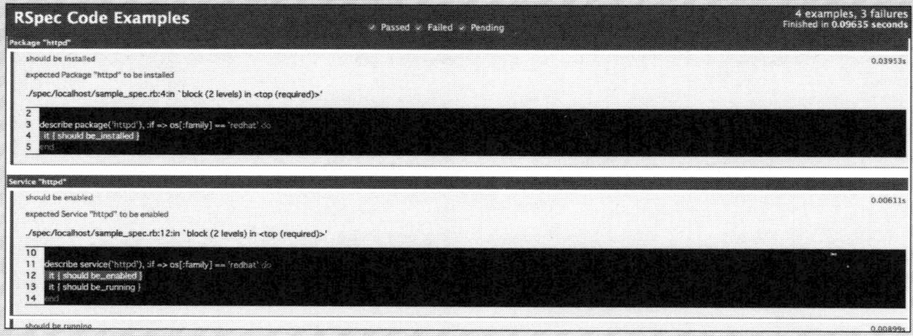

図2-A：html形式でのServerspec実行結果の出力

> **COLUMN**
>
> ### インフラ設定周りのテストツール
>
> ここではServerspecを例にしてテストツールを紹介しましたが、世の中にはツールやテストのレイヤに対応した、特化型のツールが数多く存在します。ここでは、それらのツールを少しだけ紹介します。
>
> - **Test Kitchen（http://kitchen.ci/）**
>   ChefのCookbookやAnsibleのplaybookなど、様々なインフラ構成管理ツールのコードに対する統合テストを行うことができます。
> - **Infrataster（http://infrataster.net/）**
>   Infra（インフラ）のtaster（味わう人）という名前の通り、設定値よりも、結果としての振る舞いのテストを行うことができます。
> - **Kirby（https://github.com/ks888/kirby）**
>   Ansibleコードのコードカバレッジを計測することができます。
>
> その他、AnsibleSpec（https://github.com/volanja/ansible_spec）と言われるものも存在します。
> これは、その名の通りAnsibleと組み合わせて利用します。
> Ansibleでリモート接続に利用する際のSSHの設定と、Serverspecでのリモート接続の方法をまとめることができます。（テスト自体はServerspecと同じです）
>
> テストの目的や用途に応じて、最適なテストツールを利用してみてはいかがでしょうか。

2-3-4 Gitを用いて必要な構成情報をチームに共有できるようにする

　ここまで、VirtualBox、Vagrant、Ansibleを利用したInfrastructure as Codeの世界観について説明しました。導入前の、手作業で複雑な設定や管理が必要だった状態から比べると、手順が簡単に確認できるようになり、安全かつ自動的に構築されるようになったことから、DevOpsへの世界観へ少し近づいたことが実感できたかと思います。ここからは、よりチームへの共有と活用を踏まえたコード管理について考えていきましょう。

コードのバージョン管理

　ここまでに紹介したVirtualBox、Vagrant、Ansibleを利用したInfrastructure as Codeの世界では、コードそのものが重要な意味を持つことがお分かりかと思います。コードとは、VagrantのVagrantfileや、Ansibleのplaybook、role、Serverspecのspecファイルがそれにあたります。コードはインフラの状態を反映する「鏡」であり、それに対する信頼があるからこそ、Infrastructure as CodeによるDevOpsの世界観が実現できるのです。

　これらのファイルは、公開され、レビューの対象となり、履歴を管理しながら、実際に構築の「タネ」となり、チーム全体で共有して育てていくべきものです。したがって、これらのファイルをいかにして管理し、活用していくかは、構築やテストという単体の作業のみならず、開発全体にとって非常に重要な課題となります。

　ここからは、このような世界観をチームメンバーと共有するために、Gitを利用したバージョン管理とレビューフローについて紹介します。

　Gitの前に、**コードが管理されている**とはどういう状態なのかを考えます。我々は、上記で取り上げた「コード」を、どのように扱うことが理想的なのでしょうか。それには、コードを前にしてしばしば起こりうる開発上の課題を紐解いていくと良いでしょう。例えば、以下のようなことを経験したことはないでしょうか。

- ファイル名に **_yyyymmdd** や **_r3** などの日付、リビジョン番号などがバラバラに付与されており、どれを使えばよいか分からない
- どのような変更が行われたのか分からない
- 同一ファイルに対して複数人で作業していたために、誰かの変更を上書きしてしまう
- このコードがどこで利用されているのか、本当に利用されているのか分からない

　これらによって、コードによる統一的なコミュニケーションができないという状態に陥ります。Infrastructure as Codeにとっては、コードは非常に重要な意味を持つと

いうことは、既に皆さんは理解されている通りかと思います。しかし、そのコードが信頼のおけないものになり、「このコードはなんであるか」を逐一調査し、チームメンバーで議論を交わし、時間を取っているようでは、省力化とはとても言うことができません。コードが全てのコミュニケーションの基盤となり、それを基にどうしていくかに注力するのがDevOpsであり、共通的な言語すら確立されていないようでは、時間を無駄に浪費してしまいます。

つまり、Infrastructure as Codeにおけるコードは、以下の状態であることが「前提」となります。

1. 「いつ」「誰が」「どんな」変更をしたのかを理解できる
2. どのコードがどこで利用されているかが分かる

このような状態になって初めて、コードは信頼のおけるものになり、コミュニケーションの基盤となり得るのです。

上記のような状態を実現し、保つことができるのが、いわゆるバージョン管理システムと言われるものです。

コード管理におけるGit

前述の通り、バージョン管理システムはGitに限らず、古くから利用されているCVSやSubversionなども存在します。ですが、これから新しく開発を進めていくのであれば、間違いなくGitをお勧めします（理由は後述します）。コードは開発フローの根幹を成すものであるため、既に開発チームが存在しており、そこで長らく利用されているバージョン管理システムが既に存在している場合もあるでしょう。その場合は、これから紹介するGitのメリットと移行のコストなどを勘案し、切り替えに値するかどうかを判断してください。

Gitは、Linus Torvalds氏によってLinux Kernelの開発管理のために開発されたバージョン管理システムです。他のバージョン管理システムが「集中型」と言われるリポジトリ管理方式を採用している一方、Gitは「分散型」という管理方法を採用しています。

分散型バージョン管理システムでは、リモートサーバ上にある中心的なリポジトリの他に、完全なコピーを手元のローカル環境に作成し、そのローカルリポジトリを利用して開発を進めることができます。一方で、集中型バージョン管理システムでは、リポジトリはリモート上に1箇所しか存在しません。

分散型バージョン管理システムでは、集中型に比べて、以下のようなメリットがあります。

- ローカルにリポジトリが存在し、そこに対して処理を行うため、ほとんどの作業を高速に行うことができる

- 個人でコミットを行うことができ、複数のコミットをまとめるなどして全体に公開するタイミングを自分で調節できる
- プッシュとプル以外の操作は、インターネットとの接続なしに行うことができる（プッシュとプルについて3-2-1にて紹介します）

加えて、Gitは昨今のバージョン管理システムの流行にもなっているため、非常に文献が多いこともメリットになるでしょう。

個人で始めるGitによるコード管理

それでは、実際にGitを使ってコード管理を行ってみましょう。まずは、Gitの仕組みについての説明を行います。まずは、まだチームメンバーと共有する目的は忘れて、一旦個人でバージョン管理を行うことを考えます。

Gitでは、ローカルリポジトリは3つのエリアに分かれています。「**ワーキングディレクトリ**」「**ステージングエリア**」「**リポジトリ**」の3種類です。

図2-16：Gitのローカルリポジトリ

ローカルリポジトリでは、まずワーキングディレクトリで開発作業を行います。次に、ワーキングディレクトリでの作業によって変更が行われたファイルをコミットするための前準備として、変更されたファイルをワーキングディレクトリからステージングエリアへ登録します（「ステージングする」と呼びます）。

次に、ステージングエリアへ登録されたファイル群をまとめてひとつのコミットとし、リポジトリへ登録します。Gitでは、この3つのエリアへのファイルの往来によってバージョンを管理していくことになります。

Gitのインストールと初期設定

それでは、いよいよGitによる操作を行ってみましょう。Gitは、コマンドによって操作を行いますが、そのためのバイナリは公式サイトからダウンロードすることができます。それぞれのOSごとに配布されているバイナリが異なるため、適切なものを選択してください。

参照URL　https://git-scm.com/downloads

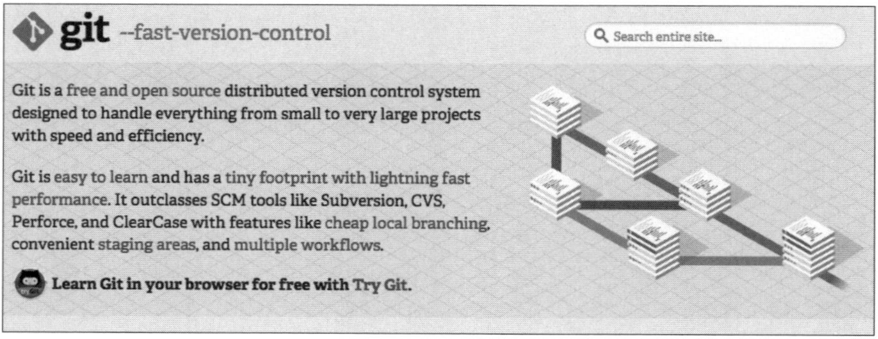

図2-17：Gitの公式サイト (https://git-scm.com/)

インストールされると、Gitの操作が行えるようになります。以下はmacOSのターミナル上から`git`コマンドを実行したときの例です。

▶ Gitのバージョン確認

```
$ git --version
git version 2.6.4 (Apple Git-63)
```

なお、Gitクライアント（Gitを操作するツール）には、Windows向けにはコマンドベースのGit for Windows[3]、グラフィカルに操作が可能なTortoiseGit[4]やSourceTree[5]など様々なものがあります。

Gitの初期設定

次に、Gitの利用者情報を登録します。この情報は、Gitを用いてコミットを行った際に、「誰が」コミットしたのかを識別するために利用されます。

▶ Gitの初期設定

```
$ git config --global user.name <ユーザ名>
$ git config --global user.email <メールアドレス>
```

Gitのリポジトリ作成

それでは操作を行ってみましょう。まずは、リポジトリを作成するところから始め

---

[3] https://git-for-windows.github.io/
[4] https://tortoisegit.org/
[5] https://ja.atlassian.com/software/sourcetree

ます。リポジトリの作成は、**git init**コマンドによって行います。

▶ リポジトリの初期化を行うコマンド

```
$ git init
```

適当なリポジトリを作成するため、ここでは**sample-repo**というリポジトリにします。その名前のディレクトリの中で**git init**コマンドを実行することによってリポジトリが作成されたことになります。

▶ リポジトリの初期化の実行と結果

```
$ mkdir sample-repo
$ cd sample-repo
$ git init
Initialized empty Git repository in /Users/test/sample-repo/.git/
```

このように、ローカルリポジトリが作成されました。

Gitコマンドを使いこなす

それでは、いよいよ様々なGitのコマンドを使いこなしてみましょう。

git status：Gitリポジトリの状態を確認する

この時点では、リポジトリの中は空なので、何かファイルを作成してエリア間の操作を行ってみます。

▶ 管理されるファイルを作成

```
$ echo 'Hello,git!' > README.md
$ cat README.md
Hello,git!
```

図2-18：ワーキングディレクトリにファイルを追加した状態

この時点では、単にファイルが追加されただけの状態のため、ファイルは「ワーキ

ングディレクトリ」に存在することを思い出してください。状態を確認するには、`git status`コマンドを実行します。

▶ リポジトリの状態確認を行うコマンド

```
$ git status
```

▶ リポジトリの確認と結果

```
$ git status
On branch master

Initial commit

Untracked files:
  (use "git add <file>..." to include in what will be committed)

    README.md

nothing added to commit but untracked files present (use "git add" to
track)
```

`Untracked files`に`README.md`が存在することが分かります。これがワーキングディレクトリにファイルが存在することを意味しています。

git add：ワーキングディレクトリからステージングエリアへファイルを登録する

次に、このファイルをステージングしてみましょう。ステージングするには、`git add`コマンドを利用します。

▶ ステージングエリアへファイルを追加

```
$ git add ファイル名
```

ファイル名部分は、ワイルドカードによる指定もできますし、.によってサブディレクトリも含む全てのファイルを指定することもできます。

図2-19：ステージングエリアへファイルを追加した状態

▶ サブディレクトリを含む全てのファイルをステージングする

```
$ git add .
```

特に何も出力されていませんが、このコマンドによってステージングされています。ここで改めて **git status** コマンドにより状態を確認してみましょう。

▶ ステージング後のリポジトリの状態を確認

```
$ git status
On branch master

Initial commit

Changes to be committed:
  (use "git rm --cached <file>..." to unstage)

    new file:   README.md
```

少し出力が変わっており、**Changes to be committed:** という表示になっています。これは、**README.md** がステージングされたことを意味します。もうひとつステージングエリアに追加してみましょう。

▶ ステージングエリアにファイルをさらに追加

```
$ mkdir test-dir
$ echo test! > test-dir/README.md
$ git add .
$ git status
On branch master

Initial commit

Changes to be committed:
  (use "git rm --cached <file>..." to unstage)

    new file:   README.md
    new file:   test-dir/README.md
```

ステージングエリアに2つ目のファイルが追加されました。

図2-20:ステージングエリアへ2つ目のファイルを追加した状態

git commit:ステージングエリアからリポジトリへ反映させる

それでは、いよいよコミットしてみましょう。コミットには、**git commit**コマンドを利用します。

▶ ファイルをコミットするコマンド

```
$ git commit -m "コミットメッセージ"
```

図2-21:リポジトリへファイルを登録(コミット)した状態

コミットには、コミットメッセージが必要です。実際の開発においても、コードを変更するには理由があるはずで、コミットメッセージにはそのような意図や管理しているチケット番号などを記載することが多いでしょう。

▶ コミットコメントを入れてコミットするコマンド

```
$ git commit -m "first commit"
```

▶ コミットコメントを入れてコミットした結果

```
$ git commit -m "first commit"
[master (root-commit) a6abcd4] first commit
 2 files changed, 2 insertions (+)
 create mode 100644 README.md
 create mode 100644 test-dir/README.md
```

コミットされたため、`git status`上も見えなくなっています。リポジトリとワーキングディレクトリまたはステージングエリアとの間に差分がないことを意味しています。

▶ コミット後のリポジトリの状態を確認

```
$ git status
On branch master
nothing to commit, working directory clean
```

git log：コミット履歴を表示する

　コミットの履歴は、`git log`コマンドで確認することができます。

▶ コミット履歴の確認

```
$ git log
commit a6abcd46121f35ac1d5d87aeab9d98c2ca4582be
Author: test <test@example.com>
Date:   Sat May 14 20:34:31 2016 +0900

    first commit
```

　このように、先ほどのコミットの情報が記載されています。1行で簡易的に表示するには、`--oneline`オプションを付与します。

▶ コミットログを一行で表示

```
$ git log --oneline
a6abcd4 first commit
```

　この乱数のような文字列（上記の例でいう`a6abcd4`）は、コミットIDと言われるもので、コミットの位置を一意に識別する際に利用します。
　このコミットIDは、この後`git reset`コマンドを紹介するときにも利用します。

git diff：ワーキングディレクトリとステージングエリアの差分を参照する

　`README.md`を少し修正してみましょう。

▶ ファイルの更新

```
$ echo 'Hello, Git!!' > README.md
```

　ワーキングディレクトリとステージングエリア間でのファイルの差分を確認するに

は、**git diff**コマンドを利用します。

▶ ファイルの変更差分を確認する

```
$ git diff
```

図2-22：差分確認対象とリポジトリの状態

以下の通り、変更される箇所が分かりやすく表示されます。

▶ ワーキングディレクトリとステージングエリアの差分の確認

```
$ git diff
diff --git a/README.md b/README.md
index ac9b53a..ce26356 100644
--- a/README.md
+++ b/README.md
@@ -1 +1 @@
-Hello,git!
+Hello, Git!!
```

git reset：変更を取り消す

このまま、**git add**コマンドでステージングします。

▶ 先ほどの変更をステージングする

```
$ git add .
$ git status
On branch master
Changes to be committed:
  (use "git reset HEAD <file>..." to unstage)

    modified:   README.md
```

このステージングしたファイルを取り消す（アンステージする）場合は、**git reset**コマンドを利用します。

▶ ステージングした変更を取り消す

```
$ git reset
```

git resetコマンドにより、アンステージされた旨のメッセージが表示されます。

▶ ステージングエリアの変更の取り消し

```
$ git reset
Unstaged changes after reset:
M    README.md
```

以下の通り、README.mdがアンステージされています。

▶ アンステージ後のリポジトリの状態を確認

```
$ git status
On branch master
Changes not staged for commit:
  (use "git add <file>..." to update what will be committed)
  (use "git checkout -- <file>..." to discard changes in working
directory)

    modified:   README.md
```

--hardオプションにより、ワーキングディレクトリも完全にコミットの状態に巻き戻すことができます。

▶ ワーキングディレクトリを変更前の状態に戻す

```
$ git reset --hard
HEAD is now at a6abcd4 first commit
$ git status
On branch master
nothing to commit, working directory clean
```

この場合は、上記の通りREADME.mdに対する変更が完全に取り消されます。変更した内容が消滅するため、気をつけて利用してください。
特定のコミットの状態に戻る場合は、末尾にコミットIDを付与します。

▶ ワーキングディレクトリを特定のコミットの状態に戻す

```
$ git reset --hard <コミットID>
```

これにより、自在にコミットの状態に戻ることができるようになります。

Gitのコマンドを活用しつつ開発を進めていく

　これまでに学んできたGitのコマンド群を実際に利用して、改めて開発の進め方を考えてみましょう。

　`git init`コマンドによってコードのバージョン管理が行えるようになると、安心して開発が進められるようになります。なぜなら、`git add`または`git commit`によって、「立ち戻れるポイント」さえ設ければ、いつでもその時点のコードにまで戻れるからです。しかも、その作業は完全に個人の環境のみで作用し、他のチームメンバーに影響を与えません。

　例えば、少しずつコードを追記・修正しながら、試行錯誤して開発を進めていくケースがあります。そういった経験がない方は、これまでの例からVagrantのVagrantfileやAnsibleのplaybook、あるいはServerspecのspecファイルを作成していくことをイメージしてみてください。そのコードを追記していく中で、うまく動くケースもあれば、コード修正の誤りが原因となって動かなくなるケースも当然あるでしょう。様々な試行錯誤を重ねて、それでもやはりどうしても動かない。そのような場合に、一旦動作担保できた状態までコードの状態を戻すことが、`git reset`コマンドにより簡単にできるのです。状況を把握するために、`git diff`コマンドでコミットIDの時点からの差分を確認することもできます。

　もしGitを利用していない場合は、悲惨な状況になります。どの時点が正しく動いていた状態なのかを、もう一度コードを見直して少しずつ取り除いていく作業を強いられる羽目になるからです。ファイルまたはディレクトリを、作業のポイントごとにコピーして保管しておけばいい、と考える方もいらっしゃるかもしれません。しかし、試行錯誤を繰り返して作業が膠着しているような場合に、ふと一時的なディレクトリが山のように散逸している状況を見て、どのディレクトリの中のコードを使えばよいか、即座に判断できるでしょうか？　しかも、一度消してしまうと二度と戻すことはできません。

　このような状況を考えると、コピーのような原始的な方法ではなく、Gitを利用してバージョン管理を任せてしまう方が、より安全で確実であるのは明らかです。どんな簡単なコードであっても、まずは`git init`を行い、少しずつコミットしながら開発を進めていくことを意識付ければ、皆さんの開発は格段に安全かつ効率的に進むことでしょう。

> **COLUMN**
>
> ### コミットの単位
>
> 　Gitのような分散型のバージョン管理システムでは、ローカルリポジトリでのコミットは誰にも影響を与えないため、気軽に行うことができます。したがって、開発中は自分が把握できる範囲でこまめにコミットしておき、必要に応じて巻き戻すことを想定しておくと便利です。
>
> 　しかし、次章で紹介するように、これが今後チームメンバーと共有されるとなると話は別になります。基本的にコードの差分はコミット単位で見ることになるため、あまりに細かくコミットを行いすぎると、コミット間の差分の参照が煩雑になります。
>
> 　したがって、チームでコードを共有するときには、ある程度まとめてコミットすることが望ましくなります。ここでいう「まとめて」とは、意味のある単位を指します。例えば、「**課題番号○番の対応**」や、「**○○機能の追加**」「**○○というバグを解消した**」などです。こうしておくことで、後でコミットの履歴を参照するときに、どの時点でどんな変更が行われたのかを追いやすくなるというメリットがあります。
>
> 　複数のローカルコミットを後からまとめるには、**git rebase -i** コマンドを利用します。または、直前のコミットと今回行いたいコミットをまとめるのであれば、**git commit --amend** コマンドを利用しても良いでしょう。

> **COLUMN**
>
> ### Infrastructure as Codeにおいてドキュメントは必要か
>
> 　ここまでの説明で、DevOpsの世界観では、コードが重要な意味を持つことが理解できたかと思います。コードがすなわち構築手順になり、設定のパラメータになり、テスト仕様となるためです。
>
> 　では、コードさえ構成管理できていれば、いわゆる詳細設計書は不要になるのでしょうか。少しツールをかじった人であれば、なおさらコードが全てだと思う方がいらっしゃるかもしれません。
>
> 　しかし、筆者はそれでも詳細設計書（と言われるもの）は必要であると考えています。なぜなら、コードに残るのはあくまで結果だけであり、設計書で重要な意義を持つ「設計に至った道筋」や「思想」は残らないためです。なぜそ

の設定にしたのか、どういう目的でそのパラメータにしたのかを残さない限り、ナレッジとしてチーム全体に共有するという目的は半分しか達成できていないことになります。

　もちろん、設計書の記載内容や表現手段については再考の余地はあります。設定そのものがコードで表現される以上、それとほとんど同じ内容を日本語で書き直すことには、ほとんど意味がないことでしょう。したがって、結果そのものはコード管理側に任せてしまうべきです。また、Gitなどの構成管理ツールでコードが管理される以上、（例えば）共有フォルダにExcelで設計書が残るのではなく、Gitリポジトリの**README.md**に残すようにする、という方法は、実装と思想が同一の場所で管理されることになるため、大いに意味があることでしょう。

　まとめると、詳細設計書が必要であることは変わりませんが、その位置づけや表現方法を少しだけ変えて、管理方法も見直す必要があると考えます。

2-3-5　Infrastructure as CodeとDevOpsのゴール

　ここまで、段階的にInfrastructure as Codeを進め、その都度課題を解決しながら省力化を進めていきました。では、ここまでの対応をしっかり行えば、Infrastructure as CodeによってDevOpsは完成するのでしょうか。

　答えはNoです。DevOpsにおいて、Infrastructure as Codeという考え方はひとつのピースでしかありません。Infrastructure as Codeという考え方は、2-1で紹介した効率化のひとつの解決策に過ぎず、これが全てのゴールを示すものではないのです。

　ビジネス価値の向上を目的として、ここまでは（主にインフラを対象にして）効率化を行ってきましたが、効率化に終わりはありません。価値の追求のために阻害するあらゆる要因を分析し、解決に導いていくことが重要です。

　ここまでのアプローチで、個人の範囲で始められるDevOpsの実践を行ってきました。次は、いよいよチームという単位に対してDevOpsを考えていきます。

　DevOpsの「Dev（開発）とOps（運用）が密に協調・連携して、ビジネス価値を高めようとする働き方や文化」という定義にもある通り、連携と協調はチームのメンバー全体が行ってこそ大きな力を発揮します。3章では、チームという単位に対してDevOpsを実践していきます。

CHAPTER 3

DevOpsをチームに広げる

　2章では様々なツールを用いて、ローカル環境から始めるDevOpsへの入り口として、Infrastructure as Codeを実践してきました。3章では個人で導入を試みてきたDevOpsの手法をチームに展開し、DevOpsを用いた開発スタイルを導入するにはどうすればよいのか、具体的な手法を見ていきます。3章を読み終わると、チームへのDevOps施策の導入について、具体的な手法を理解し自ら実践できるようになります。

CHAPTER 3
DevOpsをチームに広げる

1 DevOpsをチームに展開することの意義

　2章では、個人で始めることを足がかりにして、「小さな」DevOpsを学びました。しかし、実際のサービス開発や運用において、個人で自由に開発を行うことができる範囲は非常に小さく、個人で自由に運用を行うということはビジネスを支え続けなくてはならない運用体制ではまずありえません。そのため、設計や実装のレビュー、障害対応など、サービス開発における様々なポイントで、チームとして複数人で協力して動くことが必要になります。仮に現在、ごくごく少数のメンバーで実質的に自由に対応しているとしても、サービスを発展させるという目的があるのであれば、いつかは複数人での対応を考える必要が生じます。また、サービスを継続させる観点から見ても、メンバーが入れ替わる可能性があるために、個人に依存した体制は早々に脱却すべきです。つまり、サービス開発の規模にかかわらず、ビジネス価値を高めようとしていくのであれば、チームメンバーと協働して進めていくことを念頭に考えていかなければなりません。

　逆に言うと、「個人」というレベルではなく、「チーム」というレベルで効率化を果たすことができれば、DevOpsへの道は一層拓けるということです。チームが統一的な手法を採ることによって、何倍もの効率化を果たすことができます。DevOpsとは、Dev（開発）とOps（運用）が密に協調・連携して、ビジネス価値を高めようとする働き方や文化であると既に何度もお伝えした通り、個人ではなくチーム全体が同じ意識を持ち、同じ取り組みを行ってこそ、DevOpsは価値を発揮するものです。

　一方で、チームで開発や運用を行うということは、個人とはまた違った難しさがあるのも事実です。あなたがいくらDevOpsの理想を知っていたとしても、他のメンバーが同じ方向を向いてくれるとは限りません。コミュニケーションのロスによって情報が分断され、開発とテスト、リリースの間で非効率なやり取りを行うことだってあるでしょう。DevOpsの背景となる意義や利点を適切に伝えないまま、ツールだけを独断で導入してしまったとすると、おそらくあなたの理想とするDevOpsは、更に遠のいてしまうことになりかねません。DevOpsを実現するためには、その土壌づくりを注意して行わないと、かえって現場に混乱を与えてしまい、密な連携とは全く別の方向に進んでしまう恐れがあるのです。こうしたチームならではの難しさを解消するために、ツールやフローの導入に対する取り組みも、ひとつ登ったステージで考えていく必要があります。

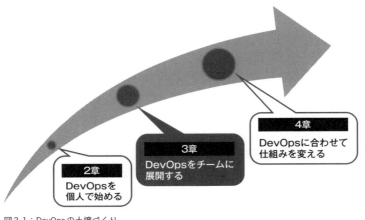

図3-1：DevOpsの土壌づくり

　3章では、チームでサービス開発や運用を行うことを前提に、より広範囲に効率化を行います。これは、単なる労力の削減に留まらず、開発担当や運用担当が何に取り組んでおり、どういう状態になっているかを分かりやすくしていきます。それによって、開発担当や運用担当が相互に情報をやり取りすることができるようになり、結果として密な連携を果たすことができるようになるのです。

　これから、以下の4つを紹介していきます。

1. チームの開発とコミュニケーションを効率化する：GitHub
2. もっと簡単にローカル開発環境を作り共有する：Docker
3. 作業を定型化して履歴管理する：Jenkins
4. 作業を連続して行うことで手間を省く：継続的インテグレーション（CI）/継続的デリバリ（CD）

　チームならではのコミュニケーションを考えていきながら、チームとしての効率化を進めていきましょう。

CHAPTER 3-2 DevOpsをチームに広げる

チームで行う作業効率化

DevOpsにおいては、チームにおける作業の効率化が大前提となりますが、ここでは作業効率化を支える技術を紹介しながら、それらのツールを使ってチームの作業をどのように変えていくと良いのかを見ていきます。

3-2-1　GitHubでチーム開発を行う

2-3-4では、個人で始めるGitというものから、個人の単位でコードのバージョン管理を学びました。しかし、コードを取り巻く管理とは、本来チームのなかで行っていくものです。なぜなら、コードは一人で利用するものではないからです。例えば、コードをレビューする、他のメンバーがコードを利用する、他のメンバーがコードを修正するなど、チームという単位でコードを取り扱うシーンは多く存在します。

そこで、本節では、2章で学んだコードのバージョン管理をチームという範囲に広げて、個人単位ではなくチーム単位で効率的に取り扱う方法を学んでいきます。いよいよ、リポジトリをチームメンバーへと共有し、チーム開発を進めていきましょう。ここからは、2-3-4で利用した **sample-repo** リポジトリをチームメンバーと共有したり、そのリポジトリを対象に効率的にレビューを行うことを念頭に進めていきます。

具体的には、以下の作業を行うケースを考えます。

1. リポジトリをGitHub上に公開し、他の開発メンバーからも利用できるようにする
2. ブランチという考え方を導入し、次期開発と運用といったように複数ラインでの開発を可能にする
3. プルリクエストという操作を通じて、コードを修正しレビューして反映するという一連の作業を効率的に行う

GitHubは、Gitを利用した共有Webサービスです。ここでは、GitHubを通じてGitの操作を学んでいきます。なお、インターネット上のサービスを利用できないようなクローズドな環境においても、GitHubと同等の機能を利用したい方のために、後ほどコラムにて類似サービスの紹介を行っていますので、そちらもご覧ください。

参照URL　https://github.com/

2章で行っていた操作は、全て「ローカルリポジトリ」と言われる範囲での作業でした。ローカルリポジトリは、個人が作業を行うためのリポジトリです。これまでの説明で作成し、更新したリポジトリがそれにあたります。一方、リモートリポジトリは、チームメンバーとコードを共有するためのリポジトリです。ローカルリポジトリでの変更を、リモートリポジトリへ反映し、チームメンバーはリモートリポジトリを参照しながら開発を進めていくようになります。

　ここでは、GitHub上に存在するリポジトリがリモートリポジトリにあたります。通常、開発を進める場合は、リモートリポジトリから一式を取得しローカルリポジトリを作成した上で、ローカルリポジトリに対してファイルの更新を行い、最終的にリモートリポジトリへ更新を反映させる作業になります。

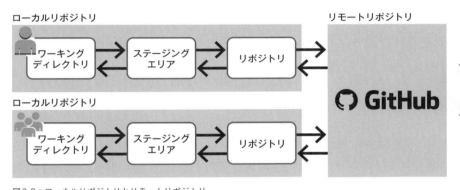

図3-2：ローカルリポジトリとリモートリポジトリ

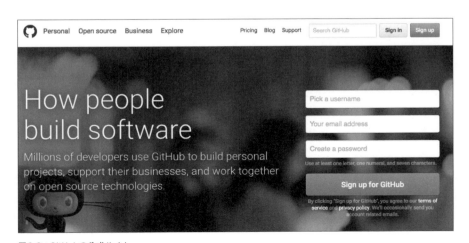

図3-3：GitHubの公式サイト

GitHubアカウントの開設

初めて利用を開始する場合は、GitHubに対してアカウントを作成する必要があります。トップページから、アカウント名、メールアドレス、パスワードを入力し、サインアップを行ってください。別途登録したメールアドレス宛に、確認用のメールが届いていますので、忘れずにVerifyを行ってください。サインアップが完了すると、ダッシュボード画面に移ります。

図3-4：GitHubのダッシュボード画面

なお、左上部分に表記されているもの（図中では「`devopsbook-test`」と表記されています）があなたのアカウント名になります。以降、図中に「`devopsbook-test`」と記載されているものは、ご自身のアカウント名と読み替えてください。

リモートリポジトリの作成と登録

次に、リモートリポジトリを作成します。この作業を行うことにより、これまで個人で利用していたリポジトリを公開し、他の開発メンバーにも利用できる状態にすることができます。リモートリポジトリは作成するだけでなく、ローカルリポジトリと対応付けなければなりません。この対応の方法には2種類あります。ひとつ目は、リモートリポジトリを作成した後、そのリモートリポジトリからローカルリポジトリを作成する方法です。2つ目は、ローカルリポジトリを先に作成しておき、ローカルリポジトリの反映先のリモートリポジトリを指定する方法です。2章にて、既にローカル環境に`sample-repo`というリポジトリを作成済みのため、2つ目の方法でリモートリポジトリを作成します。

GitHubのダッシュボード画面の右上に「＋」ボタンがありますので、そこから「`New repository`」を選択します。その後の画面では、「`Repository name`」欄に、分かりやすいようにローカルリポジトリと同じ名前である「`sample-repo`」を入力し、一番下の「`Create repository`」を選択します。

ここでは、デフォルトである「`Public`」を選択していますが、この状態でリポジト

リを作成すると、全世界にリポジトリが公開されます。もし限られたメンバー（例えば開発メンバーのみなど）に対してのみコードを公開したい場合は、「**Private**」を選択することになりますが、GitHubにおけるプライベートリポジトリは有料となりますのでご注意ください。

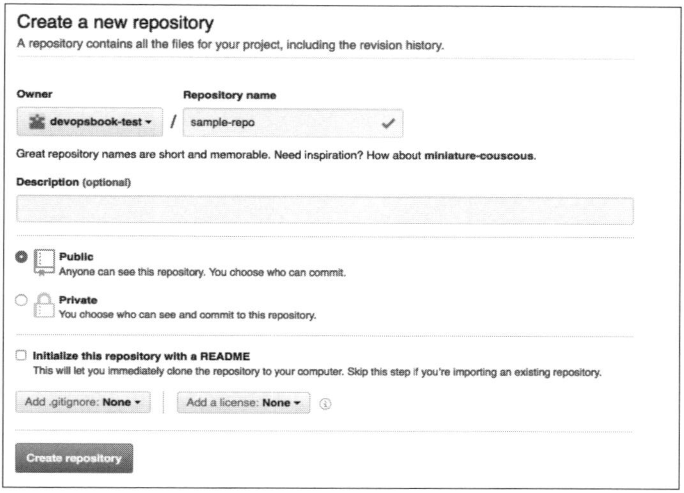

図3-5：GitHubの新規リポジトリ作成

これで、リモートリポジトリが作成されました。

図3-6：GitHubの新規リポジトリ作成（作成後）

次に、ローカルリポジトリとの対応付けと現状の反映を行います。

既に上記画面にてコマンドが記載されていますが、その通りに実行することになります。

▶ リモートリポジトリの登録とローカルリポジトリ情報の反映

```
$ git remote add origin https://github.com/あなたのアカウント名/リポジトリ名.git
$ git push -u origin master
```

git remote addコマンドにより、**origin**という名前でリモートリポジトリを認識するように設定します。次に、**git push**コマンドにより、**origin**（すなわちリモートリポジトリ）に対して、masterブランチの状態を反映しています。ブランチについては後述しますが、今のところはローカルリポジトリと同一のように考えておいてください。ここでは、リポジトリ名は**sample-repo**としましたので、以下のようになります。

▶ リモートリポジトリの登録とローカルリポジトリ情報の反映（実行例）

```
$ git remote add origin https://github.com/あなたのアカウント名/sample-repo.git
$ git push -u origin master
Counting objects: 5, done.
Delta compression using up to 4 threads.
Compressing objects: 100% (2/2), done.
Writing objects: 100% (5/5), 311 bytes | 0 bytes/s, done.
Total 5 (delta 0), reused 0 (delta 0)
To https://github.com/あなたのアカウント名/sample-repo.git
 * [new branch]      master -> master
Branch master set up to track remote branch master from origin.
```

ここで、先ほど作成したリモートリポジトリのページをリロードすると、先ほどまでローカルリポジトリで行っていた内容が、リモートリポジトリに反映されていることが分かります。

参照URL　https://github.com/あなたのアカウント名/sample-repo

ここまでの操作で、個人で利用していたコードが公開され、他のメンバーからも参照できるようになりました。今後、開発を進めていく上で、ローカルリポジトリの変更をリモートリポジトリに反映する場合は、この**git push**コマンドを利用します。

図3-7：GitHubのsample-repoリポジトリの画面

git clone：リモートリポジトリをローカルリポジトリへ複製する

ここまでは、リモートリポジトリとローカルリポジトリが1対1の場合の作業でした。他のチームメンバーが上記のようなリポジトリを使って開発を進める場合は、ローカルリポジトリが存在しない状況で、一旦リモートリポジトリを手元に持ってくる必要があります。このような場合は、**git clone**コマンドを利用します。このコマンドにより、リモートリポジトリの情報をローカルリポジトリに取得することができます。

図3-8：git cloneのイメージ

▶ リモートリポジトリの複製

```
$ git clone リポジトリのURL
```

ここでいうリポジトリのURLは、GitHubでの取り込みたいリポジトリのページにも記載がありますので、参考にしてください。今回の場合は、以下のようになります。

▶ sample-repoリポジトリのローカルリポジトリへの複製

```
$ git clone https://github.com/あなたのアカウント名/sample-repo.git
```

以下の通り、新しくリモートリポジトリから取り込むことができています。

▶ sample-repoリポジトリのローカルリポジトリへの複製（実行例）

```
$ git clone https://github.com/あなたのアカウント名/sample-repo.git
Cloning into 'sample-repo'...
remote: Counting objects: 5, done.
remote: Compressing objects: 100% (2/2), done.
remote: Total 5 (delta 0), reused 5 (delta 0), pack-reused 0
Unpacking objects: 100% (5/5), done.
Checking connectivity... done.
$ ls -1 sample-repo
README.md
test-dir/
```

git pull：リモートリポジトリの変更をローカルリポジトリに取り込む

`git clone`コマンドは、リモートリポジトリを基に一からローカルリポジトリを作成する方法でした。既に他の開発者がリモートリポジトリに対して新たな変更を行った場合は、その変更を追加で取り込む必要があります。この場合は、`git pull`コマンドを利用します。

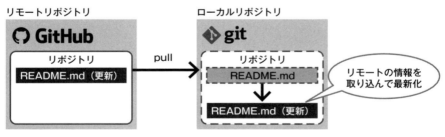

図3-9：git pullのイメージ

▶ リポジトリ情報の更新と取り込み

```
$ git pull
```

`git pull`は、内部的には`fetch`と`merge`の2種類の操作を行っています。つま

り、リモートリポジトリからの情報を更新し（**fetch**）、ローカルリポジトリのブランチに取り込む（**merge**）ということです。試しに、リモートリポジトリをひとつ進めてみます。

▶ リモートリポジトリの更新

```
$ echo '# Hello, git!' > README.md
$ git add .
$ git commit -m "タイトルの修正"
[master 3b42c33] タイトルの修正
 1 file changed, 1 insertion (+), 1 deletion (-)
$ git push -u origin master
Counting objects: 3, done.
Delta compression using up to 4 threads.
Compressing objects: 100% (2/2), done.
Writing objects: 100% (3/3), 305 bytes | 0 bytes/s, done.
Total 3 (delta 0), reused 0 (delta 0)
To https://github.com/あなたのアカウント名/sample-repo.git
   a6abcd4..3b42c33  master -> master
Branch master set up to track remote branch master from origin.
$ git log --oneline
3b42c33 タイトルの修正
a6abcd4 first commit
```

　この状態で、他のメンバーが2つ目のコミットを取り込むために、**git pull** を実行します。

▶ 他メンバーのコミットの取り込み

```
$ git log --oneline
a6abcd4 first commit
$ git pull
remote: Counting objects: 3, done.
remote: Compressing objects: 100% (2/2), done.
remote: Total 3 (delta 0), reused 3 (delta 0), pack-reused 0
Unpacking objects: 100% (3/3), done.
From https://github.com/あなたのアカウント名/sample-repo
   a6abcd4..3b42c33  master     -> origin/master
Updating a6abcd4..3b42c33
Fast-forward
 README.md | 2 +-
 1 file changed, 1 insertion (+), 1 deletion (-)
$ git log --oneline
3b42c33 タイトルの修正
a6abcd4 first commit
$ cat README.md
# Hello, git!
```

上記の通り、`git pull`実行後に`git log`でコミット状態を確認しても、確かに2つ目のコミットが増えています。また、実際に変更された**README.md**を見ても、最新の状態まで反映されていることが分かります。

> **COLUMN**
>
> ### Gitのホスティングサービス
>
> 　GitをGUIを通じて活用するために、様々なサービスが存在しています。本文中ではインターネット上のサービスとしてGitHubを利用した手順を紹介していますが、クローズドな環境向けに、独自にGitHubと同等のサービスを立ち上げて利用することも可能です。いずれも根幹はGitを利用していることには変わりはありませんので、皆さんのケースに応じて必要なサービスやツールを選択してください。
>
> - **GitHub：https://github.com/**
>   最も有名なGitのホスティングサービス。無料版ではPublicリポジトリ（インターネット上に全公開）、有料版ではPrivateリポジトリを利用できる。その他、企業向けのGitHub Enterpriseがある。
> - **GitLab：https://about.gitlab.com/**
>   オープンソースのGitホスティングツール。社内にGitを展開するためのプライベート版の一部機能が制限された無償のCE（Community Edition）、有償ですが、全機能を利用できるEE（Enterprise Edition）、ホスティングサービスのgitlab.comがある。
> - **GitBucket：https://github.com/gitbucket/gitbucket**
>   プライベートサーバ上で動作するGitサービス。

ブランチを活用してチーム開発を進めやすくする

　ここまでで、リモートリポジトリに対しての更新と取り込の方法を学んできました。しかし、チーム開発としてはこれで十分ではありません。

　大きな問題としては、リモートリポジトリが1種類しかないことが挙げられます。例えば、通常のサービス運用においても、リリース後は運用と次期開発は並行して進めることが普通です。もしリポジトリが1種類だけしかなかったとしたら、次期開発のために変更したコードと、本番運用中に発生したバグの修正のためのコードは同時に管理できなくなってしまいます。そのため、次期開発用のコードと、運用中のコー

ドは分けて管理していく必要があります。分けて管理といっても、ずっと影響なしに別個に管理するわけにはいきません。本番環境で対応したバグ改修は、次期開発のコードにも取り込む必要があるからです。さもなくば、次期リリースのときにコードが巻き戻ってしまい、トラブルが発生してしまいます。

そこで、Gitにおける特徴でもある**ブランチ**という考え方を導入します。ブランチは、その名の通り「枝」という意味で、ひとつのリポジトリが分岐していく様を表現しています。それだけではなく、ブランチ間の差分を確認したり、別のブランチに変更を取り込むことができるようになります。先ほどの例に従うと、本番運用のブランチと、次期開発用のブランチをそれぞれ作成して管理していく、というイメージです。ブランチを活用すると、上述の本番運用と次期開発、という2種類だけでなく、例えば複数バージョンの同時並行開発も簡単に管理できるようになります。実はこれまでの説明は、全て「masterブランチ」というメインとなるひとつのブランチのみを利用していました。これを、複数のブランチを利用するように変更し、柔軟な開発を進めることができるようにします。

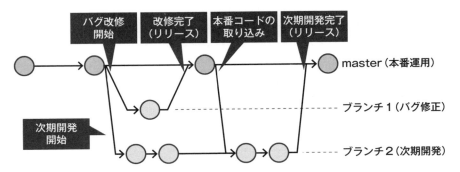

図3-10：ブランチのイメージ

git branch：ブランチの状態を確認する/作成する

ブランチの状態を確認するには、`git branch`コマンドを利用します。

▶ ブランチの確認

```
$ git branch
```

先述の通り、この時点ではmasterブランチしか存在しません。

▶ ブランチの確認（実行例）

```
$ git branch
* master
```

119

*が付与されているブランチが、現在どのブランチを利用しているかを示しています。

ここで、ブランチを作成するには、先ほどの**git branch**コマンドに引数を付与します。

▶ ブランチの作成

```
$ git branch 作成したいブランチ名
```

▶ ブランチの作成（実行例）

```
$ git branch develop
$ git branch
  develop
* master
```

ここでは、developという名前のブランチを作成しています。**git branch**コマンドで見ても、確かに作成されていることが分かります。

git checkout：ブランチを切り替える

作成したブランチに切り替えるには、**git checkout**コマンドを利用します。

▶ ブランチの切り替え

```
$ git checkout ブランチ名
```

▶ ブランチの切り替え（実行例）

```
$ git checkout develop
Switched to branch 'develop'
$ git branch
* develop
  master
```

developブランチに切り替わりました。さて、ここでdevelopブランチに対して更新を行ってみましょう。

▶ developブランチの更新

```
$ echo 'update test' >> README.md
$ cat README.md
# Hello, git!
update test
$ git add .
$ git commit -m "updated README"
```

```
[develop 09c98b8] updated README
 1 file changed, 1 insertion (+)
$ git log --oneline
09c98b8 updated README
3b42c33 タイトルの修正
a6abcd4 first commit
```

updated READMEというコミットを行いました。次に、masterブランチに切り替えて、コミットの状態を確認してみます。

▶ masterブランチへの切り替えとコミット情報の確認

```
$ git checkout master
Switched to branch 'master'
Your branch is up-to-date with 'origin/master'.
$ git log --oneline
3b42c33 タイトルの修正
a6abcd4 first commit
$ cat README.md
# Hello, git!
```

　上記の通り、masterブランチには先ほど行った更新が反映されていません。先ほどの更新はdevelopブランチに対してのみ行ったため、他のブランチには影響を与えていません。もちろん、再度developブランチに切り替えると、先ほどの更新が反映されている状態になります。

▶ developブランチへの切り替えとコミット情報の確認

```
$ git checkout develop
Switched to branch 'develop'
$ cat README.md
# Hello, git!
update test
```

　この変更を、リモートリポジトリにも反映するには、同様に**git push**を行います。

▶ リモートリポジトリへの反映

```
$ git push origin develop
Counting objects: 3, done.
Delta compression using up to 4 threads.
Compressing objects: 100% (2/2), done.
Writing objects: 100% (3/3), 303 bytes | 0 bytes/s, done.
Total 3 (delta 0), reused 0 (delta 0)
To https://github.com/あなたのアカウント名/sample-repo.git
 * [new branch]      develop -> develop
```

この状態で、GitHubの**sample-repo**リポジトリのdevelopブランチのページを確認すると、developブランチの情報がリモートリポジトリに反映されていることが分かります。

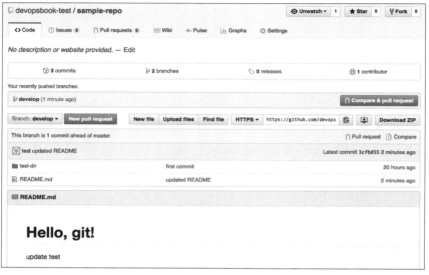

図3-11：GitHub上でのdevelopブランチの更新状況

ここまでの作業で、開発と運用といったような複数ラインでのコードの修正を、ブランチを切り替えながら安全かつ効率的に行うことができるようになりました。

プルリクエストによる開発フロー

さて、ここまではmasterブランチに影響を与えないように、masterとは異なるブランチ（ここではdevelopブランチ）を利用して開発を進めてきました。

しかし、いつまでも影響を与えないブランチで作業を進め続けることはできません。masterブランチが本番環境用のブランチだとすると、いつかはmasterブランチにこの変更を統合する必要が生じます。ここで管理しているのはコードですから、誰の何の確認もなしにいきなりmasterブランチへ統合することは、通常の開発フローでは考えられません。テストを行い、コードレビューを行った上で、チームメンバーの合意の下でmasterブランチへ統合することが理想です。

ここで言う「統合」のことを、「マージ（merge）」と呼びます。すなわち、developブランチの更新をmasterへマージすることを考えます。

GitHubでは、マージという行為と、それに紐づくテストやレビューのためのコミュニケーションをまとめて管理することができます。言わば「マージの承認依頼」という形で、これを**プルリクエスト**（**Pull Request**）と呼びます。プルリクエスト

を行うと、コードを中心に「どんなレビューが行われたか」「レビューを元にどんな修正が行われたか」「いつマージされたか」を一元的に管理することができます。

実際にプルリクエストを行ってみましょう。レビューを依頼する側と、実施する側の２つの立場で画面を見てみます。

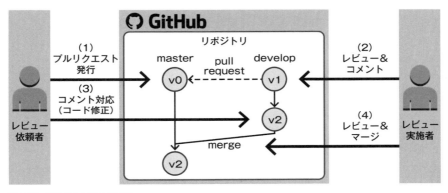

図3-12：プルリクエストのフロー

(1) プルリクエスト発行（レビュー依頼者）

まず、レビューを依頼する側は、プルリクエストを発行します。

先ほどのGitHubの画面上に、「**Compare & pull request**」というボタンがありますので、これを選択します。

すると、プルリクエストの画面に移ります。ここでは、どんな変更が行われたかを確認しながら、プルリクエストを確認できます。

図3-13：プルリクエストの作成

画面右側には、バグ対応なのか開発なのかを識別する「**Label**」や、誰にレビューを行ってもらいたいかを指名する「**Assignee**」などがありますので、必要であれば適宜選択してください（ここでは個人のリポジトリを利用しているため、レビュー依頼者もレビュー実施者も本人とします）。

画面下部には、実際のコミットと、masterブランチとdevelopブランチの差分が自動的に表示されています。

図3-14：ブランチ間の差分確認

ここまでの確認で、本当にレビューを依頼してよければ、「**Create pull request**」のボタンを押しましょう。これでプルリクエストの発行は完了です。

図3-15：プルリクエスト

下記のようなURLで、プルリクエストが発行されました。

参照URL　https://github.com/あなたのアカウント名/sample-repo/pull/1

(2) レビュー&コメント（レビュー実施者）

次に、レビューを実施する側の立場で、このプルリクエストを確認します。レビュー実施者は、先ほどのURLにアクセスし、このコードの変更が正当であるか、コーディング規約に則っているかなどの様々な観点から、このプルリクエストを確認することになります。

すんなりレビューが通れば問題ありませんが、時にはレビューで指摘が入ることもあるでしょう。その場合は、このプルリクエストに直接コメントを挿入することができます。上記URLの下部にコメントを入れることもできますし、「**Files changed**」のタブから、コードのそれぞれの行に対して直接コメントすることもできます。

ここでは、コードに対して直接コメントを入れてみます。コードにカーソルを合わせると、「**+**」のリンクが自動的に表示されるので、それをクリックします。表示されたコメント欄に、適宜必要なコメントを入れてください。

図3-16：コードへのコメント

上記の通り、コメントを挿入することができました。

(3) コメント対応（レビュー依頼者）

次に、レビュー依頼者に戻ります。レビュー依頼者は、指摘を受けてコードを再度修正する必要があります。

先ほどまではdevelopブランチに対して修正を行っていましたが、レビュー後の再修正も先ほどまでの修正→コミット→プッシュと何ら作業は変わりません。

`README.md`を指摘の通り修正した上で、再度developブランチにプッシュします。

▶ コメント対応とリモートリポジトリへの反映

```
$ git diff # 変更を確認
diff --git a/README.md b/README.md
index fb35f72..b2e408f 100644
--- a/README.md
+++ b/README.md
@@ -1,2 +1,2 @@
```

```
 # Hello, git!
-update test
+Update Test
$ git add .
$ git commit -m "コメント対応"
[develop 17ccc3e] コメント対応
 1 file changed, 1 insertion (+), 1 deletion (-)
$ git push origin develop
Counting objects: 3, done.
Delta compression using up to 4 threads.
Compressing objects: 100% (2/2), done.
Writing objects: 100% (3/3), 317 bytes | 0 bytes/s, done.
Total 3 (delta 0), reused 0 (delta 0)
To https://github.com/あなたのアカウント名/sample-repo.git
   3cfb055..17ccc3e  develop -> develop
```

`git diff`で変更を確認したあと、`git add`、`git commit`、`git push`と順に実行しています。

(4) レビュー＆マージ（レビュー実施者）

改めて、レビュー実施者の確認です。先ほどと同じく、以下のURLを確認すると、変更が反映されていることが分かります。

参照URL　https://github.com/あなたのアカウント名/sample-repo/pull/1

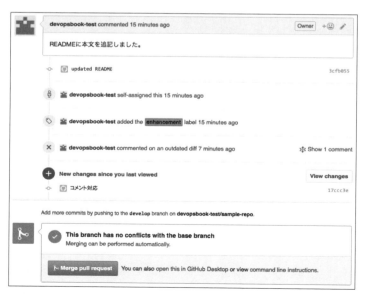

図3-17：反映の確認

レビューも問題なさそうです。それでは、いよいよマージです。マージは簡単で、画面下部の「**Merge pull request**」を押せば完了します。

マージされると、画面上部のアイコンも「**Merged**」へ変更されます。

図3-18：マージの完了

この時点で、masterブランチの状態を画面上で確認すると、確かにmasterブランチに先ほどのdevelopブランチの修正が反映されていることが分かります。

図3-19：反映の確認

GitHubが開発に与える効果

ここまで、GitHubを中心にしたコードの管理方法と、プルリクエストを例にした開発フローについて紹介してきました。

Gitは、いかにコードを便利に扱うか、GitHubはコードを中心にいかに開発フローを効率化するかについて考えられた、非常に便利なツールでありサービスです。これまで、様々な管理表やパラメータシート、手順が共有フォルダ中に散在していたとして、どれが正しく、どれが最新であるかを調べることから苦労していた頃から比べると、コードを全ての中心に置いて、コードを基にコミュニケーションを図ると、全てがすっきりすると思いませんか。

2-3-4で触れた「コードを中心にコミュニケーションができる」ことの真髄はここにあります。Infrastructure as Codeによって、アプリケーションのみならずインフラも含めた全てをコードで表現することができるようになり、Gitを中心にしたコミュニケーションができるようになりました。開発に携わる全ての人間が、Gitを基に会

話を行えばよく、そこで生まれるやり取りや変更は一元的に管理されていきます。

　DevOpsでは、開発と運用の間の密な連携を図るために、様々な工夫を行う必要がありました。Gitは、皆さんの開発フローを透明化し、相互の情報を分かりやすく共有し活用させる力強い味方となってくれるはずです。

COLUMN

git-flowとGitHub Flow：Gitを中心にしたブランチモデル

　本文中では、Gitを中心にした開発フローの例として、masterブランチとdevelopブランチの2つのブランチのみが登場し、その間でプルリクエストを行うという非常にシンプルなフローを紹介しました。

　しかし、実際の開発の現場では、これほどシンプルに物事は進みません。例えば、環境が複数ある場合や、複数のバージョンで開発が進む場合がそうです。

　Gitでは、Subversionなどの旧来のバージョン管理システムと比べて、非常に簡単にブランチを作ることができるため、上記のようなケースも柔軟に対応できます。したがって、環境やバージョンの数に応じて、ブランチを適宜作成していけばよいと考えられます。しかし一方で、あまりに簡単にブランチを作ることができるため、ちゃんとフローを整備しないと開発が混沌としてしまうという弊害があります。例えば、ブランチの作成・利用ルールを策定せず、誰もが自由に自分の都合でブランチを作成した場合を考えてみてください。その結果、ブランチが無数に存在することになるのは想像に難くありません。どのブランチが何の用途で作られており、どのブランチとどのブランチをマージして、どの環境に適用するのか……考えただけでぞっとするのではないでしょうか。

　そうならないためにも、ブランチの戦略と開発フローは、あらかじめチームの中で早期に決めておく必要があります。例えば、以下のようなことを決めます。

- どんなときに、どのブランチを利用するのか
- どんなときに、どのブランチへマージするのか
- どの環境にどのブランチを利用するのか
- 新しいバージョンやバグ修正のためには、どのブランチを利用するのか

　一般的にも、Gitを中心にした開発フローは様々なところで考案されています。有名なところでは「git-flow」と「GitHub Flow」の2種類が存在します。

- **git-flow**
  http://nvie.com/posts/a-successful-git-branching-model/
- **GitHub Flow**
  http://scottchacon.com/2011/08/31/github-flow.html
  https://gist.github.com/Gab-km/3705015（日本語訳）

　ここでは詳細は割愛しますが、一概にどちらが良いということは言えません。開発やリリースのルールは、皆さんのシステムにとって様々であるためです。大事なのは、これらのフローをそのまま開発の現場に適用するのではなく、それらのメリットやデメリットを考察した上で、自分たちの開発に合うようにカスタマイズし、適用していくことです。Gitとそれを取り巻く開発フローは、開発や構築、運用という局所的なポイントだけでなく、開発全体に大きく影響を与えるものです。であるからこそ、しっかりと考え、それぞれの現場にうまくフィットするようにカスタマイズすることで、皆さんの開発の効率は大きく向上することでしょう。

COLUMN

Gitをさらに使いこなすには

　Gitの操作は奥深く、使いこなせばこなすほど開発の効率が上がりますが、それ故に本書では取り扱いきれないほどの様々なナレッジが存在します。VagrantやAnsibleと同じく、Gitに関しても様々なナレッジがインターネット上に存在しますが、体系的に理解するための一助として、参考として以下の本をご覧いただければ幸いです。

- エンジニアのためのGitの教科書
  実践で使える！ バージョン管理とチーム開発手法
  http://www.shoeisha.co.jp/book/detail/9784798143668

　また、上級編として電子書籍版もありますので、よりレベルアップしたい方はこちらも合わせてご覧ください。

- エンジニアのためのGitの教科書［上級編］Git内部の仕組みを理解する
  http://www.shoeisha.co.jp/book/detail/9784798145914

3-2-2　Dockerを利用して開発をさらに効率的に進める

2章ではVirtualBoxやVagrantを利用して個人の開発環境を整え、3章ではここまで他の開発メンバーと開発環境をGitHubを介して共有する方法を紹介してきました。

共有の方法は大きく分けて**Vagrantfile**やAnsibleの**Playbook**による構成共有と、仮想マシンイメージ自体を共有する方法が考えられます。しかし、こうした共有方法は開発環境が1台のシンプルな仮想マシンに閉じている場合には実用的であっても、仮想マシンの構成が複雑になったり、複数台からなる開発環境をチームで共有しようとすると、実用上厳しくなってくる場合があります。例えば、**Vagrantfile**や**Playbook**で構成を共有し、各々が構築する場合にはその構築に要する時間が個々人にかかってしまいます。一方で、GB単位にもなる仮想マシンイメージを直接共有しようとすると、それ自体の共有に一苦労してしまいます。また、ローカル開発環境で自由に開発を行うという観点からしても、ローカルマシンのリソース的に仮想マシンを複数立ち上げることにも限界があります。

こうした不便さを解決できるのが、これから紹介する**コンテナ**技術です。コンテナにより、チームメンバーと開発環境をより手軽共有し、さらに今までの仮想マシンとは比べ物にならない軽快さで開発環境を自由に立ち上げ、さらに滞りなく開発を進めることができるようになります。

1章で触れたように、歴史的に見ても様々なコンテナ技術が存在しますが、ここでは特にDockerを取り上げて紹介していきます。

Dockerとは

Dockerとは、Docker社（旧dotCloud社、2013年に社名変更）によって開発されているコンテナ管理ソフトウェアです。

図3-20：Dockerのホームページ

コンテナの概念を説明するためにしばしば引き合いに出されるのが仮想マシンです。コンテナも、仮想マシンもリソース分割/分離といった観点で似たアプローチを持っていますが、双方の間では専有/共有の境界に違いがあり、それがそれぞれの特徴となっています。

まず、既に親しみのある仮想マシンについて簡単に考えてみます。仮想マシンは、物理ホストとその上にインストールされる仮想化ハイパーバイザの上で動作します。これまでの例に合わせれば、物理ホストがローカルマシンであって、仮想化ハイパーバイザがVirtualBoxにあたります。各仮想マシンはそれぞれのゲストOSを持ち、隣の仮想マシンとは分離された状態となっています。最上位ではアプリケーションが動作していますが、OSとの間にアプリケーションの実行に必要なバイナリファイル（Bins）やライブラリファイル（Libs）が存在します。

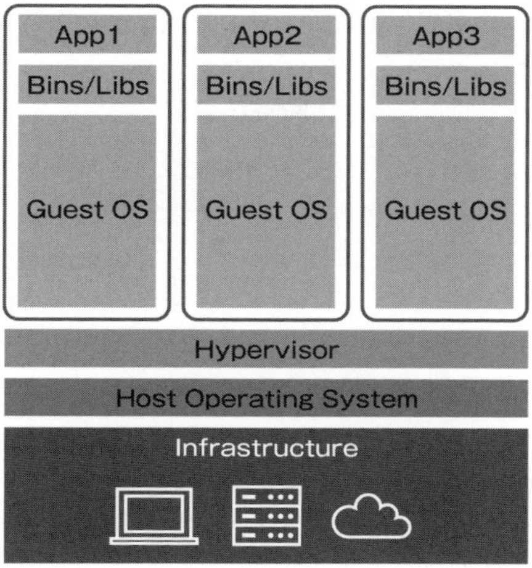

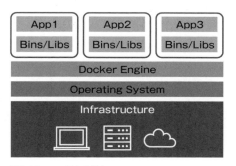

図3-21：仮想マシンの概念
（出典：https://www.docker.com/）

図3-22：コンテナの概念
（出典：https://www.docker.com/）

一方、コンテナにおいては、各コンテナは個別のOSを持たず、隣のコンテナと同じくその実行環境であるDocker Engineを共用しています。仮想マシンの場合にはゲストOSが専有領域であったため、環境を再現するにはゲストOSの部分を含めたイメージ化が必要でした。しかし、コンテナの場合はゲストOSを専有領域などには含まず、動かしたいアプリケーションとそのために必要な最小限のリソースで環境再現を行うことができます。

■ Dockerを導入するメリット

開発者からすれば、Dockerを使ってコンテナを立ち上げることは、先に述べたように仮想マシンを立ち上げることと状況的にはよく似ています。それでは、わざわざ仮想マシンではなくコンテナを使って開発を行うことのメリットとはなんでしょうか。

より素早い立ち上げ

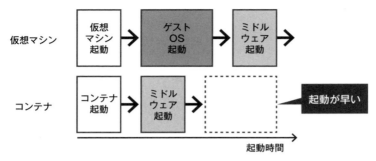

図3-23：仮想マシンとコンテナの起動時間イメージ

　開発を進めていくと、アプリケーションの動作環境をクリアな状態にしてアプリケーションの動作確認を行う必要がある場合があります。もちろん、元の環境は仮想マシンイメージによって作成されたものであるため、イメージを基にして再作成すればクリアな状態を作ることができます。しかし、仮想マシンではOSを含めて環境を一から起動するため、環境の立ち上げはどうしても待ち時間の発生する作業になってしまい、それが繰り返されることで結果的に多くの時間を浪費することに繋がっています。

　一方、コンテナではOSに相当する部分の多くが個別には必要なくなるため、何もないところからであっても仮想マシンに比べて圧倒的に高速な環境の立ち上げが実現できます。特に、単一の環境だけでなく複数の環境を立ち上げる必要がある場合でも、変わらぬスピードでそれを実現し、余計な待ち時間が発生することなく開発を続けていくことができます。

より効率的なリソース利用

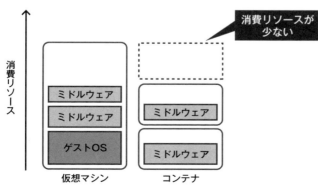

図3-24：仮想マシンとコンテナのリソース消費イメージ

開発するアプリケーションによっては、複数の要素をサーバ間で協調させて動かしたい時があります。

ローカル開発環境とはいえ、できる限り本番環境の構成に沿って開発をするためには、ローカル開発環境でも複数の仮想マシンを立ちあげなければなりません。CPUのマルチコア化や、OSの64bit化によって個人PCのCPUやメモリリソースに余裕が出てきたとはいえ、複数の仮想マシンを立ち上げるにはそれだけ多くのリソースを必要としてしまいます。しかし、こういった場合にもコンテナであれば仮想マシンを立ち上げるよりもリソースの使用量を抑えることができ、開発に極力支障をきたすことなく複数要素を一度に立ち上げることができるようになります。

また、仮想マシンを窮屈に利用している際には、「本当は仮想マシンを目的に応じて複数台起動させたいが、リソースに余裕がないため仕方なく単一の仮想マシンにソフトウェアを同居させる」のもよくある話です。図のように、簡易的なローカル開発環境だからと複数の要素を1台の仮想マシンに詰め込んでしまうと、気づかないうちにそれらの要素が導入順序などによって依存関係を持ってしまい、開発したアプリケーションが本番環境ではなぜか動かないという事態にもなりかねません。一方で、それぞれの要素をコンテナ化して個別に立ち上げることでそれぞれの要素をきちんと独立させることができ、結果として依存関係に悩まされることなく開発を進めていくことができます。

▍**より共有しやすい開発環境**

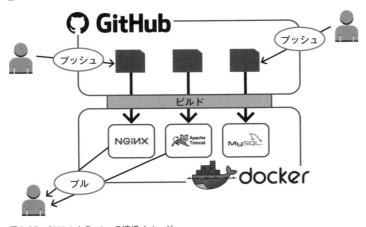

図3-25：GitHubとDockerの連携イメージ

物理マシンとは異なり、仮想マシンではイメージを使ってマシンを複製し、共有することができます。しかし、仮想マシンはOSを含めて全てを仮想化するため、OSをインストールした直後であっても仮想マシンのイメージサイズが数GB程度になってしまうことが珍しくなく、頻繁な共有には不向きだと言えます。

一方で、コンテナはOSを含めた仮想化を行っておらず、コンテナとして必要最小限の部分だけをイメージとすることで複製が可能です。コンテナにどこまで含めるかという作り方次第ではありますが、作り方によっては数MBのイメージで済ませることもできます。また、コンテナの構成自体もDockerfileというファイルで記述することができるため、構成だけをテキストの形で素早く共有し、イメージは個人でビルドなどということも可能です。もちろんイメージの形で共有することも可能であるため、Gitに対するGitHubのように、コンテナイメージの共有を行うことができるDockeHubというサービスを紹介します。

さらに、DockerにおいてはDocker Composeという、ファイルの内容にしたがって複数のコンテナを一度に立ち上げることができるツールが利用できます。個々のコンテナだけでなく、それらからなる「ローカル開発環境」そのものをDocker Composeによって共有できる点は、Dockerを利用した環境の共有をますます便利にさせてくれます。

Dockerを体験する

それでは、実際にローカル開発環境にDockerを導入して、先に挙げたメリットを実際に体験してみましょう。Docker環境の準備の後、次の2段階を踏んでDockerを使っていくことを考えてみます。

1. Dockerを使う

まずは公開されているコンテナイメージを基に、いくつかのコンテナをそれぞれ動かしていきます。

同一ホスト上でありながら、複数のOSや、あらかじめセットアップされたミドルウェアを簡単に使い分けることができるようになります。

2. Docker環境を共有する

チームで環境を共有するにあたり、Dockerfileやそこから作られるイメージを活用できます。

さらに、Docker Composeを用いることで、複数のコンテナからなるDocker環境をチームで簡単に共有できるようになります。

Docker環境の準備

利用に先立って、Docker環境の準備を行います。Docker本体をローカル開発環境にインストールする他、チームでのイメージ共有のためにDocker Hubを準備しておきましょう。

Dockerのインストール

それでは、実際にDockerをインストールして、どのようなものなのか実際に触れてみましょう。2章で整えた環境と同じCentOS7の仮想マシンにDockerをインストールしてみます。Docker周りの操作には**root**権限が必要であることに注意してください。

▶ Dockerのインストール

```
[root@demo ~]# yum install -y docker
```

それではDockerサービスを起動してみましょう。

▶ Dockerサービスの起動

```
[root@demo ~]# systemctl start docker.service
[root@demo ~]# docker version
Client:
 Version:         1.10.3
 API version:     1.22
 Package version: docker-common-1.10.3-46.el7.centos.10.x86_64
 Go version:      go1.6.3
 Git commit:      d381c64-unsupported
 Built:           Thu Aug  4 13:21:17 2016
 OS/Arch:         linux/amd64

Server:
 Version:         1.10.3
 API version:     1.22
 Package version: docker-common-1.10.3-46.el7.centos.10.x86_64
 Go version:      go1.6.3
 Git commit:      d381c64-unsupported
 Built:           Thu Aug  4 13:21:17 2016
 OS/Arch:         linux/amd64
```

上記の通り、今回は**Docker 1.10.3**を使ってコンテナを操作していきます。

Docker Hub

実際にコンテナを起動する前に、Docker Hubというサービスを紹介します。Gitではプログラムのコードを扱い、GitHubというサービスを使ってコードの共有を行うことができました。同様に、Dockerではコンテナのイメージを扱いますが、Docker Hubというサービスを使ってコンテナイメージの共有を行うことができます。もしパブリックなサービスにセキュリティ上の懸念などがある場合は、Docker Hubをプライベートに利用するDocker Trusted RegistryサービスWo使うことや、Docker Registry

を使って同じデータセンタ内にDockerイメージを管理するレジストリを構築するという選択肢もあります。

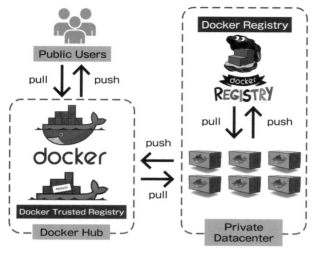

図3-26：Docker HubやDocker Registryによるコンテナイメージの管理

　以後はDocker Hubの想定で説明を続けますが、Docker Registry自体もDockerコンテナとして公開されていますので、公式ページを参照しながら簡単に構築することができます。Docker Registryを利用していく場合はデフォルトでDocker Hubとなっている接続先レジストリを独自のものに設定する必要があります。

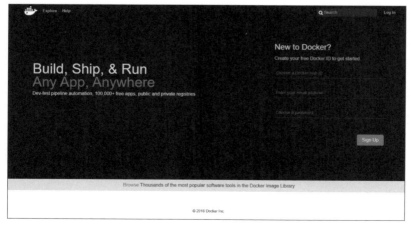

図3-27：Docker Hubホームページ

参照URL　https://hub.docker.com

こちらがDocker Hubのトップページですが、Docker Hubのアカウントをお持ちでない方は画面右に

- Docker Hub ID
- メールアドレス
- パスワード

を入力して新規Docker Hubアカウントを作成してください。

アカウント作成後は、下記のコマンドでDocker Hubへのログインを行うことができます。

▶ Docker Hubへのログイン

```
[root@demo ~]# docker login
Username: [Docker Hub ID]
Password: [パスワード]
Email: [メールアドレス]
WARNING: login credentials saved in /root/.docker/config.json
Login Succeeded
```

WARNINGが出ていますが、これはDocker Hubへのログイン情報が保存されたことを示すメッセージですので特に問題ありません。これで準備は完了です。

Dockerを使う

それではここから実際にDockerを使ってみましょう。ベースとなるイメージをダウンロードし、コンテナのひとつまたは複数実行してみます。その中でコンテナの起動スピードを体感したり、コンテナあたりの消費リソースについて実際に見てみましょう。

Dockerイメージの取得

コンテナを起動するには、そのベースとなるコンテナイメージが必要になります。コンテナイメージは後述するDockerfileを使って自分で作成することもできますが、既にインターネットにおいて公開されているものを利用することも可能です。下記のコマンドを実行してみましょう。

▶ Dockerコンテナイメージの検索

```
[root@demo ~]# docker search centos
INDEX      NAME                              DESCRIPTION
docker.io  docker.io/centos                  The official build of CentOS.
docker.io  docker.io/ansible/centos7-ansible Ansible on Centos7
```

```
docker.io    docker.io/jdeathe/centos-ssh            CentOS-6 6.7 x86_64 / CentOS-7 7.2.1511 x8...
docker.io    docker.io/jdeathe/centos-ssh-apache-php CentOS-6 6.7 x86_64 / Apache / PHP / PHP M...
docker.io    docker.io/nimmis/java-centos            This is docker images of CentOS 7 with dif...
docker.io    docker.io/million12/centos-supervisor   Base CentOS-7 with supervisord launcher, h...
docker.io    docker.io/consol/centos-xfce-vnc        Centos container with "headless" VNC sessi...
docker.io    docker.io/torusware/speedus-centos      Always updated official CentOS docker imag...
docker.io    docker.io/nickistre/centos-lamp         LAMP on centos setup
(略)
```

 docker search コマンドはDockerのコンテナイメージを検索するコマンドですが、デフォルトの状態では Docker Hub に対して検索を行うようになっています。

 NAME列は各リポジトリの名前を表しますが、Docker Hubの場合は **docker.io/[Docker Hub ID]/[リポジトリ名]** となります。

 一方、1番目にある **docker.io/centos** にはユーザ名にあたるものがありませんが、OFFICIAL列（本書では紙面の都合上省略されています）にOKがついていることから、これはDocker社が提供する公式リポジトリということが分かります。

 それでは **docker pull** コマンドを使ってこの公式のCentOSコンテナイメージをダウンロードしてみましょう。

▶ コンテナイメージの取得

```
[root@demo ~]# docker pull docker.io/centos
Using default tag: latest
Trying to pull repository docker.io/library/centos ... latest: Pulling from library/centos
Digest: sha256:1a62cd7c773dd5c6cf08e2e28596f6fcc99bd97e38c9b324163e0da90ed27562
Status: Image is up to date for docker.io/centos:latest

[root@demo ~]# docker images
REPOSITORY           TAG         IMAGE ID         CREATED          VIRTUAL SIZE
docker.io/centos     latest      a65193109361     2 weeks ago      196.7 MB
```

 docker images コマンドはその名前の通り、手元にあるコンテナイメージの一覧を見るコマンドです。先ほどダウンロードした **docker.io/centos** のコンテナイメージがひとつあることを確認できると思います。他には、各コンテナイメージ固有に割り当てられる「IMAGE ID」や作成日を表す「CREATED」、コンテナイメージのサイズを表す「VIRTUAL SIZE」の項目があることが分かります。また、「TAG」の値がlatestとなっていますが、**docker pull** コマンドのデフォルト挙動としてタグの指定がない場合、latestタグを持つコンテナイメージを取得するためです。タグを指定してコンテナイメージを取得する場合は、下記のようにコロン（:）の後にタグ名を指定する形でコマンドを実行します。

▶ タグを指定したコンテナの取得

```
[root@demo ~]# docker pull docker.io/centos:centos6.8
[root@demo ~]# docker images
REPOSITORY           TAG           IMAGE ID        CREATED        VIRTUAL SIZE
docker.io/centos     centos6.8     ab6a44fbd5f6    2 weeks ago    194.5 MB
docker.io/centos     latest        a65193109361    2 weeks ago    196.7 MB
```

コンテナの起動

それでは、ダウンロードしたコンテナイメージを使って実際にコンテナを起動してみましょう。

コンテナを起動するには、**docker run**コマンドを実行します。

▶ コンテナの起動

```
$ docker run [オプション] イメージ名 [コマンド]
```

上記のようなコマンドを実行することで、コンテナを起動することができます。

CentOS 6.8のイメージでコンテナを起動する場合は、下記のようにして実行します（コマンドが長いため、「\」記号によって折り返しています）。

▶ コンテナの起動

```
$ docker run -td --name centos6.8 \
docker.io/centos:centos6.8
```

-tdは、**-t**と**-d**の2つのオプションを組み合わせて指定しています。**-t**オプションはコンテナに疑似端末（Pseudo-TTY）を割り当てます。**-d**オプションは、コンテナをバックグラウンドで実行することを意味しています。

次の**--name centos6.8**は、起動するコンテナに名前を付与しています。識別しやすいように好きな名前を付与することができます。

最後の**docker.io/centos:centos6.8**が「イメージ名」に当たります。コンテナを起動するために利用する、元となるイメージ名のことです。先ほどの**docker images**コマンドにて「REPOSITORY」と「TAG」で表示されるものをコロン（:）記号で繋げて記載します。

[コマンド]部分については特に指定していませんが、指定しなかった場合、コンテナイメージの持つデフォルトのコマンドを実行することを意味しています。

コンテナは、必ずフォアグラウンドで何らかのプロセスが起動し続ける必要があります。何も動かない空のコンテナというものはありません。これは、コンテナにはルートプロセスという考え方があり、大本のプロセスが動いているからこそコンテナ

自体が動作することを意味しているからです。つまり、ルートプロセスが動いていなければ、コンテナ自体が動作しません。

この「フォアグラウンド」という動作は、コンテナの「中」での挙動を意味しているということに注意してください。Dockerホストマシンから見た場合に、コンテナ自体をバックグラウンドで動作させることは可能です。それとは別に、コンテナ自体の中のプロセスはフォアグラウンドで動かす必要がある、ということです。

例えば、nginxコンテナであれば、nginxプロセスがフォアグラウンドで動くことになります。今回のcentosコンテナイメージは、**/bin/bash**プロセスがフォアグラウンドで動作するよう定義されています。従って、今回のコマンドではデフォルトである**/bin/bash**コマンドが実行されたことと同義になります。この「定義」は、**Dockerfile**というものに記載されていますが、**Dockerfile**については後ほど確認していきましょう。現時点では、「centosコンテナイメージは**/bin/bash**が実行されるとあらかじめ定義されている」という程度の認識で構いません。

先ほどの**docker run**コマンドを実行すると、以下のように表示されます。

▶ コンテナの起動（実行例）

```
[root@demo ~]# docker run -td --name centos6.8 \
 docker.io/centos:centos6.8
32ef93f50d32（略）
```

結果は省略していますが、64文字からなるランダムに見える文字列が出力されます。これは、コンテナIDと言われるもので、起動しているコンテナを一意に識別するものです。

このコマンドは、ほぼ一瞬で完了しますが、この瞬間にコンテナは起動しています。**vagrant up**コマンドによって仮想マシンを起動した時と比べると、非常に高速に起動することを体感することができます。

実際にコンテナの起動状況を確認する場合、**docker ps**コマンドを利用します。

▶ コンテナ起動状況の確認

```
$ docker ps [オプション]
```

[オプション] には特に何も指定しなくても構いません。オプションを指定しない場合、起動中のコンテナのみが表示されます。もし停止したコンテナも表示させたい場合は、**-a**オプションを付与することを覚えておくと便利です。

今回の場合は、以下のように表示されます（紙面の都合上、折り返しています）。

▶ コンテナ起動状況の確認（実行例）

```
[root@demo ~]# docker ps
CONTAINER ID        IMAGE                           COMMAND
32ef93f50d32        docker.io/centos:centos6.8      "/bin/bash"
   CREATED             STATUS                PORTS            NAMES
  17 minutes ago     Up 17 minutes                            centos6.8
```

ここでは、先ほど **docker run** コマンド実行時に指定した引数や結果に対応するものが表示されていることが分かります。「CONTAINER ID」は、実行した結果で表示されるコンテナIDが表示されていますし、「IMAGE」や「NAMES」は実行時に指定したものが表示されています。

また、「STATUS」には「Up」と表示されていることから、コンテナが確かに起動していることが分かります。

コンテナへの接続

それでは、コンテナの中に入ってみましょう。仮想マシンとは異なり、コンテナはサーバではないため、例えばSSHコマンドなどによって接続するわけではありません。

コンテナに対して何か操作を行う場合は、**docker exec** コマンドを利用します。

▶ コンテナ内でコマンドを実行する

```
$ docker exec [オプション] コンテナ名 コマンド
```

docker exec コマンド自体は、「コンテナに接続する」ためのコマンドではありません。例えば、先ほど起動した「**centos6.8**」というコンテナに対してOSのバージョンを確認する場合、以下のようにしてコマンドを実行します。

▶ コンテナ内でコマンドを実行する（実行例）

```
[root@demo ~]# docker exec centos6.8 cat /etc/redhat-release
CentOS release 6.8 (Final)
```

ここでは、「**centos6.8**」というコンテナで、**cat /etc/redhat-release** というコマンドを実行していることを意味しています。その証拠に、結果は正しく '6.8' と表示されていることが分かります。

この **docker exec** コマンドを利用して、コンテナの中へ「入る」ためには、コンテナ上で **/bin/bash** が動けば良いのです。従って、実行するコマンドは以下の通りになります。

▶ コンテナ上でbashを実行する

```
[root@demo ~]# docker exec -it centos6.8 /bin/bash
[root@32ef93f50d32 /]#
```

-itオプションは、**-i**と**-t**の2つのオプションの組み合わせです。**-i**オプションは対話的（interactive）操作のためにコンテナの標準入力を保持することを意味しています。**-t**オプションは**docker run**コマンド実行時に指定したときと同じく、コンテナに疑似端末（Pseudo-TTY）を割り当てます。

結果は上記の通り、プロンプトが異なっていることから、コンテナの中に入ったことが分かります。その証拠として、OSのバージョンを確認してみましょう。

▶ コンテナ内でコマンドを実行する

```
[root@32ef93f50d32 /]# cat /etc/redhat-release
CentOS release 6.8 (Final)
```

上記の通り、確かにコンテナの中に入ることができました。あとは、仮想マシンと同じように、このコンテナに対して構築を行い、好きなように開発に利用することができます。

コンテナから出るときは、SSHなどで接続したときと同じようなイメージで、**exit**コマンドを実行すれば出ることができます。

▶ コンテナから抜ける

```
[root@32ef93f50d32 /]# exit
exit
[root@demo ~]#
```

コンテナの停止

コンテナを停止する場合は、**docker stop**コマンドを利用します。

▶ コンテナの停止

```
$ docker stop コンテナ名
```

「**centos6.8**」コンテナを停止する場合、以下のようになります。

▶ コンテナの停止（実行例）

```
[root@demo ~]# docker stop centos6.8
centos6.8
```

ここで、**docker ps**コマンドを実行して状況を確認すると、以下のように**Exited**と表示され、確かに停止していることが分かります（停止状態のコンテナを確認するため、**-a**オプションが必要です）。

▶ コンテナの状態を確認

```
[root@demo ~]# docker ps -a
CONTAINER ID        IMAGE                        COMMAND
32ef93f50d32        docker.io/centos:centos6.8   "/bin/bash"
   CREATED              STATUS                    PORTS              NAMES
 47 minutes ago      Exited (137) 19 seconds ago                     centos6.8
```

停止状態のコンテナを再度起動するには、**docker run**コマンドではなく**docker start**コマンドを実行します。

▶ コンテナの起動

```
$ docker start コンテナ名
```

以下の通り、確かに起動しています。

▶ コンテナの起動（実行例）

```
[root@demo ~]# docker start centos6.8
centos6.8
[root@demo ~]# docker ps -a
CONTAINER ID        IMAGE                        COMMAND
32ef93f50d32        docker.io/centos:centos6.8   "/bin/bash"
   CREATED              STATUS          PORTS              NAMES
 49 minutes ago      Up 3 seconds                          centos6.8
```

コンテナの削除

コンテナを削除する場合は、**docker rm**コマンドを利用します。

▶ コンテナの削除

```
$ docker rm [オプション] コンテナ名
```

通常、コンテナは停止状態でないと削除できませんが、強制的に削除する場合は**[オプション]**に**-f**を付与してください。

▶ コンテナの削除（実行例）

```
[root@demo ~]# docker rm -f centos6.8
centos6.8
```

docker ps コマンドで確認しても、以下の通り、確かにコンテナ自体が削除されていることが分かります。

▶ コンテナ削除後のコンテナの状態確認

```
[root@demo ~]# docker ps -a
CONTAINER ID        IMAGE                         COMMAND
   CREATED               STATUS             PORTS                             NAMES
```

様々なコンテナを起動する

ここまでは、ひとつのコンテナに対して簡単な操作を行ってきました。単一のホスト環境、で気軽に色々なコンテナ環境を試すことができるのがDockerの長所です。例えば、リバースプロキシの検証を行うために、Webサーバを準備したり、アプリケーションを開発するためにキャッシュサーバやDBサーバを準備する場合、本来開発や検証を行いたい対象とは別の環境まで準備しなければなりません。そうした場合に、上記の例でいう「Webサーバ」や「キャッシュサーバ」「DBサーバ」を手っ取り早く準備する、という用途にもDockerは適しています。

実際にいくつかのコンテナを起動してみましょう。

▶ Ubuntuコンテナの起動

```
[root@demo ~]# docker pull docker.io/ubuntu
[root@demo ~]# docker run -td --name ubuntu-latest \
docker.io/ ubuntu:latest
[root@demo ~]# docker exec -it ubuntu-latest \
cat /etc/os-release
NAME="Ubuntu"
VERSION="16.04 LTS (Xenial Xerus)"
ID=ubuntu
ID_LIKE=debian
PRETTY_NAME="Ubuntu 16.04 LTS"
VERSION_ID="16.04"
HOME_URL="http://www.ubuntu.com/"
SUPPORT_URL="http://help.ubuntu.com/"
BUG_REPORT_URL="http://bugs.launchpad.net/ubuntu/"
UBUNTU_CODENAME=xenial
```

このように、Ubuntuのようなホスト OS と異なるディストリビューションの OS で

あっても、問題なく利用することができます。

　続いて、素のOSではなく、ミドルウェアの入ったコンテナイメージを使ってみましょう。

▶ nginxコンテナの起動

```
[root@demo ~]# docker pull docker.io/nginx
[root@demo ~]# docker run -d -p 8000:80 --name nginx-latest \
 docker.io/nginx:latest
4bdd5d83bd0（略）
```

　サービス上もイメージしやすいnginxのコンテナイメージを取得してきました。

　docker runコマンドでは、これまでと異なり**-p**オプションを付与しています。これは、Dockerホストマシンからコンテナにポートフォワーディングを行っていることを意味しています。すなわち、上記の例では、Dockerホストマシンの8000番ポートが、**nginx-latest**コンテナにとっての80番ポートに繋がっているということです。

　docker psコマンドでは下記のような表示になります。

▶ コンテナ実行状態の確認

```
[root@demo ~]# docker ps
CONTAINER ID        IMAGE                      COMMAND
5e528c992dea        docker.io/nginx:latest     "nginx -g 'daemon off'"
   CREATED             STATUS              PORTS                         NAMES
   5 minutes ago       Up 5 minutes        443/tcp, 0.0.0.0:8000->80/tcp nginx-latest
```

　COMMAND列を見ると、先ほど作成したコンテナでは**nginx -g 'daemon off'**コマンドがコンテナ実行コマンドになっています。つまり、このコンテナではフォアグラウンドで上記コマンド（すなわち、nginxそのもの）が実行されているということです。

　また、PORTS列の表示を見てみると**0.0.0.0:8000->80/tcp**という表記があることから、さきほど**-p**オプションで与えたポートフォワーディングの設定がなされていることが分かります。そのため、下記のようにDockerホスト上で8000番ポートにアクセスすると、コンテナ内で立ち上がっているnginxサーバにリクエストを行うことができます。

▶ nginxコンテナへのHTTPアクセス

```
[root@demo ~]# curl http://localhost:8000/index.html
<!DOCTYPE html>
<html>
<head>
<title>Welcome to nginx!</title>
（略）
```

```
<h1>Welcome to nginx!</h1>
<p>If you see this page, the nginx web server is successfully
installed and
working. Further configuration is required.</p>
(略)
</body>
</html>
```

nginxプロセスはフォアグラウンドで起動しているため、その標準出力を確認することもできます。コンテナの標準出力を確認するには、**docker logs**コマンドを利用します。

▶ コンテナの標準出力の確認

```
$ docker logs [オプション] コンテナ名
```

[オプション] は必須ではありませんが、例えば**tail**コマンドのように**-f**オプションを付与することで、標準出力をリアルタイムに確認することができます。

▶ nginxコンテナの標準出力ログの確認（実行例）

```
[root@demo ~]# docker logs -f nginx-latest
172.17.0.1 - - [06/Aug/2016:12:46:50 +0000] "GET /index.html
HTTP/1.1" 200 612 "-" "curl/7.29.0" "-"
172.17.0.1 - - [06/Aug/2016:12:57:28 +0000] "GET /index.html
HTTP/1.1" 200 612 "-" "curl/7.29.0" "-"
172.17.0.1 - - [06/Aug/2016:12:57:29 +0000] "GET /index.html
HTTP/1.1" 200 612 "-" "curl/7.29.0" "-"
172.17.0.1 - - [06/Aug/2016:12:57:30 +0000] "GET /index.html
HTTP/1.1" 200 612 "-" "curl/7.29.0" "-"
```

先ほどアクセスしたときのアクセスログが出力されていることが分かります。

ここまで、Docker Hub上に存在するコンテナイメージを利用して、様々な環境を作ったり、作成したコンテナへの接続や確認を行ってきました。仮想マシンごと起動するときと比べると、その圧倒的な手軽さと素早さを体感できたのではないでしょうか。

■ Docker環境を共有する

最後に、Docker環境の共有について紹介します。

ここまでは、既に存在するコンテナイメージを取得し、ただ起動するだけでした。実際の開発では、当然のことながら自分たちで作成したDockerイメージをチームメンバーへ共有することになります。

そうした場合に、**Dockerfile**がイメージ共有に使えることや、複数のコンテナを

組み合わせた複雑な開発環境も、Docker Compose を使うことで気軽に共有できるようになることを紹介していきます。

Dockerfile とは

Dockerfile とは、コンテナイメージの設計書です。Dockerfile は「何をベースに作っているか」「誰が作ったか」などコンテナイメージに関する情報を記述し、`docker build` コマンドでコンテナイメージを設計書の通りに組み上げます。Dockerfile 自体は単なるテキストファイルであるため Git でのバージョン管理と相性がよく、Docker Hub にある公式イメージも元となる Dockerfile が別途 GitHub で管理、共有されています。

ここまでの説明で、CentOS のコンテナイメージや、nginx のコンテナイメージを扱ってきましたが、その中で「フォアグラウンドでプロセスが起動することが定義されている」という紹介を行ったことを思い出してください。つまり、CentOS コンテナでは `/bin/bash`、nginx コンテナでは `nginx -g 'daemon off'` というコマンドが実行されていることを、`docker ps` コマンドで確認してきました。この「定義」が、Dockerfile に記載されているのです。

それでは実際に、公式イメージである `docker.io/centos:centos7` の Dockerfile を一度見てみましょう。CentOS 公式イメージの Dockerfile は、以下のリンクから確認することができます。

> 参照URL　https://hub.docker.com/_/centos/

ページ中にある、`latest, centos7, 7`（docker/Dockerfile）のリンクをクリックすると、下記のような記述を確認することができます（記述は今後変更される可能性があります）。コメント行は省略しています。

▶ CentOS コンテナの Dockerfile の内容

```
FROM scratch                                                    ─ Ⓐ
MAINTAINER The CentOS Project <cloud-ops@centos.org>
ADD c7-docker.tar.xz /                                          ─ Ⓑ
LABEL name="CentOS Base Image" \
    vendor="CentOS" \
    license="GPLv2" \
    build-date="2016-06-02"

CMD ["/bin/bash"]                                               ─ Ⓒ
```

記述としてはわずかこれだけで CentOS 7 のイメージが実現できています。

内容を順に確認していってみましょう。

Ⓐの FROM 句ではコンテナイメージを作成するベースを宣言します。他のコンテナ

イメージを利用して新しいコンテナイメージを作成することもできますが、このケースではコンテナイメージをゼロから作成する（scratch）方法が取られています。また、当然ですがDockerfileに必須となる要素が **FROM** 句となります。

次に❸ではコンテナイメージに追加するファイルを指定しています。追加する元ファイルのパスは **Dockerfile** を起点として相対パスで書くことができます。似たものに **COPY** もありますが、**ADD** の場合はこの例のような圧縮ファイルが展開されながら配置されるのに対し、**COPY** ではそれがなく単純なコピーとなるような違いがあります。

最後に❸ですが、これはコンテナ起動時のデフォルトプロセスを指定します。
例えば、既に紹介したCentOS 6.8のコンテナを起動する場合は、以下のコマンドでした。

▶ **CentOS コンテナの実行**

```
$ docker run -td --name centos6.8 \
docker.io/centos:centos6.8
```

この場合は、デフォルトで **/bin/bash** が起動するように「定義されている」と紹介していましたが、この「定義」こそがまさに **CMD** に対応しているのです。

途中で紹介した、nginxのコンテナ起動する場合も同様です。これも同様に **Dockerfile** を確認してみましょう。

▶ 参照URL　https://hub.docker.com/_/nginx/

上記リンクから、**latest, 1, 1.11, 1.11.1（mainline/jessie/Dockerfile）** のリンクをクリックすると、実際の **Dockerfile** を確認することができます。末尾に、以下のような記述があります（バージョン表記は今後変更される可能性があります）。

▶ **nginx コンテナのDockerfileの内容（抜粋）**

```
CMD ["nginx", "-g", "daemon off;"]
```

この通り、まさにコンテナ起動後に **docker ps** で確認した **COMMAND** 列の内容が指定されていることがわかります。

Dockerfileの作成

ここまで、**Dockerfile** がDockerコンテナを起動するための設計書である、ということを紹介してきました。

それでは、実際に **Dockerfile** を作成し、自作のコンテナイメージを作成してみましょう。

▶ Dockerfileの作成

```
[root@demo ~]# echo "Hello, Docker." > hello-docker.txt
[root@demo ~]# vi Dockerfile
FROM docker.io/centos:latest
ADD hello-docker.txt /tmp
RUN yum install -y epel-release
CMD ["/bin/bash"]
```

MAINTAINERや**LABEL**は必須ではないため、今回は省略しています。また、**RUN**ではイメージ化する際に任意のコマンドをコンテナに対して実行することで、コンテナイメージをより細かくカスタマイズすることができます。

Dockerfileが作成できたら、**docker build**コマンドでイメージを作成します。

▶ イメージの作成

```
$ docker build [オプション] Dockerfileのパス
```

ビルド（Dockerコンテナイメージを作成）するときにはタグを付与することができます。タグは、**-t**オプションに続けて、**アカウント名/イメージ名:バージョン名(タグ名)**という形で指定できます。アカウント名は、Docker Hubでログインするときのアカウント名です。

▶ イメージの作成（実行例）

```
[root@demo ~]# docker build -t あなたのアカウント/centos:1.0 .
Sending build context to Docker daemon 15.36 kB
Step 1 : FROM docker.io/centos:latest
 ---> a65193109361
Step 2 : ADD hello-docker.txt /tmp
 ---> Using cache
 ---> c96de403a8ee
Step 3 : RUN yum install -y epel-release
 ---> Running in f420f87c3dfa
Loaded plugins: fastestmirror, ovl
（略）
Installed:
  epel-release.noarch 0:7-6

Complete!
 ---> 4ea54adf8fe3
Removing intermediate container f420f87c3dfa
Step 4 : CMD /bin/bash
 ---> Running in 87cf8b10c048
 ---> b27dbe4276da
Removing intermediate container 87cf8b10c048
Successfully built b27dbe4276da
```

上記の例では、あなたのアカウントに対して、**centos**というイメージ名を付与し、タグは**1.0**を指定していることになります。また、**Dockerfile**は.を指定していることから、現在のパスにあるものを指定しています。途中で**epel-release**パッケージのインストール時にwarningは表示されますが、問題ありません。最終的には、最終行に**Successfully built**と表示されていれば、問題なくコンテナイメージは作成できています。

実際に、**docker images**コマンドによって確認してみても、確かに先ほど作成したコンテナイメージが表示されることが分かります（無関係のイメージは省略しています）。

▶ イメージの確認

```
[root@demo ~]# docker images
REPOSITORY          TAG           IMAGE ID            CREATED             VIRTUAL SIZE
********/centos     1.0           b27dbe4276da        3 minutes ago       278.2 MB
```

作成したイメージを使って実際にコンテナを起動してみます。最初に紹介した流れのように、**docker run**コマンドでコンテナを起動し、**docker exec**によってコンテナの中に入り、ファイルを確認してみましょう。

ここでは、**devops-book-1.0**というコンテナ名で起動しています。

▶ 作成したイメージを利用したDockerコンテナの実行と確認

```
[root@demo ~]# docker run -td --name devops-book-1.0 \
あなたのアカウント/centos:1.0
441dd7837c7b（略）
[root@demo ~]# docker ps
CONTAINER ID        IMAGE                      COMMAND
441dd7837c7b        ********/centos:1.0        "/bin/bash"
   CREATED              STATUS              PORTS                    NAMES
   4 seconds ago        Up 2 seconds                                 devops-book-1.0
[root@demo ~]# docker exec -it devops-book-1.0 /bin/bash
[root@441dd7837c7b /]# cat /tmp/hello-docker.txt
Hello, Docker.
[root@441dd7837c7b /]# rpm -qa | grep epel
epel-release-7-6.noarch
```

この通り、**Dockerfile**で指定したようにコンテナイメージが作成されていることがわかります。

さらに、既存のコンテナからコンテナイメージを生成することもできます。コンテナに下記の変更を加えてから、コンテナを抜けてみましょう。

▶ コンテナの中身を変更する

```
[root@441dd7837c7b /]# yum install -y nginx
(略)
Installed:
  nginx.x86_64 1:1.6.3-9.el7
(略)
[root@441dd7837c7b /]# exit
```

　Dockerホストに戻ったら、**docker commit**コマンドで今のコンテナの状態をイメージに保存します。

▶ コンテナの状態をイメージ化する

```
$ docker commit コンテナ名 コンテナイメージ名
```

　「コンテナ名」は、イメージ化したいコンテナを指定します。ここでは、先ほどまで利用しているコンテナ名(**devops-book-1.0**)を指定します。「コンテナイメージ名」は、このコンテナを利用して作成するイメージ名です。**docker build**コマンドの時と同じように、**アカウント名/イメージ名:バージョン名(タグ名)**という形で指定できます。

▶ コンテナの状態をイメージ化する (実行例)

```
[root@demo ~]# docker commit devops-book-1.0 devops-book/centos:1.1
sha256:d850b3f1654e (略)
[root@demo ~]# docker images あなたのアカウント/centos
REPOSITORY          TAG          IMAGE ID          CREATED             VIRTUAL SIZE
********/centos     1.1          d850b3f1654e      About a minute ago  373.1 MB
```

　こうして作成したイメージは、Docker Hubに登録することができます。これによって、チームメンバーにこのイメージを共有することができるようになります。

▶ Docker Hubへのイメージの登録

```
$ docker push あなたのアカウント/コンテナイメージ名[:タグ名]
```

　タグ名は省略しても構いません。登録できた場合、以下のように表示されます。

▶ Docker Hubへのイメージの登録 (実行例)

```
[root@demo ~]# docker push あなたのアカウント/centos
The push refers to a repository [docker.io/あなたのアカウント/centos]
(略)
1.1: digest: sha256:0138f9323cc2 (略) size: 1138
```

このように、コンテナで少しずつ作業をしながらその時々のコンテナイメージを管理していくことも可能です。

以後は、チームメンバーとリポジトリを共有すればコンテナイメージの共有がよりスムーズにできるようになります。

Docker Composeによる環境全体の共有

実際に様々な開発を行う際には1コンテナで開発環境が揃うかというとそういうことはなく、一般にはWebコンテナからアプリケーションコンテナ、DBコンテナなど複数のコンテナを立ち上げて初めて開発環境ができ上がります。しかし、複数のコンテナになると、今度はコンテナの管理が大変になり始め、コンテナ間の依存関係から起動順序にコツがいるような状態になってしまうかもしれません。そのような場合に、複数のDockerコンテナを一度に扱うことができるようになるDocker Composeが役に立ちます。

Docker ComposeはAnsibleでも利用したYAML形式のファイルに、コンテナ情報を書き並べることによってコンテナの一括起動などが可能になります。Docker Composeは単一の実行ファイルですので、Dockerが利用可能な環境では下記のようにして簡単に使えるようになります。

インストール手順は、以下に従っています。ここではDocker Composeは1.8.0を利用していますが、今後バージョンは変わる可能性があります。

> **参照URL** https://docs.docker.com/compose/install/

▶ Docker Composeの導入

```
[root@demo ~]# curl -L https://github.com/docker/compose/releases/download/1.8.0/docker-compose-`uname -s`-`uname -m` > /usr/local/bin/docker-compose
[root@demo ~]# chmod +x /usr/local/bin/docker-compose
[root@demo ~]# docker-compose --version
docker-compose version 1.8.0, build f3628c7
```

それでは起動するコンテナ一覧を記述した **docker-compose.yml** を作成してみましょう。今回はいわゆるWeb3階層モデルに、以下のような3つのコンテナからなる環境を一度に立ち上げてみたいと思います。

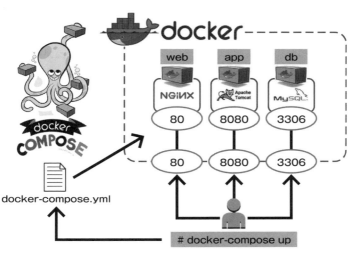

図3-28：Docker Compose の利用イメージ

上記の環境を実現するために、下記の **docker-compose.yml** ファイルを作成してください。

▶ Docker Compose サンプルコード (docker-compose.yml)

```
# database container
db:
  image: docker.io/mysql
  ports:
    - "3306:3306"
  environment:
    - MYSQL_ROOT_PASSWORD=password

# application container
app:
  image: docker.io/tomcat
  ports:
    - "8080:8080"

# web container
web:
  image: docker.io/nginx
  ports:
    - "80:80"
```

こちらの内容を見て気づいた方もいるかもしれませんが、基本的に **docker run** コマンドで指定していた内容をそのままYAML形式で書いたようなものになっています。そのため、Docker Compose を使うからといって、さらに踏み込んだ知識を得ず

に済むこともDocker Composeの良さです。あとは**docker-compose.yml**と同一ディレクトリで、**docker-compose up -d**コマンドを実行すれば指定されたコンテナが立ち上がります。今回は**-d**オプションでバックグラウンドでコンテナが立ち上がるようにしていますが、つけない場合はターミナルが戻らずに、各コンテナのログがターミナル上にそのまま出るようになります。

▶ Docker Composeによるコンテナの一斉起動

```
[root@demo ~]# docker-compose up -d
Creating root_web_1
Creating root_app_1
Creating root_db_1
[root@demo ~]# docker ps
CONTAINER ID        IMAGE                    COMMAND                   CREATED             STATUS
91afa68250a2        docker.io/mysql          "docker-entrypoint.sh"    41 seconds ago      Up 38 seconds
00f5acc84fa0        docker.io/tomcat         "catalina.sh run"         42 seconds ago      Up 40 seconds
e7745272b0d4        docker.io/nginx:latest   "nginx -g 'daemon off"    42 seconds ago      Up 41 seconds
```

上記のように、**docker-compose.yml**で指定した通りに3つのコンテナが一度に動き出し、ポートマッピングなどもきちんと行われていることが分かります。コンテナを一括起動したあとは、**docker-compose stop**でコンテナの停止、**docker-compose down**で停止と破棄を一度に行うことができます。今回は説明していませんが、**docker-compose scale**コマンドによるコンテナのスケーリングなど、他にも便利な機能があります。個々のコンテナはその目的に合わせてシンプルに保ちつつ、組み合わせる部分をDocker Composeで行うことで複雑になる開発環境も容易に共有することができるようになります。

Dockerを本番環境に利用する

これまで、ローカル開発環境で効率的に開発を進めるために、Dockerを利用して様々な操作を見てきました。改めて、本節の最初で紹介したDockerのメリットを紹介します。

- より素早い環境構築
- より効率的なリソース利用
- より共有しやすい開発環境

さて、このメリットを改めて考えると、Dockerの活用先は、ローカル開発環境だけではないことにお気づきの方もいらっしゃるかもしれません。

ローカル開発環境を簡単に構築した上でサービスを動作させることができ、しかも共有が簡単であるということは、そのローカル開発環境でのイメージを簡単にチーム

の開発環境や本番環境に適用できます。逆に言えば、本番環境と同じOSとミドルウェアで、ほぼ同じ設定のまま開発ができるということです。

通常、開発環境と本番環境は様々な形で「違い」が現れるのが普通です。それにより、「開発環境では動くけれども本番環境では動かない」という環境依存問題が現れることがしばしばあります。この問題が、Dockerを利用することで一掃できるのです。ローカル開発環境の時点で、本番環境を想定して開発を進められるため、早い段階で品質の高いアプリケーションを作りやすくなりますし、開発者も安心して開発を行うことができるようになります。

加えて、簡単に素早くコンテナを構築できるということは、突発的なアクセス増加にも、簡単に対応できるということです。スケールアウトが一瞬で、しかも簡単にできるようになるため、ある時急激なアクセスがあった場合も、速やかにコンテナを追加することでアクセスを捌くことが現実的にできるようになります。Docker Engine 1.12からSwarm modeという複数のDockerホストを束ねる機能が統合されて、コンテナの配置が自由度があがり、ますます本番環境での利用がしやすくなっています。

このように、Dockerの利用をローカル開発環境だけに留めるのはもったいないことです。コンテナはコンパクトかつ容易に扱えることで、サービスのあらゆる環境に適用できます。今回紹介した方法はほんの入口に過ぎません。ぜひDockerを使いこなして、チーム開発を効率的なものへ進化させていってください。

まとめ

ここまで実際にDockerの導入から、Docker Hubから取得した様々なコンテナの利用、コンテナのカスタマイズなどを見てきました。最初にメリットとして挙げた「素早い環境構築」「効率的なリソース利用」「共有しやすい開発環境」については、多少なりともそのことを感じていただけたのではないでしょうか。

特に、DockerfileやDocker Hubによるイメージ共有にDocker Composeを組み合わせることは、個々のチームメンバーで開発環境をより簡単にします。また、コンテナを小さな単位に分けることで各要素をシンプルに保つことができ、ライブラリ等の依存関係に悩まされることもありません。このように、Dockerをチームで利用していくことで個々人が高い生産性を持ち、スピーディな開発を行うことができるようになります。

> **COLUMN**

Docker for Mac/Windows

　スピーディーな開発を支援するツールとしてDockerを紹介したところですが、DockerはLinuxコンテナを動作させる関係で、Linuxの仮想マシンをローカルのMacやWindows上で動かす必要がありました。

　とはいえ、Dockerを実行するためだけにVirtualBoxをインストールし、Linuxの仮想マシンを動かすとなれば、そのこと自体に手間がかかると感じる方がいらっしゃるかもしれません。

　こうした中で、より気軽にDockerが使えるように、Docker社の公式ツールとしてDocker for Mac/Windowsというツールが提供されています。

参照URL　https://www.docker.com/products/docker

Docker for Mac/Windows

　これらは普通のMacやWindowsのアプリケーションとしてインストール※するだけでよく、ユーザにとって負担となっていたLinux仮想マシンの準備などを意識させないツールになっています。

　Docker for Mac/Windowsをインストールしてしまえば、あとはMacやWindows標準のターミナルなどからLinux上と同様に、各種Dockerコマンドが実行できるようになります。

※ MacではmacOS Yosemite 10.10.3以上、WindowsではWindows 10 Professional以上が必要

　動作する仕組みを見てみると、実はDocker for Mac/Windowsでも内部的にLinux仮想マシンが立ち上がっており、その上でDockerが実行されるようになっています。

　しかし、このLinux仮想マシンの実行にあたり、Macであればxhyve、WindowsであればHyper-VというOSに標準搭載されている仮想化機能を使っているため、ユーザはVirtualBoxのようなサードパーティツールを別途インストールす

る必要がありません。

　また、Dockerが動作すれば十分であるという観点から、このLinux仮想マシンにはAlpine Linuxと呼ばれる非常に軽量なLinuxディストリビューションが用いられ、軽快な動作を実現しています。

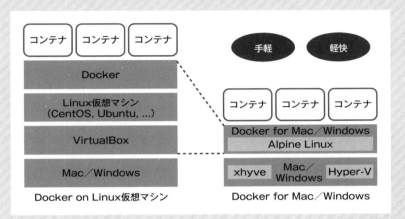

Docker for Mac/Windowsの動作イメージ

　2016年8月1日リリースであり、執筆時点では不便な部分も見受けられるツールではありますが、Dockerを使うことに関してこれほど手軽な手段はありません。

　こうした新しいツールも積極的に活用し、スピーディーな開発をさらに進めていってください。

COLUMN

DockerとDevOps

Dockerは公式にDevOpsを意識した作りとなっています。

参照URL https://www.docker.com/use-cases/devops

　上記サイトにおいて、Dockerはアプリケーションの開発プロセスを改善しDevOpsを推進するためのキーとなるツールを提供しますと名言しています。このサイトには、DevOps推進におけるリーダーシップをとっているJohn Willis氏による、Docker and the Three Ways of DevOpsという資料があります。資料では、DockerとDevOpsにおける3つの方法を紹介しています。

> 参照URL　https://www.docker.com/sites/default/files/WP_Docker%20and%20the%20
> 3%20ways%20devops_07.31.2015%20%281%29.pdf

　DevOpsにおける3つの方法、システム思考（開発から運用への流れをパイプラインと捉える）と、開発・運用間のフィードバック・ループの短縮と増幅、継続的な試験と学習を行う文化を紹介し、それぞれにDockerがどのような効果をもたらすのかをまとめています。

システム思考

The First Way：System Thinking

フィードバック・ループの増幅と短縮

The Second Way：Amplify Feedback Loops

継続的な試験と学習を行う文化

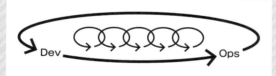

The Third Way：Culture Of Continual Experimentation And Learning

　ここで、Dockerの特徴を考えてみましょう。インフラとアプリケーションの両方を含めることのできるDockerがゆえ、どのような環境でも動作できるポータビリティを持つことで、開発速度・継続的インテグレーションの期間短縮・リリースの高速化等に良い効果をもたらします。また、そのポータビリティがゆえ、システムは疎結合に作ることが可能で、システムを疎結合に作ることで、開発上の担当や責任範囲は明確化しやすくなり、ゆえに、障害からの復旧時間を短縮することも可能です。また、2015年にDockerは「Container as a Service」を打ち出しており、単体のコンテナの管理だけではなく、複数のコン

テナのスケール・起動・停止・オーケストレーション・コンテナイメージの管理といった、システムに関わる全ての機能を提供しようとしています。

Docker and the Three Ways of DevOps では、Dockerの上記の特徴によって、DevOpsにおける3つの方法に良い効果を与えられる事について、詳細に解説されています。

COLUMN

Dockerを更に使いこなすには

`docker run`のところで紹介したとおり、コンテナは仮想マシンとは異なり、ルートプロセスという考え方が存在します。この部分が、仮想マシンとは異なる扱いを生み出しています。

そのため、コンテナをまるで仮想マシンのように扱おうとすると、不意にコンテナが停止してしまったり、そもそもコンテナが起動しないという事象を経験することになります。

本編ではごく簡単なDockerの扱い方のみを紹介しましたが、Dockerの様々な考え方やコマンドを理解すると、より積極的に活用できるようになります。

- 公式ドキュメント
  https://docs.docker.com/
- Docker ドキュメント日本語化プロジェクト
  http://docs.docker.jp/index.html

ここでは、リンクの紹介のみに留めますが、インターネット上にも様々なDockerの活用法が紹介されていますので、それらをご覧になり、ご自身のサービスでもぜひ積極的に活用してみてください。

Dockerとインフラ構成管理

2章では、Vagrantを利用した仮想マシンの利用によって課題が生まれ、それをインフラの構成管理ツールであるAnsibleで解決してきました。一言で言うと、Vagrantでは**Vagrantfile**に構築手順が記載され、その記述はわかりづらく汎用性が低いためにAnsibleによってこれを解決する、という流れでした。

しかし、Dockerを利用すると、**Dockerfile**を利用することになり、これはVagrant利用時の課題に立ち返っているように感じます。一見、**Dockerfile**には**RUN**という命令によって、ほとんどシェルスクリプトのようにLinuxコマンドを羅列することになります。本編ではごく簡単な**Dockerfile**しか扱いませんでしたが、実際のサービスでは様々な処理が組み込まれ、複雑で長大な**Dockerfile**が生成されることは想像に難くありません。では、Dockerとインフラ構成管理の関係性はどのように考えれば良いのでしょうか？これは、仮想マシンとコンテナの成り立ちとメリットの違いから導き出すことができます。

仮想マシンは、その成り立ちから「物理サーバと同じ構成を手軽に扱いやすく」することが目的でした。従って、その利用方法もサーバと同じです。つまり、WebサーバやDBサーバのように、「サーバ」という枠組みで用途を定義し、それを仮想化して扱うことで利便性を高めています。例えばWebサーバといっても、そのサーバが持つ機能は様々です。Apacheやnginxのような Webサーバ機能、Tomcatのようなアプリケーションサーバ機能、加えて非機能要件である監視（エージェント）機能やジョブ実行機能もあるでしょう。こうした様々な機能が混在して、ひとつの「Webサーバ」が成り立っています。このように様々な機能が埋め込まれた仮想マシンは、結果として構成が複雑になります。そのため、仮想マシンが構成する要素を「インフラ構成管理」として管理することは、非常に理にかなっています。また、こうして構成される仮想マシンは、言わば「全部入り」の状態であるため、結果的にイメージのサイズも大きくなります。従って、様々な種類や用途に応じてイメージを管理するのは得策ではなく、「ベースイメージ」を基にインフラ構成管理ツールでプロビジョニングを行って利用する、という使い道が自然に選択されるのです。

一方、コンテナは、「素早く利用でき、共有しやすい」ことがメリットです。これはしばしば「ポータビリティ」と称されることがあります。すなわち、他の環境に展開させやすい、チームメンバーに共有しやすい、ということを表現しています。一瞬にしてコンテナが起動するというメリットを活かし、環境を気にせずあらゆる環境で簡単に利用することができるのです。仮想マシンとは異なり、その圧倒的な起動スピードとリソース消費の小ささ、そしてイメージサイズの小ささから、そのメリットを活かすために、自然とビルド済みのイメージをいかに簡単に利用するかを求めるようになります。なぜなら、コンテナが必要なときに、わざわざコンテナイメージのビルドを行ったりプロビジョニングから行ってしまっては、起動に時間がかかってしまい、上記メリットが損なわれるためです。この条件下では、コンテナには「いかにサイズ

を小さくするか、汎用性を高くするか」が求められます。その考え方に基づくと、コンテナはもはやサーバと同じような構成を取らず、機能単位で分割するようになります。

先ほどのWebサーバの例でいう、「Webサーバコンテナ」「アプリケーションサーバコンテナ」「監視コンテナ」という単位です。この方が、コンテナ単位のサイズは小さくなり、コンテナとしてのメリットを活かしやすいのです。すぐさまコンテナを起動し利用するためには、様々な機能が混在している必要はありません。Webサーバ機能をスケールさせるためにはWebサーバコンテナを追加すればよいし、様々なコンテナをまとめて監視するためには、ひとつの監視コンテナがあれば良いのです。

この考え方に基づくと、コンテナのメリットを活かしつつコンテナを利用するためには、従来のアーキテクチャそのものを変える必要があることが分かります。通常、サーバという単位で機能を考えた場合、それぞれの機能（例えばWebサーバ機能とアプリケーションサーバ機能）は密接に関連していることが普通です。それらが関わってこそサーバという役割を果たすからです。例えばApacheにはTomcatと連携する設定をコンフィグファイルに記載するのが普通です。一方、コンテナでは、コンテナ同士はできるだけ疎結合にし、コンテナ内部に環境に依存する要素を持たせない方が汎用性が高くなります。既にイメージ化されたコンテナを手早く利用するという性質から、本番環境用、開発環境用でイメージを分けるのではなく、あくまでコンテナイメージは共通にして扱った方が管理がしやすいのです。従って、コンテナイメージ自体は環境情報を埋め込まず、例えばLINK機能によってコンテナ間の関連性を定義することで対応します。LINK機能は本編では紹介していませんが、コンテナ間の連携を環境変数として自動的に定義できるようになる機能です。こうすることによって、開発でも本番運用でも全く同じコンテナを利用することができ、かつその汎用性の高さからスケールアウトを始めとした様々な用途にも活用できるようになります。逆に、コンテナに対して環境固有の情報を埋め込んでしまうと、その環境でしかそのコンテナは利用できなくなってしまいます。これは、コンテナの持つメリットである「ポータビリティ」を損なってしまいます。なぜなら、その環境でしか使えないコンテナを共有しても活用できないためです。

では、環境固有の設定情報などを徹底的に排除し、単機能に特化した軽量なコンテナイメージというものができたとします。

このコンテナイメージを作成するために、インフラ構成管理ツールは必要なのでしょうか。

既にAnsibleのところで紹介した通り、そもそもインフラ構成管理ツールは、その「環境」に起因する部分をうまく吸収するためのツールです。

例えば、開発環境用の設定と本番環境用の設定を、`group_vars`などの変数でうまく吸収していました。

しかし、そのような環境固有、サービス固有の値が含まれないコンテナにとって、

インフラ構成管理ツールはそこまで大きなメリットを得られません。

また、コンテナイメージが作成されたとして、それを起動するためにもインフラ構成管理ツールが必要なのでしょうか。コンテナ外に依存する変数を管理し、これをコンテナに適用することをいかにして行うか。

AnsibleにもDockerコンテナを取り扱うモジュールが存在するため、インフラ構成管理ツールでDockerコンテナを取り扱うことは可能ではあります。

しかし、コンテナのメリットである「自由自在に起動したりコンテナのスケーリングを行う」ことを考えた場合、固定的なサーバ構成ではなく動的に（かつ頻繁に）増減するコンテナに対して、従来のインフラ構成管理ツールのアプローチはやや力不足なのが現状です。

なぜなら、例えばAnsibleにとっては、適用先はインベントリとして定義されているものの、その適用先が頻繁に変更されることそのものがまず従来のインフラでは考えられないからです。これは、コンテナ技術が「インフラ」なのか「アプリケーション」なのか、その境目に存在する（そしてそれらを繋ぐ）画期的な概念であることが起因しているように見受けられます。長くなりましたが、最初に挙げた疑問である「Docker（および**Dockerfile**）にインフラ構成管理ツールは必要なのか」という問いに対して、「従来の」インフラ構成管理ツールはそれほど必須ではなくなった、というのが現状の答えになります。これには2つの意味があり、ひとつは文字通り従来のインフラ構成管理がそのまま適用できないということと、もうひとつはコンテナに対応したベストな管理方法がまだ浸透していないということが挙げられます。執筆時点ではAnsibleを始めとしたインフラ構成管理ツール側もコンテナの管理方法を模索しており、同様にDocker側も独自にコンテナ管理やオーケストレーションの機能を準備している状況であり、これという決まった構成がまだ存在しない、というのが現状なのです。

いずれにせよ、コンテナ技術、そしてその活用という新たな潮流に対して、インフラ構成管理も新たな変革を求められており、今後も様々なツールが発表されることが予想されます。同時に、システムアーキテクチャも変革を必要としています。これが少なからずDevOpsにも影響を与えているのですが、その一端は4章で紹介していきます。

3-2-3　Jenkinsを利用して作業を管理する

これまで、Vagrant、Ansible、Serverspec、Git、Dockerなど開発をスピーディにする様々なツールを紹介してきました。これらはいずれもコマンドラインから扱うことが可能で、そのために実行と結果の取得や判定がシンプルになり、開発に集中することができるメリットがありました。しかし、開発と一口に言っても、実はツールと

ツールの間には作業のつなぎ目が存在し、そのつなぎ目が手間になっていたり、ミスの温床になっていることが次第に分かるようになってきます。

ここでは、ビルドパイプラインツールであるJenkinsを紹介することで、課題を解消させつつ更なる効率化を考えていきます。本節では、最終的に2章で紹介したAnsibleによる構築と、Serverspecによるテストを繋げて、一度に構築とテストを簡単に行えるようになることを目指します。

ビルドパイプラインツールによる安全かつ効率的なオペレーション

これまでに紹介してきた、DockerやAnsible、Serverspecなどを用いることで、素早く自動構築やテストを行うことができるようになりました。しかし同時に、今までの作業をこれまでに紹介した通りに行うことで、新たな課題も見えてきます。例えば、以下のようなものです。

1. コマンド操作をより手間なく行いたい

Ansibleによる構築やServerspecによるテストなどの操作を、わざわざサーバにログインしてコマンドを実行ことで実現するのは、やや面倒です。繰り返し行う作業だからこそ、できるだけ手間を省いて行えるようにすることで、更なる効率化を狙うことができます。

2. 構築作業をより安全かつ確実に行いたい

特にインフラ構築は、一歩間違うと大きな影響を及ぼす作業です。開発環境と本番環境を誤って実行してしまう、パラメータを誤ってセットしてしまうなど、手順のミスによって発生するトラブルは様々に考えられます。これらの作業は、可能な限り人の手作業や判断を省いて、誤入力の余地をなくすべきです。

また、構築を行えば必ずテストを行う、というように、決まった作業を連続して行うことを強制するようにします。

3. 構築やテストの結果と履歴を蓄積し、チームで確認したい

Gitによってコードの変更履歴は蓄積できたものの、肝心の実行の履歴と結果は蓄積していません。誰が、いつどのような操作を行ったのか、そしてその結果はどうなったのかを簡単に確認できるようにするべきです。なぜなら、それらを蓄積することで、例えば障害発生時などに原因の調査を行う目的で、すぐさま必要な情報が得られるようになるためです。

ビルドパイプラインツールは、これらの課題を解消しながら、GUIを通じて処理を実行できるツールです。「パイプライン」という言葉で示す通り、様々な処理（例えば「構築」や「テスト」など）を定義し、それらをパイプのように縦横無尽に繋げて、一連の処理を自動かつスムーズに行うことができるようになるのです。パイプラインに

よって、構築やテストなどの個々の処理を簡単に管理・実行するのみならず、それらを連続して行うことが可能になるのです。

Jenkinsとは

Jenkinsは、こうした課題を解消する、ビルドパイプラインツールのひとつです。

参照URL　https://jenkins.io/

図3-29：Jenkinsの公式サイト

Jenkinsでは、以下のようなことが実現できます。

1. 作業をプロジェクトという単位でまとめて簡単に実行できる

定義された処理をプロジェクトという単位で定義することができます。言わば「ジョブ」というイメージです。プロジェクトはあらかじめ定義されているため、実行するときに改めてコマンドを入力する必要はありません。決まったプロジェクトを選択して実行するだけで済みます。これにより、手間なく処理を行うことができます。

2. 手作業の入る余地がないため、安全かつ確実に実行できる

上記と同様に、コマンド入力を行う余地がないため、安全に処理を行うことができます。また、プロジェクトを連結してパイプラインとして動作させることができるため、例えば構築の後に必ずテストを行う、といったことができるようになります。すなわち、手順に漏れが発生することがなくなります。

3. プロジェクトの実行と結果の履歴を一覧化できる

いつ、誰がプロジェクトを実行したのか、そしてどのような結果になったのかを蓄積し、参照することができます。

もともと認識していた課題が全て解消できていることがお分かりかと思います。加えて、Jenkinsには実行するコマンドの一部の変数をGUI上のフォームから変更し、書き換えて実行することもできるようになっています。つまりJenkinsのパイプライン処理を用いることで、作業を安全かつ確実に行うことができるようになるのです。さらに、その負担を低減させ、効率的に行うこともできるようになります。ここからは、Jenkinsを対象にして以下のことを学んでいきます。

1. Jenkinsのインストールと、プロジェクトの作成、実行
2. 複数のプロジェクトの連結による連続した実行
3. パラメータ付きビルドによるプロジェクトの汎用的な取り扱い

Jenkinsのインストール

それでは、早速Jenkinsを導入してみましょう。2章で利用していたVagrant上にて、Jenkinsも動作させるようにします。ここでは、公式サイトの手順に基づいて手動でJenkinsを構築する手順を紹介します。なお、サンプルとなるGitリポジトリでは、Ansibleでの構築も行えるようにしていますので、自動で構築を行いたい場合の手順も併せて紹介します。Jenkinsのバージョンは2.17を利用していますので、参考にしてください。

まず、手動での構築手順です。あらかじめ、Vagrantによる仮想マシンにsshでログインしてください。以降の手順は、全てVagrant上で実行します。

▶ 仮想マシンへの接続

```
$ vagrant ssh
[vagrant@demo ~]$
```

Jenkinsを動作させるためには、前提として、JDKのインストールが必要です。Red Hat系OSの場合は、以下のコマンドでインストールできます。

▶ JDKのインストール

```
$ sudo yum -y install java-1.8.0-openjdk java-1.8.0-openjdk-devel
```

次に、Jenkinsをインストールします。公式サイトの「**Downloads**」から、それぞれのOSに応じてJenkinsのインストール手順とパッケージを確認することができます。ここでは、Red Hat系OSとしてCentOSを利用している例として、「**Weekly Release**」の「▼」から「**Red Hat/Fedora/CentOS**」を選択します。

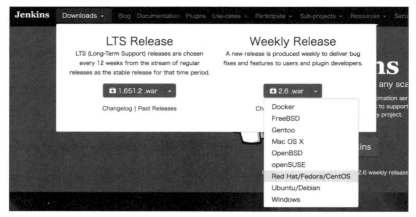

図3-30：Jenkinsのインストール

次の画面では、それぞれのOSごとに手順が記載されていますので、それにしたがってインストールを行います。Red Hat系OSの場合は、以下の手順です（紙面の都合上、「\」で折り返しています）。

▶ Jenkinsのインストール

```
$ sudo yum -y install wget # wgetコマンドがインストールされていない場合
$ sudo wget -O /etc/yum.repos.d/jenkins.repo \
http://pkg.jenkins-ci.org/redhat/jenkins.repo
$ sudo rpm --import \
http://pkg.jenkins-ci.org/redhat/jenkins-ci.org.key
$ sudo yum -y install jenkins
```

インストールが完了したら、Jenkinsを起動してください。

▶ Jenkinsの起動

```
$ sudo systemctl start jenkins.service
```

正常に起動した場合、デフォルトの設定ではJenkinsへは8080番のポートで画面にアクセスすることができます。

2章のVagrantfileをそのまま利用している場合は、**192.168.33.10**というIPアドレスを定義しているため、以下のURLでアクセスできるはずです。

参照URL　http://192.168.33.10:8080/

もし、上記URLにアクセスできない場合はfirewalldサービスの起動状態を確認します。

▶ firewalldサービスの起動確認

```
$ systemctl status firewalld
■ firewalld.service - firewalld - dynamic firewall daemon
   Loaded: loaded (/usr/lib/systemd/system/firewalld.service;
disabled; vendor preset: enabled)
   Active: active (running) since 日 2016-08-07 04:08:15 JST; 1s ago
   （省略）
```

　上記のように「Active: active (running)」と表示された場合は起動していることを意味します。以下のコマンドを実行してJenkinsが起動する8080ポートへのアクセスを許可します。

▶ Jenkinsの起動ポートへのアクセス許可

```
$ sudo firewall-cmd --zone=public --permanent --add-port=8080/tcp
success
$ firewall-cmd --reload
success
```

　これまでの手順をAnsibleによる自動構築にて実現したい場合は、Vagrantの仮想サーバにあらかじめGitをインストールし、2-3-2で利用したGitリポジトリをクローンします。
　まずGitのインストール方法は、2-3-4の通り、公式サイトである以下からダウンロードすることもできます。

参照URL　https://git-scm.com/

　あるいは、例えばRed Hat系OSの場合はyumコマンドで簡単にインストールすることができます。

▶ gitコマンドのインストール

```
$ sudo yum -y install git
```

　ただし、yumリポジトリで提供されているGitはバージョンが古いため、最新の仕様に則っていない可能性があります。
　次に、仮想マシン上でサンプルとなるリポジトリをクローンします。

▶ サンプルコードのクローン

```
$ git clone https://github.com/devops-book/ansible-playbook-sample.git
```

　playbookファイルの、Jenkinsの行のコメントアウトを外してください。

▶ ansible-playbook-sample/site.yml

```yaml
---
- hosts: webservers
  become: yes
  connection: local
  roles:
    - common
    - nginx
    - serverspec
    - serverspec_sample
    - jenkins # この行のコメントアウトを外す
```

　Jenkins用のroleディレクトリ及びその配下のtasksなどは、既に2-3-2の途中で紹介した以下のGitリポジトリの中に準備されています。

　tasksの中では、手動で行った手順がそのまま記載されています。

▶ ansible-playbook-sample/roles/jenkins/tasks/main.yml

```yaml
---
# tasks file for jenkins
- name: install jdk
  yum: name=java-1.8.0-openjdk-devel state=installed

- name: download yum repository file of jenkins
  get_url: url=http://pkg.jenkins-ci.org/redhat/jenkins.repo dest=/etc/yum.repos.d/jenkins.repo mode=0644

- name: import rpm key
  rpm_key: state=present key=http://pkg.jenkins-ci.org/redhat/jenkins-ci.org.key

- name: install jenkins
  yum: name=jenkins state=installed

- name: start jenkins
  service: name=jenkins state=started enabled=yes
```

　それでは、実際にインストールしてみましょう。もし2章を行わずに、Jenkinsのみ利用する場合は、あらかじめAnsibleをインストールしてください。

▶ Ansibleのインストール

```
$ sudo yum -y install epel-release
$ sudo yum -y install ansible
```

▶ Ansibleの実行

```
$ cd ansible-playbook-sample
$ ansible-playbook -i development site.yml --diff

PLAY [webservers] *******************************************

TASK [setup] ************************************************
ok: [localhost]

(略)

TASK [jenkins : install jdk] ********************************
changed: [localhost]

TASK [jenkins : download yum repository file of jenkins] ************
changed: [localhost]

TASK [jenkins : import rpm key] *****************************
changed: [localhost]

TASK [jenkins : install jenkins] ****************************
changed: [localhost]

TASK [jenkins : start jenkins] ******************************
changed: [localhost]

(略)
```

　問題なければ、上記の通りインストールや設定が行われている（**changed**となっている）ことが分かります。

　この時点で、以下のURLにアクセスすれば、Jenkinsの管理画面（初期設定画面）に進むことができます。

参照URL　http://192.168.33.10:8080/

　ここからの手順は、手動/自動共通です。上記URLに初めてアクセスする場合は、初回セットアップが行われます。最初の画面では、Administratorのパスワードを入力する必要があります。画面にある通り、パスワードはサーバの**/var/lib/jenkins/secrets/initialAdminPassword**に記載されていますので、これを確認します。

▶ Jenkinsの管理者パスワードの確認

```
$ sudo cat /var/lib/jenkins/secrets/initialAdminPassword
9d16b6640a504cb3828f187f0e334983  # 値は環境によって異なります
```

169

この値を、セットアップ画面に貼り付けて、「`Continue`」を押します。

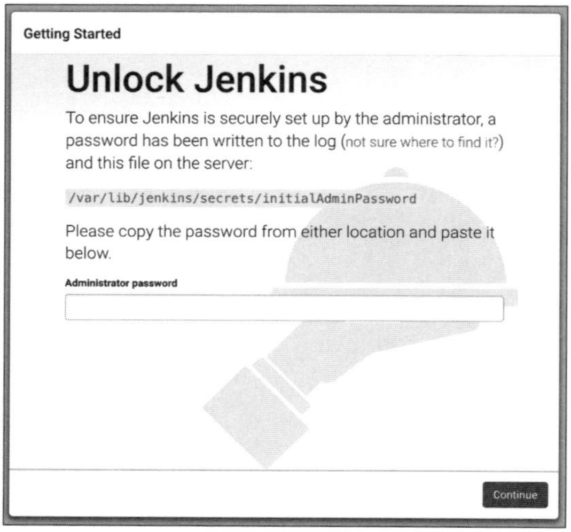

図3-31：Jenkinsの初回セットアップ1

次の画面では、最初にインストールするプラグインを選択します。推奨されたものにするか、自分で選択するかを選ぶことができます。どちらでも構いませんが、ここでは推奨されたものを自動でインストールする「`Install suggested plugins`」を選択します。

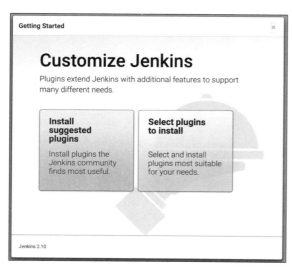

図3-32：Jenkinsの初回セットアップ2

すると、自動でプラグインが選択され、ダウンロードとインストールが始まります。

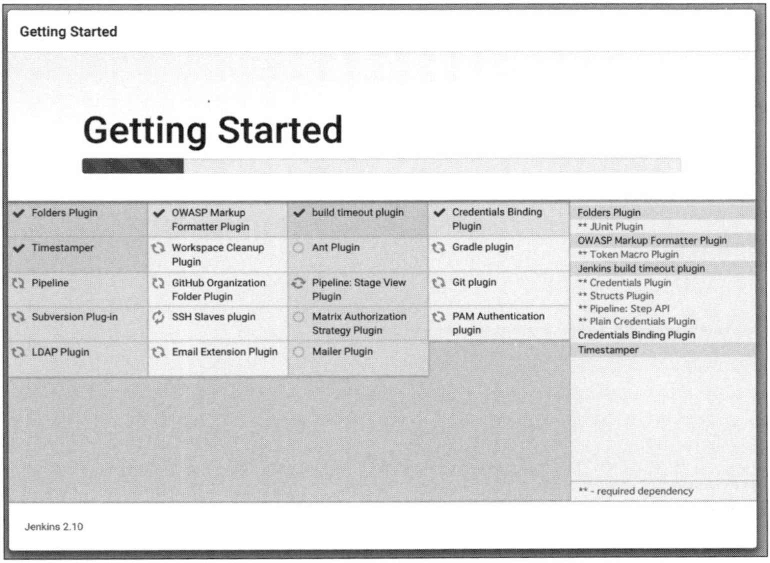

図3-33：Jenkinsの初回セットアップ3

最後に、Jenkinsに最初にログインするAdminユーザのアカウントとパスワードを決定します。ここでは**root**というアカウント名にしていますが、必要に応じて適宜アカウント名とパスワードを決定してください。

図3-34：Jenkinsの初回セットアップ4

ここまで進むと、全てのセットアップ作業が完了します。「**Start using Jenkins**」をクリックすることにより、セットアップが終了します。

171

図3-35：Jenkinsの初回セットアップ5

　以下がJenkinsのホーム画面になります。以降、http://192.168.33.10:8080/ にアクセスすると、まずこの画面を見ることになります。

図3-36：Jenkinsの管理画面

プロジェクトの作成と実行

　さて、それではいよいよプロジェクトを作成して実行してみましょう。「**新規ジョブ作成**」を押すことで、新規にプロジェクトを作成することができます。新規プロジェクト作成画面では、まずプロジェクトの種類と名前を決めます。ここでは、「**フリースタイル・プロジェクトのビルド**」を選択してください。このプロジェクトは、画面中の説明文にもある通り、最も汎用的なプロジェクト作成の方法です。プロジェクト名に「`first_project`」と入力し、「`OK`」を押してください。

図3-37:プロジェクトの新規作成

次の画面では、具体的な処理を記述します。「ビルド」の欄から「**ビルド手順の追加**
▼」を押し、「**シェルの実行**」を選んでください。

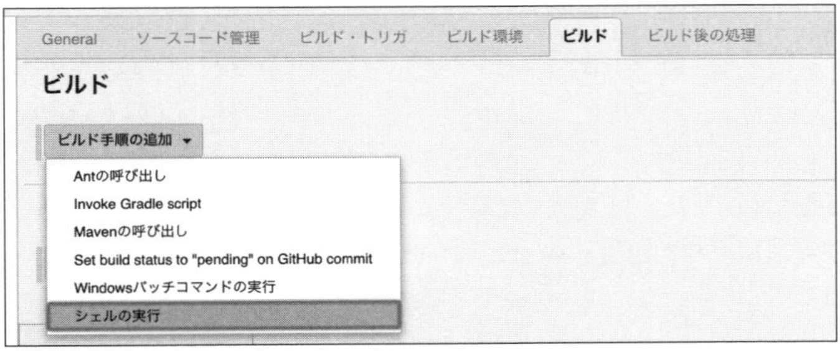

図3-38:プロジェクトの新規作成(ビルド手順の追加)

ここでは、シェルスクリプトと同様に、自由に処理を記述できます。ここでは例と
して、以下のコマンドを記載します。

▶ サンプルシェルスクリプト

```
uname -n
pwd
ls -l
```

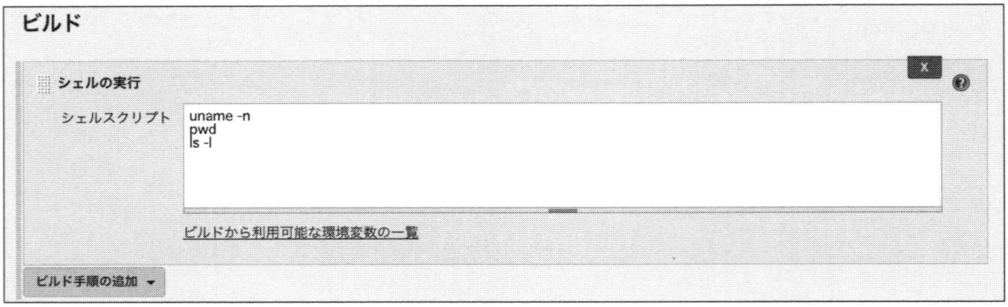

図3-39：プロジェクトの新規作成（シェルの実行）

ここまで終わったら、最下部の保存を押してください。するとプロジェクトの作成が完了します。

図3-40：プロジェクトの新規作成（作成完了）

さて、それでは早速実行してみましょう。左の「**ビルド実行**」を選択してください。すると、左下のビルド履歴に**ビルド番号**「**#1**」として結果が表示されるようになります。

図3-41：プロジェクトの実行

ここに、このプロジェクトがいつ実行されたのかを蓄積して表示されるようになります。この結果が青色の玉で表示される場合は、プロジェクトが正常終了した（シェルの戻り値が0だった）ということを意味します。結果を詳細に確認したい場合は、

「#1」のリンクあるいは日付のリンクを選択してください。すると、結果が表示されます。実行するユーザが表示されていることが分かります（ここではJenkins画面上のrootユーザが実行していることが表示されています）。

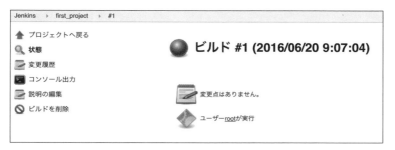

図3-42：プロジェクトの実行結果の確認

それでは、コマンドの実行結果はどうなったのでしょうか。それを確認するには、左側から「**コンソール出力**」を選択します。すると、コマンドとその実行結果が表示されていることが分かります。スクリプトは、自動的に **sh -xe** コマンドで包まれて実行されることに注意してください。つまり、デバッグ出力（**-x**）であり、途中でエラーが発生した場合はそこで止まる（**-e**）オプションとなります（なお、シェルの先頭で定義を上書きすることもできます）。

図3-43：プロジェクトの実行結果の確認（コンソール出力）

ここまで、プロジェクトを作成し、実行するまでの流れを見てきました。実行結果の表示の通り、このプロジェクトの実行の履歴は蓄積され、且つどのユーザが実行したのかも確認できるようになっています。また、処理の実行も簡単になり、繰り返し同じ処理を実行するのに、プロジェクトのリンクを選択するだけでよくなりました。

実行履歴の確認

ここまではひとつのプロジェクトの履歴を確認しましたが、プロジェクトの数が増えて来た場合に、全体としてどのような実行履歴になったのかは別の画面でも確認で

きます。

　Jenkinsの管理画面のトップページ左側にある、「**ビルド履歴**」を選択してください。

図3-44：ビルド履歴

　ここでは、Jenkinsの全プロジェクトがいつ実行され、どのような結果になったのかが俯瞰的に分かるようになっています。

処理の定刻実行

　次に、プロジェクトを定刻に実行する手順を紹介します。先ほどまでJenkinsのプロジェクトを作成した手順と同じように、詳細定義を行う画面まで進めてください。「**ジョブの新規作成**」から「**フリースタイル・プロジェクトのビルド**」を選択し、プロジェクト名は「`scheduled_project`」とします。プロジェクトの詳細画面では、新

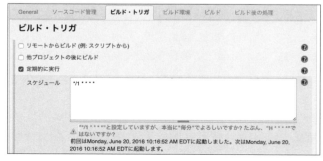

図3-45：プロジェクトの定期実行

たに「**ビルド・トリガ**」から「**定期的に実行**」にチェックを入れてください。すると、スケジュールのテキストボックスが表示されます。この中では、**cron**と同じように処理を定義することができます。ここではサンプルですので、毎分実行として「***/1 * * * ***」と入力してください。

ここまで終わったら、また「**ビルド**」から「**シェルの実行**」を選び、「**シェルスクリプト**」欄に**date**と入力し、プロジェクトを保存してください。先ほどまでの「**first_project**」では、明示的に手動でプロジェクトを選択して実行することを行いましたが、今回のプロジェクトは明示的に実行を指示しなくても、時間をきっかけに勝手に実行されるようになります。

図3-46：定期実行の履歴

ビルド履歴を確認すると、確かに毎分実行されていることが分かります。

パイプラインとしての処理

さて、ここまではJenkinsの基礎的な機能を確認してきました。いよいよ、2章までの結果を繋げてみましょう。ここから目指すものは、Ansibleによる構築とServerspecのテストを繋げて実行することです。

パイプラインとしてジョブを繋げる方法には2種類あります。ひとつは、プロジェクトの後続を定義して直接連結し、順番に動かす方法。もうひとつは、統括となるプロジェクトを別途定義し、その中でプロジェクトの関係性を定義してパイプラインとして実現する方法です。前者はシンプルであるというメリットがある一方、プロジェクト同士の連携はそれぞれの定義をひとつずつ確認しないと分からないというデメリットがあります。それぞれの方法を見ていきましょう。

直接プロジェクトを連結する

まずは、シンプルにプロジェクトの後続を定義する方法です。

まず最初に、Ansibleを実行するプロジェクトと、Serverspecを実行するプロジェクトをそれぞれ定義します。ここではごくシンプルに解説するため、既に**/tmp/**配下に**ansible-playbook-sample**のGitリポジトリがクローンされていることを前提にします。（より実践的な例は5-1で紹介していますので、そちらをご覧ください）

もしクローン先が異なっていた場合は、以下のコマンドで別途クローンしてください。

▶ サンプルAnsibleコードの複製

```
$ git clone https://github.com/devops-book/ansible-playbook-sample.git /tmp/ansible-playbook-sample
```

また、Jenkinsからコマンド発行する**jenkins**ユーザがsudo可能なように、**/etc/sudoers.d/jenkins**に以下が記載されているものとしてください。

▶ jenkinsユーザへのパスワードなしsodo実行権の追加

```
jenkins ALL=(ALL) NOPASSWD:ALL
```

それではまず、ひとつ目のプロジェクトとして、「**exec-ansible**」プロジェクトを作ります。このプロジェクトは、**ansible-playbook**コマンドを実行し、構築を行うプロジェクトです。作成のために、「**フリースタイル・プロジェクトのビルド**」を選択し、「**シェルの実行**」欄には以下のコマンドを入力してください。これは、2-3-2で紹介したコマンドと同じです。

▶ JenkinsでのAnsible実行スクリプト

```
cd /tmp/ansible-playbook-sample
ansible-playbook -i development site.yml --diff
```

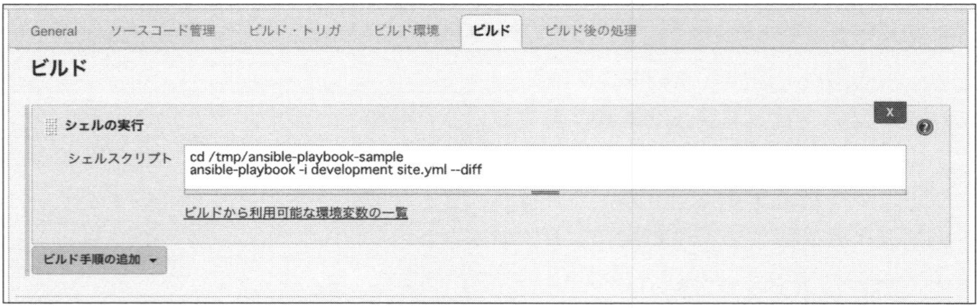

図3-47：exec-ansibleプロジェクトの設定

プロジェクトを保存したら、一度実行してみましょう。プロジェクトが成功し、「**コンソール出力**」にも**SUCCESS**が表示されていれば、ひとつ目のプロジェクトとし

ては成功しています。次に、2つ目のプロジェクトとして、「**exec-serverspec**」プロジェクトを作ります。このプロジェクトは、構築後のサーバでServerspecを動かすために**rake spec**コマンドを実行します。このコマンドも、2-3-3で紹介したコマンドと同じです。

▶ JenkinsでのServerspec実行スクリプト

```
cd /tmp/serverspec_sample
/usr/local/bin/rake spec
```

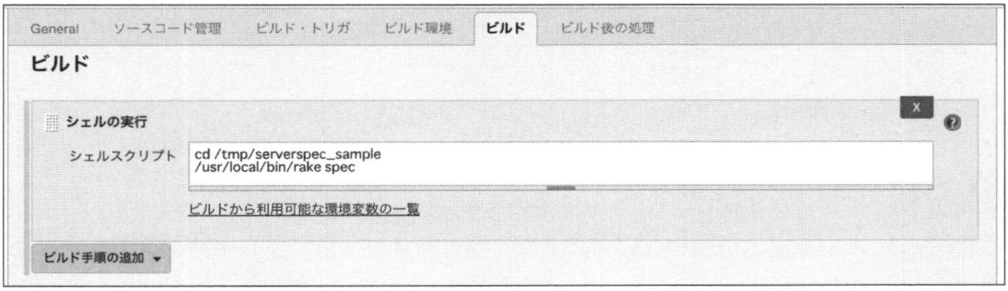

図3-48：exec-serverspecプロジェクトの設定

こちらのプロジェクトも、保存したら一度実行してみてください。プロジェクトが成功し、「**コンソール出力**」にも**Finished: SUCCESS**と表示されていれば問題なく完了しています。さて、いよいよこれらのプロジェクトを連結して動作させます。そのためには、「**exec-ansible**」側のプロジェクト（つまり、ひとつ目のプロジェクト）に、後続プロジェクトへ続くための設定を行います。まず、「**exec-ansible**」プロジェクトから「**設定**」を選択し、設定変更を行います。設定変更画面では、「**ビルド後の処理**」から「**ビルド後の処理の追加▼**」を選択し、その中から「**ほかのプロジェクトのビルド**」を選択してください。

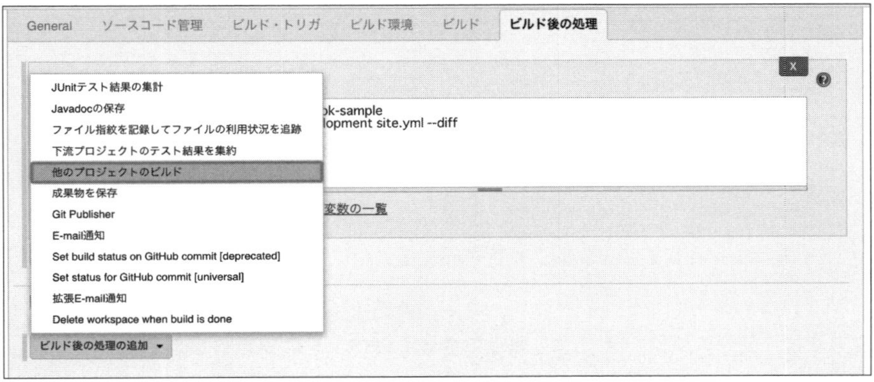

図3-49：他のプロジェクトのビルド1

次に、「ほかのプロジェクトのビルド」から「対象プロジェクト」欄に、「**exec-serverspec**」と入力して、プロジェクトを保存してください。これは、「**exec-ansible**」プロジェクトの後続として、「**exec-serverspec**」プロジェクトを定義したことになります。

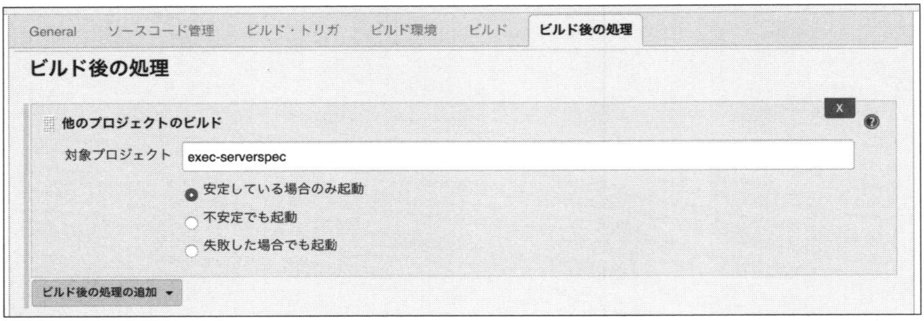

図3-50：他のプロジェクトのビルド2

この時点で、「**exec-ansible**」プロジェクトを実行すると、「**exec-ansible**」の後に連続して「**exec-serverspec**」が実行されています。これは、「**exec-ansible**」プロジェクトの実行履歴を確認すると、これまでにはなかった「**下流プロジェクト**」が表示されていることからも分かります。

図3-51：プロジェクトの連結

このように、簡単にプロジェクトを連結することができることが分かりました。

パイプラインとしてプロジェクトを連結する

次に、パイプラインとしてプロジェクトを連結する方法を確認します。先ほどまでの方法は、簡単にプロジェクトを連結できるものの、その連結の定義は前のプロジェクトに定義するしかありませんでした。そのため、Aの後にB、BのあとにC……と複数

個のプロジェクトが連結された場合に、その定義をひとつずつプロジェクトを確認しないと分からないというデメリットがあります。加えて、複数のフローでプロジェクトを流用することができません。例えば、A1→B→C1というフローと、A2→B→C2というフローを作りたかったとしても、Bのプロジェクトは「後続プロジェクトを定義する」という簡単な設定しか行えないため、複数のフローを定義できないのです。

そこで、今度はパイプラインという方法でプロジェクトを連結します。この方法では、別途統括となるプロジェクトを作成し、その中で「**exec-ansible**」と「**exec-serverspec**」の2つのプロジェクトを連続して実行することを定義します。

事前に、先ほどまでの「**exec-ansible**」の「**他のプロジェクトのビルド**」の設定を「×」ボタンを押して削除して、プロジェクトを保存しなおしてください。

これで、後続プロジェクトが連結して動作しない状態になっています。

まず、新規にプロジェクトを作成します。先ほどまでは全て「**フリースタイル・プロジェクトのビルド**」を選択していましたが、ここでは「**Pipeline**」を選択します。プロジェクト名は「**exec-ansible-serverspec**」とします。

図3-52：パイプラインプロジェクトの作成1

次に、「**Pipeline**」の設定から、「**Script**」欄に以下のコードを入力して保存してください。これは、ステージ（stage）という論理的なフェーズごとに、「**exec-ansible**」または「**exec-serverspec**」のプロジェクトを実行する、という意味になります。

▶ パイプラインスクリプト

```
node {
    stage 'ansible'
    build 'exec-ansible'
    stage 'serverspec'
    build 'exec-serverspec'
}
```

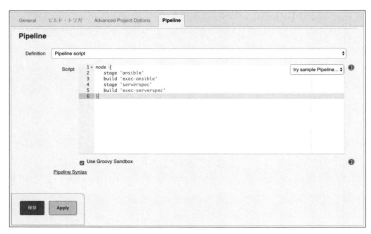

図3-53：パイプラインプロジェクトの作成2

作成後、プロジェクトを実行してください。すると、プロジェクト実行の進捗がグラフィカルに表示されていることが分かります。

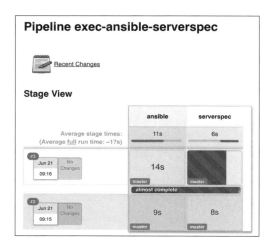

図3-54：パイプラインプロジェクトの実行

このように、結果がグラフィカルかつ分かりやすく表示されているため、どのプロジェクトがどういう連携を持って実行されているかが非常に分かりやすくなります。また、先ほどまでの問題点として挙げていた、「A1→B→C1」というフローと、「A2→B→C2」というフローがあったとしても、それらは別のパイプラインプロジェクトを作成すれば、「B」というプロジェクトは問題なく流用できるのです。したがって、先ほどまでのように、個々のプロジェクトを直接繋げる方法ではなく、こちらのパイプラインを利用する方が、大規模にも向いており管理も行いやすくなるため、お

勧めです。

　なお、実際のところパイプラインの「`Script`」欄に、どのように書けばいいか分からない方もいらっしゃると思います。このコードは、「Groovy」というJavaプラットフォーム上で動作するJavaに非常に似たプログラミング言語で記述されています。Jenkinsは、このGroovy形式でコードを自動的に生成してくれる機能も提供しています。先ほどのパイプラインの定義画面の最下部に、「`Pipeline Syntax`」というリンクがあります。これをクリックすると、様々なケース（「`Sample Step`」）に応じてパラメータを入力するテキストボックスが表示されるので、目的に応じて入力した上で「`Generate Groovy`」をクリックすると、下部にGroovy形式のコードが表示されます。これをコピーすることで、簡単にGroovy形式のパイプラインを実現することができます。

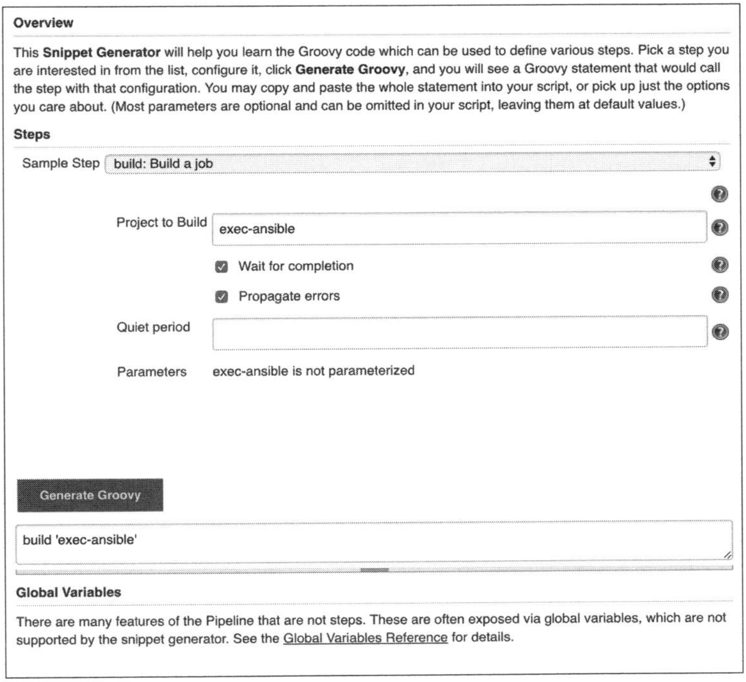

図3-55：Groovy形式のパイプライン用コードの生成

パラメータ付きビルド：処理をパラメータによって使い分ける

　さて、先ほどまでの紹介で、プロジェクト間の連結を行いました。ところで、2-3-2で紹介した`ansible-playbook`コマンドは、以下の2種類があったことを思い出してください。

▶ ansible-playbookコマンドと環境毎に異なるオプション

```
ansible-playbook -i development site.yml --diff  # 開発環境向け
ansible-playbook -i production site.yml --diff   # 本番環境向け
```

　これらの処理のために、Jenkinsでは別個のプロジェクトを作成すべきでしょうか。引数がひとつ異なるだけなのに、それで別のプロジェクトを作成しているようでは、Jenkinsプロジェクトは結果として膨大になり、管理が煩雑になってしまいます。

　この問題を解消するために、Jenkinsでは「パラメータ付きビルド」という方法を採ることができます。これは、プロジェクトを実行する際に、その処理を入力するパラメータに応じて変化させることができるというものです。

　早速見てみましょう。そのために、まず「**exec-ansible**」プロジェクトの設定変更を行います。「**General**」の「ビルドのパラメータ化」にチェックを入れ、「パラメータの追加▼」から「選択」を選択します。

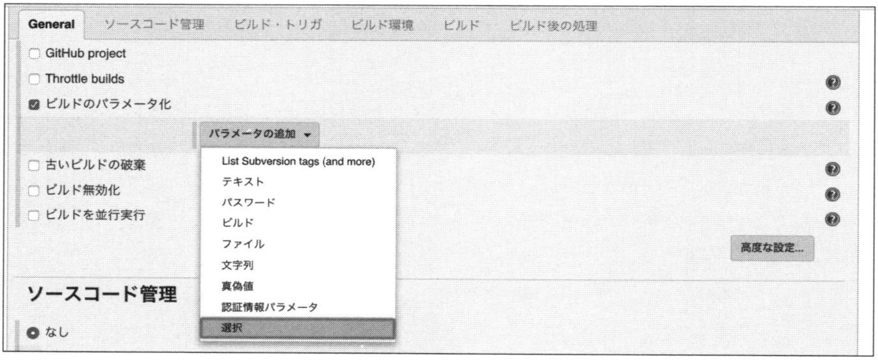

図3-56：パラメータ付きビルドの設定1

　次に、表示された「選択」から、「名前」を「**ENVIRONMENT**」にし、選択値を「**development**」と「**production**」にしてください。選択値は改行で値を区切ってください。

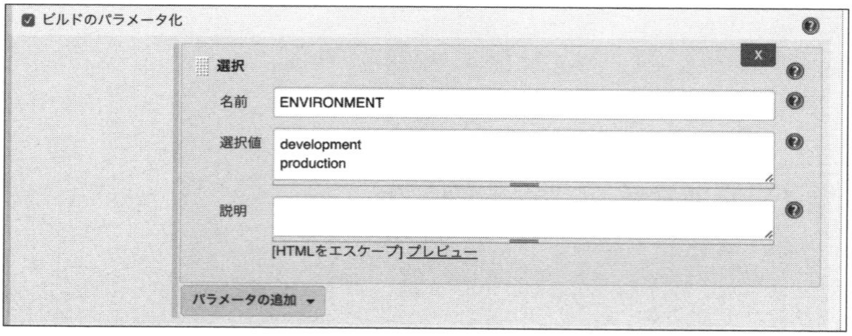

図3-57：パラメータ付きビルドの設定2

先ほどまでの「**ENVIRONMENT**」という値は、この処理中に環境変数として利用できます。したがって、下部の「**シェルスクリプト**」の欄を、以下のように変更することで、この変数を利用できるようになります。

▶ サンプルシェルスクリプト

```
cd /tmp/ansible-playbook-sample
ansible-playbook -i ${ENVIRONMENT} site.yml --diff
```

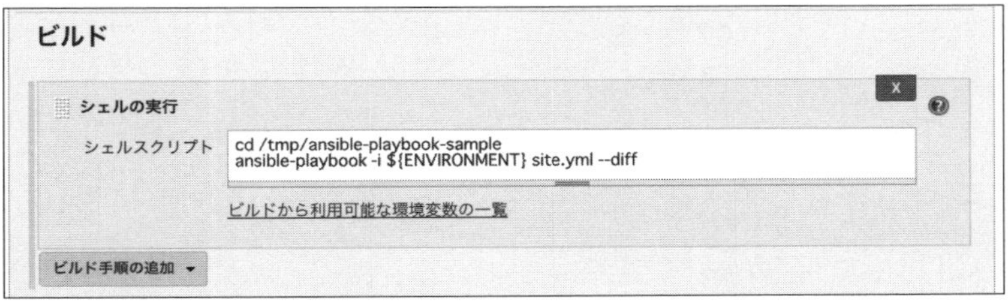

図3-58：パラメータ付きビルドの設定3

ここまでの変更が終わったら、プロジェクトを保存してください。保存後、プロジェクトを実行します。先ほどまでは「**ビルド実行**」というリンクだったのが、「**パラメータ付きビルド**」というリンクに変更されています。このリンクを選択すると、先ほどまではすぐさまプロジェクトが実行されていましたが、今回はまず入力値の選択画面に遷移します。

図3-59：パラメータ付きビルドの実行

ここで「**production**」を選択し、「**ビルド**」をクリックすると、以下のコマンドが実行されたことと同義になります。

▶ 本番環境向けオプションでの実行

```
cd /tmp/ansible-playbook-sample
ansible-playbook -i production site.yml --diff
```

ここで、2章と同じく構築結果を確認すると、確かにインベントリが**production**によって構築が行われていることが分かります。

▶ **production**であることの確認

```
$ curl 192.168.33.10
Hello, production ansible!!
```

　ここまででパラメータ付きビルドとしては完成していますが、最後に先ほどのパイプラインでもパラメータ付きビルドが行えるため、そちらも紹介します。
　「**exec-ansible-serverspec**」ジョブについても、「**ビルドのパラメータ化**」にチェックを入れ、これまでと同じく「**ENVIRONMENT**」というパラメータを設定してください。選択値も、同じく「**development**」と「**production**」にします。
　そして、「**Pipeline**」の「**Script**」の欄を、以下のように変更してください。

▶ Jenkinsプロジェクトの設定変更（パラメータの引き継ぎ）

```
node {
   stage 'ansible'
   build job: 'exec-ansible', parameters: [[$class: 'StringParamete
Value', name: 'ENVIRONMENT', value: "${ENVIRONMENT}"]]  ──────── Ⓐ
   stage 'serverspec'
   build 'exec-serverspec'
}
```

　Ⓐの行が変更箇所です。単純にビルドするプロジェクトを選択するのではなく、上位プロジェクトである「**exec-ansible-serverspec**」で選択した「**ENVIRONMENT**」という環境変数を、下位の「**exec-ansible**」にもパラメータとして引き継ぐ設定を行っています。このコードも、「**Pipeline Syntax**」のページから自動的に生成されるものを利用して作成しています。上記の通り、パラメータを自由に入力できることで、処理を汎用的に取り扱うことができ、プロジェクトの数を抑えつつ効率的に管理を行うことができるようになりました。

▮ Jenkinsがチーム開発を効率的にする

　ここまで、駆け足でJenkinsの機能を紹介してきました。改めて、Jenkinsによって何ができるようになったのかを振り返ってみましょう。

1. コマンド操作をより手間なく行うことができる

　処理を、あらかじめ定義済みのプロジェクトという単位にまとめることで、毎回コマンドを手動で実行する必要がなくなりました。その結果、選択肢を選んでクリックするだけで処理を実行できるようになりました。加えて、処理を構築とテストのように繋げて実行できるようになり、効率も上がっています。

2. 構築作業をより安全かつ確実に行うことができる

　上記と同様、コマンドを手動で入力・実行する必要がなくなったため、安全に実行できる環境が整いました。加えて、パラメータ付きビルドを利用することで、変動する要素（変数）を効率的に管理できるようになりました。それにより、数少ない変動する要素についても、入力ではなく選択という形で誤操作を発生させにくくしています。

3. 構築やテストの結果と履歴を蓄積し、チームで確認することができる

　実行履歴を、誰が、いつ、という形でプロジェクト単位、あるいは全体で振り返ることができるようになりました。また、実行の履歴と紐付く形で、それぞれの結果も参照できるようになりました。

　これらは、見事に最初の課題をクリアし、Jenkinsがチーム開発に役立つことを意味しています。それにより、チームで取り組む省力化、ひいてはDevOpsへの貢献に一役買っていることがお分かりいただけるでしょう。
　一方で、ここでは駆け足での紹介だったため、説明できなかったものもありました。

1. 結果を評価していない

　Ansibleでの実行、あるいはServerspecでの実行を、プロジェクトという単位でまとめたはいいものの、特にServerspecによるテストの結果を何ら吟味していません。
　確かに、コマンドによってテストは行われ、結果としてテストがOK/NGだったのかは、プロジェクトの結果ステータスから分かるようになります。しかし本来であれば、テストを行うのですから、そのテストの結果がどうだったのかをより簡単に確認できるようにすべきです。

2. コードを最新化する手段がない

　今回は、あらかじめ**/tmp**配下に、**ansible-playbook-sample**というリポジトリをクローンした状態から処理を開始しました。しかし本来であれば、このようなコードは常にメンテナンスされており、変更されているはずです。そのたびに、このコードをローカルディレクトリ配下に手動で配置するのでは、本末転倒です。理想は、プロジェクトが実行されるたびに常に最新のコードをGitHubから取得する（あるいは特定のバージョンのコードを取得する）ことです。さらに欲を言うと、コードを変更するということはそれで構築とテストを行うべきであるため、「コードをGitHubにプッシュする」ことをきっかけにして、自動で構築とテストが行われることも視野に入れるべきです。

　こうした課題についても、JenkinsやGitHubは、継続的インテグレーションという考え方と、プラグインという手段をもって解決することができます。継続的インテグ

レーションについては、このあと3-2-4にて説明します。また、上記課題に取り組んだ実践編を、5-1-1にて紹介しますので楽しみにしてください。

> **COLUMN**
>
> ### ビルドパイプラインツールとジョブ管理ツール
>
> 　ここまで、Jenkinsのプロジェクトを作成し、様々な処理を動かしてみましたが、「ビルドパイプラインツール」と「ジョブ管理ツール」の違いについて疑問に思った方もいらっしゃるのではないでしょうか。どちらも、ひとつの処理をプロジェクトやジョブという単位で定義し、それらを繋げて複数の処理を動かすという点は同じものです。実際、ビルドパイプラインツールをジョブ管理ツールのように利用するというナレッジも、インターネット上には非常に多く存在しています。
>
> 　それでは、ビルドパイプラインツールによって、ジョブ管理機能も完全に兼ねることができるのでしょうか。あるいは、その逆はどうでしょうか。
> 結論としては、ビルドパイプラインツールとジョブ管理ツールは同じではありません。それぞれ特徴があり、理由があって使い分けがなされているものです。ここでは、それぞれの特徴や違いについて紹介していきます。
>
> ### ビルドパイプラインツールの特徴
>
> 　ビルドパイプラインツールは、その名の通り、ビルドとその関連する処理を繋げて処理することに特化しています。本編では、Jenkinsは単に処理を動かすことのみを中心に紹介してきましたが、本来ビルドパイプラインツールはアプリケーションのビルドや、ビルド後のテストを動かすものです。具体的には5-1の「実践 継続的インテグレーション」にて詳しく紹介していますが、ことビルドとテストについては、単純に実行するというだけでなく、結果を分かりやすく表示したりビルド/実行用のソースを都度取得するなど、ジョブ管理ツールには標準で備わっていない便利な機能がたくさんあります。
>
> 　一方で、ジョブ管理ツールで行われるような、「リモートのサーバで処理を動かす」ということはできません。実現するには、Jenkinsではスレーブ機能を用いるか、愚直に対象ノードにsshして処理を実行することを記述するか、別のツールに頼るかのいずれかの選択を行うことになります。しかし、このいずれにおいても管理と把握が煩雑であり、リモート実行という観点では現実的ではありません。このように不便を強いている背景には、ビルドを行うノードは固定的で、そのノードでのみ処理を動かすものだから、という考え方があります。実際、Jenkinsでも、処理を動かすノードを俯瞰的に把握し管理する機

能はありません。ビルドとテストを行う役割を持つノードだけを把握していればよいため、サービスにおける全ノードを俯瞰して管理することはできません（する必要もありません）。

また、定期実行の仕組みもJenkinsにはありますが、プロジェクトごとに実行時刻の設定はできるものの、結果としてそれを俯瞰することはできません。

ジョブ管理ツールでは通常備わっているような、「毎週日曜の夜8時にどの処理が動くか」を一覧で見ることすらできないのです（結果的に動いた履歴として参照することはできますが、定義を俯瞰することはできません）。

ジョブ管理ツールの特徴

一方ジョブ管理ツールは、定義された処理をリモートのサーバで動かすことが前提に設計されています。ジョブ管理サーバでのみしか処理が動かないということはなく、処理を動かすノードにエージェントを導入し、そのエージェント経由でリモートに処理を指示し管理するという考え方です。ノードと処理を紐付けて処理を行うことに長けている一方、逆に言えば「処理を行う」ことを汎用的に取り扱う必要があるため、ビルドパイプラインツールにあるように「ソースコードを取得する」や「テスト結果を分かりやすく表示する」という特徴的な機能は標準では備わっていません。それらをジョブ管理ツールで行うには、全て処理を実装する必要があります。

ビルドパイプラインツールとジョブ管理ツールをどうやって使いこなすか

サービスが小規模であれば、わずかなバッチ処理やパイプライン処理のために、上記を分けてサービスに組み込むことは、それほどメリットにはなりません。むしろ、どちらか一方が両方を兼ねる方が現実的でしょう。そしてもっぱら、ビルドパイプラインツールがジョブ管理ツールを兼ねる方が一般的になります。なぜなら、初期の段階においてはノード数は限定的であり、かつバッチ処理もそれほど多くはないため、ノードの管理が煩雑となるビルドパイプラインツール側のデメリットが露見しにくいためです。したがって、「ビルドパイプラインツールをジョブ管理ツールのように扱う」ことは、あながち間違ったアプローチではありません。

しかし、サービスの規模が拡大し、バッチ処理が増えてくるにあたって、いずれビルドパイプラインツールでジョブ管理をまかなうことは限界が見えてきます。動かすだけであれば簡単ですが、ビルドパイプラインツールではどのノードで何を動かすのかを管理することができないためです。したがって、いずれきたるときのために、バッチ処理として扱うものはビルド処理とは分けて管理できるようにし、サービスが拡大したときにはそれらの処理をビルドパイ

プラインツールから切り離すことを念頭に置いておく必要があります。

　もっとも、バッチ処理をリモートで動かす場合に、実行ノードを固定的にするような「ジョブ」という考え方はSPoF（Single Point of Failure=単一障害点）の観点で見てもあまり望ましいことではない、というのは別の話として存在します。「Aという処理は○○サーバでしか動かせない」という設計はやめて、できるだけ汎用的に作ることが望ましいことは言うまでもありません。そのため、ジョブでノードを決め打ちにしたリモート実行という考え方ではなく、タスクをキューに詰んでおいて、複数存在するワーカーノードが自らタスクを取りに行くというメッセージキューイングの仕組みも、バッチ処理という観点ではよく扱われる手法です。

　この考え方はビルドパイプラインツールとジョブ管理ツールの話からは大きく逸れるためこれ以上言及しませんが、いずれにしてもビルド処理やバッチ処理をいかにうまく取り扱うかによって、アーキテクチャの選択肢は様々に存在することがお分かりいただけるでしょう。

3-2-4　継続的インテグレーション（CI）と継続的デリバリ（CD）でリリースの最適化を行う

継続的インテグレーションで開発のサイクルを短くする

　2章からここまでを通じて、様々なツールを通して作業の省力化と効率化を狙ってきました。AnsibleやServerspec、Dockerなどを利用することで、個々の作業は繰り返し行うことに強くなり、コード化されることにより見通しも良くなりました。また、これらを組み合わせて実行するためのツールとしてJenkinsを紹介し、構築とテストを連続で行ったり、実行状況と結果の蓄積を行えるようになりました。

　これまでの取り組みによって、随分と省力化を進めることができるようになりました。それでは、もう省力化の余地はないのでしょうか。答えは「No」です。実際の開発の流れを思い浮かべてみればお分かりかと思いますが、開発の流れは単に開発してテストしてリリースする、という単純な流れでは収まりません。テストをするからには、そのテスト結果がNGとなるケースもあるでしょう。そうした場合に、いかに早く問題を見つけ、いかに早く対処するか。その一連の作業を効率化してこそ、開発サイクル全体の効率化へと繋がるのです。

　それでは、この問題の早期発見に繋がる「きっかけ」とは何でしょうか。それは、通常のアプリケーション開発にせよInfrastructure as Codeにせよ、全て「コードの変更」であるということに気づきます。コードの変更を行うから、デプロイを行ったり

テストをしたり、最終的にはリリースをするのです。逆に言うと、コードの変更を行うということは、必ずその後でデプロイやテストを行うことになります。すると、コードの変更をきっかけにして、自動的にデプロイを行ったりテストを行うことができれば、問題に早期に気づくことができ、ひいてはスピーディな解決を促すことになり、開発全体の効率化が進むことに気づくでしょう。

1-2-6で紹介した**継続的インテグレーション**（Continuous Integration：CI）は、こうした開発サイクル全体を効率化しようという考えに基づき考案されました。継続的インテグレーションは、ビルド・テスト・フォーマット検査等の、機能実装にかかわる作業を継続的・自動的に行うことで、ソフトウェアやサービスが動作するかをこまめに確認しつつ開発を進める開発手法です。

継続的インテグレーションの例として、ひとつの機能実装を構成管理システムにコミットすることで、コードの形式は静的なフォーマット検査ツールで検査され、自動的にビルドが行われ、ビルドされたアプリケーションに対して、自動的にユニットテスト・結合テストがコード化されたテストツールによって実施されます。

継続的インテグレーションのメリット

冒頭では、継続的インテグレーションの目的は問題の早期発見とそれによる開発サイクル全体の効率化であるとお伝えしましたが、継続的インテグレーションを実施するメリットはそれだけではありません。ここで改めて、継続的インテグレーションのメリットを体系的にまとめます。

1. 問題の早期発見と、それに伴う品質の維持

通常（これまで）のシステム開発では、ある程度のコードの変更をまとめて環境に反映し、そこでまとめてテストを行うことで品質を担保してきました。しかし、まとめて反映やテストを行うということは、それだけコードの変更からリードタイムが発生するということでもあります。自分の行ったコードの変更は、できるだけすぐにでも問題ないことを確認したいものです。継続的インテグレーションでは、こまめにテストを行っていくことで、自分の行ったコードの変更によるテストの結果をすぐにでも確認することができます。

これはすなわち、テスト結果を受けた再修正にすぐに取りかかることができるということでもあります。つまり、品質を維持するためのサイクルがぐっと短くなるのです。

また、メリットは時間だけではありません。コードの変更のたびにテストを行うということは、問題が発生する原因となる箇所の特定も限定的になるということです。まとめてコードを変更し、テストを行った場合、仮にテスト結果がNGだったとすると、どの変更が原因であるかは詳しく調べてみないと分かりません。しかし、コードの変更のたびに細かくテストを行うことができれば、テスト結果がNGとなった時に変更したコードだけを確認して、原因を見つけることができるようになります。つま

り、問題を早期に発見することができるだけでなく、問題の原因を早期に特定できることにも繋がるのです。

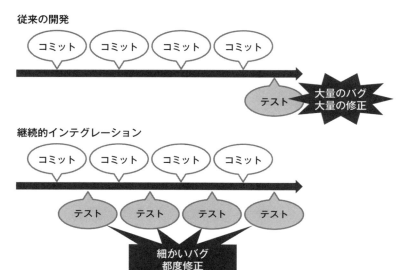

図3-60：従来の開発と継続的インテグレーション

2. 作業コストの削減

継続的インテグレーションでは、コードを変更したらテストを動かす、という定型的な作業の流れを自動化することになります。したがって、開発者が行うであろう「コードのビルドやデプロイ」及び「テストの実行」を自動的に行うことになるため、作業コストの削減を狙うことができます。

3. 状況の見える化

2章で行ったVagrantによる仮想マシン上での開発とテストは、あくまで個人での開発環境におけるものです。そこで行う開発とテストによって、ある程度の品質の担保はできますが、いずれはチームで共有となる環境で、他のメンバーのコードとも合わせた状態でテストを行う必要があります。継続的インテグレーションを行うツールは中央集約的に動作するため、誰の行ったコードの変更がきっかけで、どんなテストが行われ、結果がどうなっているかを簡単に確認することができます。これは、本来DevOpsが前提としている情報の透明化とも合致しています。透明化することで、開発担当と運用担当が状況を共有することができるようになるため、ひいては担当間の協調にも繋がります。

このように、継続的インテグレーションには、一言では言い表せないくらいのメリットがあります。そして、ここまで行ってきた省力化の集大成であるということもお分かりいただけるでしょう。

継続的インテグレーションの構成要素

継続的インテグレーションでは、コードの変更とそれに紐付くテストなどの作業を自動化するということは既に伝えました。継続的インテグレーションは、一連の作業を継続的に行うこと自体を意味するために、特定の作業の自動化を指して継続的インテグレーションと称することはありません。しかし、1-2-6で紹介したような継続的インテグレーションが生まれた歴史から、継続的インテグレーションに組み込みやすい作業、というものは既に見えています。ここで改めて、継続的インテグレーションで自動化するにふさわしい作業を見てみましょう。それは、一般に下記のような内容が定義されるとイメージすればよいでしょう。

- アプリケーションの静的テスト
- アプリケーションのビルド
- アプリケーションの動的テスト

そして何より、それらを束ねて実行するための継続的インテグレーションツールが必要です。例えば、上記の処理に加え、一連の処理結果をメールやチャットツールに連携することで開発者に現在のコードがどのような状態であるかをリアルタイムに連携することができます。

アプリケーションの静的テスト

静的テストとは、実際にアプリケーションを動かさずに行えるテストのことを指します。アプリケーションを動かさずに、という観点であれば人が対面で行うコードレビューなども入りますが、ここでは人が絡まずに実施できるテストについて考えます。

継続的インテグレーションにおいてよく実施される静的テストとしては、言語に応じた構文の誤りを調べるシンタックスチェックや、チームで定めているコーディング規約に合致しているかを調べる静的解析などがあります。また、こうした人に頼らずとも確認できる内容を自動で済ませておくことで、後々対面でのレビューをする際にも「人でしか指摘できないこと」にその時間の全てを費やすことができるようになります。

プログラミング言語ごとに様々なツールが存在しますが、代表的なところでは以下のようなツールが存在します。

表3-1：静的テストツール

対応言語	ツール名	URL
Java	FindBugs	http://findbugs.sourceforge.net/
Java	SonarQube	http://www.sonarqube.org/
Ruby	Rubocop	https://github.com/bbatsov/rubocop
JavaScript	Closure Linter	https://developers.google.com/closure/utilities/
JavaScript	ESLint	https://github.com/eslint/eslint
Golang	Go Meta Linter	https://github.com/alecthomas/gometalinter

アプリケーションのビルド

静的テストを経て、個々のコードに問題がないことが分かれば、次はそれをビルドすることができます。いざビルドをやってみたら依存関係などの問題からビルドが通らない、なんてこともあるので、「ビルドができる」ということ自体もある種のテストになります。また、ビルド自体に地味に時間がかかったり、ビルドのための環境設定や依存パッケージが必要となるケースがありますが、チームで用意したパワフルなマシンでこの部分をこなせば、それらを意識せずにすむのは開発者にとって非常にありがたいことです。

表3-2：ビルドツール

対応言語	ツール名	URL
Java	Ant	http://ant.apache.org/
Java	Maven	http://maven.apache.org/
Java	Gradle	http://gradle.org/
Ruby	Rake	https://github.com/ruby/rake
JavaScript	Grunt	http://gruntjs.com/
JavaScript	gulp	http://gulpjs.com/

アプリケーションの動的テスト

最後はアプリケーションの動作そのものを確認する動的テストです。これは、工程でいうと、ユニットテスト・結合テストを指します。アプリケーションにとって大事なことは意図したように「動いている」ことなので、動的テストが継続的インテグレーションの中でも最も重要なステップと言えるでしょう。このテストを十分に実施しておかないとアプリケーションの品質を信頼することができず、開発者たちはいつ不具合が見つかって叩き起こされるのではないかと夜も眠れない日々を過ごすことになってしまいます。

一方、テストを十分に実施しておけばアプリケーションの品質に自信を持つことができ、また継続的インテグレーションであることからコードに誤りが混入した場合は即座にそのことを知ることができるようになります。

表3-3：動的テストツール

対応言語	ツール名	URL
Java	JUnit	http://junit.org/
Ruby	RSpec	http://rspec.info/
JavaScript	PhantomJS + Jasmine	http://phantomjs.org/ http://jasmine.github.io/
	mocha + chai	https://mochajs.org/ http://chaijs.com/

継続的インテグレーションツール

　継続的インテグレーションツールと言われると非常に大きな意味を持つように思えますが、このツールで必要となる機能は以下の通りです。

- 処理を動かすきっかけを定義できる
- 様々な処理を動かすことができる
- 処理の状況を確認でき、結果を蓄積することができる

　既に想像がつく方も多いかと思いますが、これは3-2-3で紹介したJenkinsに代表されるビルドパイプラインツールそのものです。
　実際、Jenkinsと言えば継続的インテグレーションを実現するツールという認識があるといっても過言ではありません。

継続的インテグレーションをインフラに適用する

　ここまでは歴史的な背景からアプリケーション開発における継続的インテグレーションを見てきました。
　では、2章からこれまでに触れてきたインフラにおける作業の自動化を考えた場合、インフラの作業は継続的インテグレーションの対象とはなり得ないのでしょうか？
　そんなことはありません。インフラにおける構築やテストも、それぞれがコード化され自動化することができました。ということは、それを組み合わせることで、継続的インテグレーションのパーツとすることができるのです。

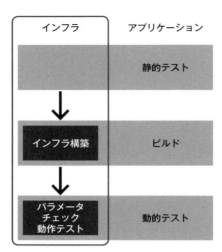

図3-61：インフラにおける継続的インテグレーションの対応

　2章で触れた技術を例にとって考えます。
　Ansibleは、構築を自動化するものでした。これは、アプリケーションにおける「ビルド」にあたります。
　アプリケーションにおいて、ビルドすることによってサービスが動作するものを作るのと同様に、インフラにおいてもAnsibleが動作することによってサービスが動作するものを作る、ということができます。
　同様に、Serverspecにおけるテストは、インフラ構築後の設定を確認するものなので、「動的テスト」にあたります。本編では触れていませんが、「静的テスト」としては、Ansibleのコードカバレッジを測定する「Kirby[1]」や、Ansibleのコーディング規約をチェックする「Ansible-lint[2]」と言われるものがあります。
　そう考えると、もはや「アプリケーション」と「インフラ」という境目すら曖昧になる、というイメージを持つ方もいらっしゃるかもしれません。どちらもコードによって表現され、開発の対象となり、テストされると考えると、両者にもはや違いはありません。
　Infrastructure as Codeによって、インフラのあらゆることをコードで管理するようになると、これまでアプリケーションを対象に進化してきた様々なプラクティスや考え方が、そのままインフラに対しても適用できるようになるのです。

---

[1] https://github.com/ks888/kirby
[2] https://github.com/willthames/ansible-lint

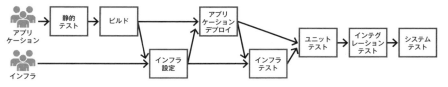

図3-62：アプリケーションやインフラのデプロイとテストのフロー

すると、アプリケーションとインフラをまとめて、ひとつのフローとしてテストを重ねることも考えられるようになります。

継続的インテグレーションの力をより引き出すために

継続的インテグレーションの仕組みや良さについて考えてきたところですが、改めて継続的インテグレーションというものを考えた場合に、どういったことを考えれば継続的インテグレーションの力をより引き出すことができるでしょうか。

多くの処理を繋げて自動化する

継続的インテグレーションを行うからには、できるだけ人間の判断を必要とせずに様々な処理を行っていきたいものです。

例えば、毎回テストを手動で実行したり、誰かの承認を得てデプロイを行うようでは、自動化による手間の削減や問題の早期発見などは行うことができません。

コードの変更から、最終的にはテスト結果を得るところまでを自動化の対象にした場合、それまでに流れるプロセスは、可能な限り自動化に組み込んでいきましょう。

多くのテストをこなす

複雑なシステムやアプリケーションにおいては、あるコード変更がおよそ関係ないように思えるような部分の問題を引き起こすようなケースも見られます。

手動でテストを行うときは、限られた時間で効果的なテストを行うように、テストの項目を絞ることも考えられます。

しかし、テストを自動化するのであれば話は別です。多くのテストが高速に行える状況では、テスト項目を省く必要はありません。過去に書いたテストコードも、それ以降は常にリグレッションテストとして有効に機能するのです。

したがって、テストコードは開発の都度蓄積していき、常に様々な問題を拾い上げられるように利用していくべきです。

こまめにテストをこなす

継続的インテグレーションが実施されるトリガとして時間やコミットを挙げましたが、問題の混入したタイミングを正確に知るためにもテストは可能な限りこまめに行

うことが推奨されます。1日より1時間、1時間より1コミット。全てのコミットに反応して変更のたびにテストが実行されるようになれば、その結果からどのタイミングで問題が混入したかを知る重要な手がかりになります。

テスト結果をすぐに通知する

「問題の早期発見」という継続的インテグレーションのメリットのひとつからすれば、テスト結果をすぐに通知することは継続的インテグレーションの力を引き出すためには非常に重要なことです。テスト結果をすぐに通知することで、問題を放置することなく、またコード変更の記憶が新しいうちに修正に着手することもでき、問題の早期解消に繋がります。

テスト結果をできる限り早く通知するためには、「テストがすぐ終わる」「終わったらすぐ通知する」ことが必要です。実際に継続的インテグレーションを運用していくとテスト範囲の広がりや項目数の増加など、様々な要因からテストに時間がかかるようになっていきます。その結果、最終的に時間がかかるだけでなく、テストの待ちが発生することで開発者も一体今何のテストが実施されているか分からなくなってしまうことも考えられます。そうした状況下ではテスト結果からコードの状態を知ることが難しくなってしまうため、テストが短い時間で終わるようにチューニングが必要になってきます。よくある対応としてはテストを分割することで並列化や高速化を行い、可能な限りテストを効率的に実施することなどが挙げられます。日々使うものが少しずつ変わっていくことに気づくのは難しいですが、定期的な見直しは行いつつ、必要に応じて仕組み自体の改善も継続していくのがいいでしょう。

また、一言に通知と言っても、ジョブの結果画面に通知される、メールで関係者に通知されるなど様々な方法が考えられます。通知にとって大事なのは、メンバーに結果通知を取りこぼされないことですが、この点でチャットツールに結果を通知することが特に注目されています。チャットツールと連携することのメリットについては4章でChatOpsとしても紹介します。

COLUMN

継続的インテグレーションを執筆作業に適用する

この本は4名による共著となっていますが、執筆作業とシステム開発は似通っている部分があります。

システム開発は、コードを育てていくことでサービスを形作っていくのですが、執筆作業では原稿を育てていくことで本を完成させていきます。同様に、コードに対してはテストを行うのと同様に、原稿に対してはチェックが行われ

ます。例えば、「表記ゆれ」や、「記述ルール」に対してのチェックです。

そうなると、執筆作業においても、本書で紹介した継続的インテグレーションが適用できないわけがありません。つまり、原稿を書き起こすと、原稿に対するチェックが自動で行われる仕組みです。そして、誤っている場合はその旨を通知するのです。

実は、本書はまさにこの継続的インテグレーションを執筆作業に取り入れています。原稿はGitHub上で管理されており、4名の執筆陣がそれぞれが原稿をGitHub上にプッシュすることで、分担して執筆活動を進めてきました。そして、プッシュすることで自動的に原稿に対してのチェックを行い、必要な通知を行っています。具体的には、以下のような通知を行っています。

1. 表記ゆれや表記誤りのチェック

例えば、「ください」と「下さい」や、「メンバー」と「メンバ」、また「**Github**（**h**が小文字になっている）」」のような記述のゆれや誤りをチェックし、決められたルールにしたがって、ルールに外れている記述を発見して通知します。

2. 進捗状況の表示

執筆を計画する時点で、概ねのページ数と文字数は決まります。計画通りに執筆作業が進められているか、その都度章ごとの文字数と（PDF化した上での）ページ数を通知します。

上記のような仕組みは、主に以下のツールを用いて実現できました。

表3-A：執筆作業で継続的インテグレーションを実現したツールやサービス

ツール/サービス名	URL	役割
GitHub	https://github.com/	原稿の管理
CircleCI	https://circleci.com/	継続的インテグレーションツール（原稿のプッシュを検知して自動で処理を動かす）
textlint	https://github.com/textlint/textlint	文章校正ツール（ルールに基づいた記述のチェック）
Slack	https://slack.com/	チャットツール（結果の通知先）

ツール/サービス名に馴染みがないかもしれませんが、行っていることはこれまでに学んだ仕組みとほぼ同じです。GitHubへプッシュしたら、自動でCircleCIが動作し、その中でtextlintによって文書が自動でチェックされ、結果がSlackへ通知されるのです。これにより、執筆作業は格段に快適になりました。効果は主に以下の2つです。

1. 細かいチェックを人の手で行わずに済むことによる精神的負担の軽減

例えば、上記の例で言う「ください」と「下さい」などを修正するために、執筆の本質ではないところで意識の妨げが発生しなくなりました。なぜなら、執筆途中に表記ゆれが発生したとしても、最後に継続的インテグレーションによってチェックが行われるため、そこで指摘されたものだけを修正すればよいからです。一旦アイデアを決めて文章を起こす段階では、細かい言い回しなどを気にする必要はなく、それよりもストーリーとしての完成度を求めます。最終的に微修正するときには、このチェックを見てひとつずつ潰していけばよいのです。

2. 進捗状況の随時可視化

誰かが原稿をプッシュするたびに、全体の文字数やページ数が表示されます。それによって、例えば「○章の進捗が遅れている」ことや、「全体としてあと○ページ」ということがすぐさま分かります。単純な可視化、進捗状況の共有というだけでなく、執筆者個人としても「ここの執筆が遅れているから急ぐ必要がある」という頑張りに繋がります。加えて、書ききった時には具体的に数字として現れるため、達成感を共有することもできます。

継続的インテグレーションの考え方自体はシステムに限られた話ではなく、「モノを組み合わせる」「組みあがったモノにアクションする」というところにより本質があります。今回は、執筆活動を通じて様々なモノを組み合わせて、執筆作業をより快適に、より効率的に進める方法を紹介しました。

この執筆作業はあくまで一例ですが、GitHubなどでバージョン管理可能なものなどには継続的インテグレーションの考え方が比較的容易に応用できるので、読者の皆さんもアプリケーションやシステムにとらわれずにいろいろ試してみてはいかがでしょうか。

継続的デリバリでサービスを素早く提供する

継続的インテグレーションは、作業コストの削減や問題の早期発見などを目的とした考え方でした。つまり、コードの変更をきっかけにして、最終的にテストを行って結果を通知するところまでが一連のフローとして定義されることになります。それによって得られるのは、「常にテストが通っている状態」を保つことができる、ということです。

しかし、サービスの提供において、ゴールはテストを行うことではありません。本番環境にリリースし、ユーザに価値を届けるところが（開発にとっての）ゴールです。

何度もテストを繰り返し、テストの結果がクリーンであったとしても、その結果がユーザに届けられなければ何の意味もありません。

そこで考えられたのが、**継続的デリバリ（Continuous Delivery：CD）**と言われる考え方です。継続的デリバリも継続的インテグレーションと同じく、一連の作業を自動化することで連結することは同じですが、対象となるスコープが異なります。継続的インテグレーションではテストまでを自動化するのに対し、継続的デリバリでは本番環境へのリリースの「手前」までを自動化します。つまり、あとはボタンを押せば本番環境へリリースされる、ということまでを自動化するのです。

継続的インテグレーションには問題の早期発見、継続的デリバリには素早いリリースが目的として掲げられることから、継続的デリバリは継続的インテグレーションの拡張的な概念とされています。つまり、継続的インテグレーションでは「テストを行うこと」自体が言わば目的であるのに対し、継続的デリバリでは「あらゆるテストを終わらせること」が目的と言うことができます。

複数のテストを繰り返し、リリースの準備を行う

厳密には、継続的インテグレーションで行うテストの種類に制限はありません。どのテストを行っていないから継続的インテグレーションではない、ということはありません。ただ、コードの変更にほど近い、ユニットテストや結合テストを継続的インテグレーションの範囲に含めることが一般的には多く見受けられます。

それでは、継続的デリバリではどこまでをカバーするのでしょうか。本番リリースまでに必要なテストとしては、例えば下記のようなものがあります。他にも多くのテストがあることをご存知の方もいらっしゃるでしょう。

表3-4：テストの種類

名称	目的
ユニット・結合テスト	アプリケーションに実装された個々の機能が正しく動作するかを確認する
セキュリティテスト	アプリケーションに想定されるセキュリティ脆弱性がないことを確認する
性能テスト	アプリケーションが要求通りの性能を出すことができるかを確認する
負荷テスト	アプリケーションへ一定以上の負荷を与えた際に、問題が起きないかを確認する
障害テスト	アプリケーションや周辺環境に障害を与えた場合、想定通りの障害動作をすることを確認する
受け入れテスト	アプリケーションが要求元のイメージ通りに実装されたことを確認する

このように、本番環境に向けてリリースを行うまでには、様々なテストをこなしていかなければなりません。継続的デリバリでは、ユニットテストや結合テストに閉じずに、「本番リリースの手前まで」という考え方から、それまでに必要なテストを全て自動化します。

継続的インテグレーション

継続的デリバリ

図3-63：継続的インテグレーションから継続的デリバリへ

ただし、継続的デリバリも継続的インテグレーションと同様に、行うべきテストに指定はありません。皆さんが日常で繰り返し行う必要があるテストを選択し、それをフローに組み込むことで、継続的デリバリを実現させることができます。例えば、上記のテストのうち、障害テストを毎回行うケースはあまりないのではないでしょうか。障害テストの性質上、そもそも自動化として組み込みづらい上、大幅なシステムの変更を伴わない限り、繰り返し行うことにそれほど必要性がないためです。皆さんの提供するサービスにとって、日常的に繰り返し行う必要があるテストとは何かを考え、それを自動化のフローに組み込むことが、継続的デリバリにとっては重要なのです。

継続的デリバリと継続的デプロイ

必要なテストを全てパスし、変更したコードが本番環境へリリース可能なことを確認することができました。そうして、最後にコードを本番環境にデプロイし、アプリケーションの切り替えなどいくつかの後作業をすることで本番リリースを完了させます。

ここで、継続的デリバリの目的は素早いリリースであると言いながら、結果的に本番環境に対してリリースを行っていないことに疑問を持たれた方もいらっしゃるかもしれません。継続的デリバリの範囲では、本番環境へのリリースを行わない（その直前までを行う）ため、結果的にユーザに価値を素早く提供していないのです。これは、本当にユーザに影響を与える本番環境へのリリースだけは、人間の判断に基づいてタイミングをコントロールしつつ行いたいという意思があるからです。しばしば、この「タイミングをコントロール」することが、開発者側ではなく、ビジネス側にあることがあります。ユーザへの影響やアナウンス、サポートするバージョンなどを鑑み、リリースの頻度やタイミングを調整したいといったときに、継続的デリバリは非常に有効に機能するのです。

一方、開発者側が任意のタイミングでリリースすることへの裁量を任せられている

場合、つまり本番リリースまでの自動化をスコープに含む場合は、この一連の手法のことを継続的デプロイ（Continuous Deployment:CD）と呼びます。

本番リリースすることをゴールとする継続的デプロイでは、継続的デリバリに加えてもう1段進んだ仕組みが必要になります。一般的に、本番リリースのタイミングではアプリケーションを切り替える時間などが必要であるため、サービスの継続性を失わざるを得ないケースがあります。本番リリースのタイミングを選ばない継続的デプロイでは、本番リリースがいつ発生しても構わないように設計しておく必要があります。

継続的デリバリ

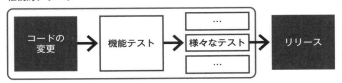

継続的デプロイ

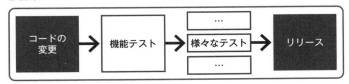

図3-64：継続的デリバリから継続的デプロイへ

本節では、継続的インテグレーションにおいて機能実装からコード検査・ビルド・テストまでを機能実装ごとに繰り返し、「問題の早期発見」を目的として動作する一連の自動化を組み上げる必要性を学びました。テストまで実施されたアプリケーションは、継続的デリバリによってリリース可能な状態まで準備され、設計によっては、継続的デプロイによって実装から本番リリースまでが自動化されることも見てきました。これらの継続的にインテグレーション・デリバリ・デプロイを実施できる環境を組み上げることは、DevOpsで必要とされるリリースまでのスピードと、機能実装の手軽さによる柔軟性を実現することにつながり、ビジネス価値を高めることに大きく貢献できる要素となります。

COLUMN

Continuous Everything

近年、DevOpsを語る際に、大抵の開発工程・活動に対して「継続的」を意味する **Continuous** をつけて語られます。この本でも継続的インテグレーション（Continuous Integration）と継続的デリバリ（Continuous Delivery）、継続的デプロイ（Continuous Deployment）を取り上げましたが、継続的（**Continuous**）と名の付くものはこれらだけではありません。

- Continuous Development （継続的開発）
- Continuous Testing （継続的テスト）
- Continuous Integration （継続的インテグレーション）
- Continuous Delivery （継続的デリバリ）
- Continuous Deployment （継続的デプロイ）
- Continuous Everything （継続的エブリシング）

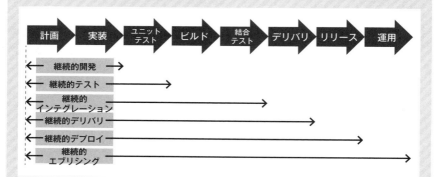

図3-A：様々な継続的プラクティス

それぞれの継続的手法ではいくつかのステップにまたがる一連の開発工程を、ツールなどの助けを借りて一気通貫にこなしていきます。図を見ると分かるように、継続的手法は全く独立な作業をしているわけではなく、サービスを継続的に開発/改善するために必要なステップをある程度区分して呼び分けています。そのため、下流の開発工程までをカバーする継続的手法は自然とその上流までの継続的手法を含むようになります。このようにあえて各開発工程に対応して継続的手法が語られるのは、名前に紐付く各開発工程の課題感によりフォーカスしていくためです。しかし、どの継続的な手法も、結果的に目指すところは「ビジネス価値の向上を図る全ての作業が続けられる」ことであり、それがすなわち「迅速にビジネスに適用する」というDevOpsの実現に繋がっていきます。

CHAPTER 3

DevOpsをチームに広げる

チームでDevOpsに取り組むことで得られること

これまで、以下の4つを中心に、チーム開発と運用の様々な効率化を見てきました。

1. チームの開発とコミュニケーションを効率化する：GitHub
2. もっと簡単にローカル開発環境を作り共有する：Docker
3. 作業を定型化して履歴管理する：Jenkins
4. 素早いフィードバックと素早いリリースを行う：継続的インテグレーション（CI）/継続的デリバリ（CD）

最初にお伝えした通り、チームで行う効率化は、個人で行うものとはまた違った難しさがあります。だからこそ、多くのツールや取り組みは、チームという壁を乗り越えられずに挫折し、根本的な効率化を果たせずにいるという現実があります。

今回、これらのツールや考え方を紹介しましたが、これらを利用し、工夫するのは「人」です。これらのツールを使うだけであれば簡単ですが、チームという単位でこれに対して習熟し、理想的なフローまでこぎつけることこそが難しく、それがあってこその効率化と言えます。

チームのメンバーに対してツール利用の必要性を説くことになるとき、多少なりとも反発はあるかもしれません。その理由も、理性的であったり、時には感情的であったりするでしょう。ですが、ここが踏ん張りどころです。6章でも紹介しますが、DevOpsはチームで取り組んでこそ価値を発揮するものだからこそ、他者の説得や交渉を諦めてはなりません。

ここまで、チームという単位に対してDevOpsを実践していきました。ここまでは、個人の延長という範囲でチームへの適用を考えてきましたが、DevOpsという考え方を主軸に置いた場合、本来DevOpsによって理想的な「形」というものがあるものです。4章では、DevOpsを中心とした取り組みについて考えていきます。

> **COLUMN**
>
> **積極的な情報発信がチームと個人を成長させる**
>
> ここまで、様々なツールを用いてInfrastructure as Codeを実現してきました。設定のコード化と構成管理化により、サービスを実現するインフラに関す

る情報は、チームに広く共有され、活用できる状態になりました。

しかし一方、チームで共有すべき「情報」は、決してシステムに関するもののみではないことを皆さんはご存知のはずです。例えば、チームメンバーの一覧、開発におけるルールや、リリース作業時のチェックリスト、ミーティングの議事録、緊急時の連絡先など、挙げればきりがありません。従来、こうした情報は共有サーバ上にファイルとして格納され、所定のディレクトリに綺麗に清書された状態で理路整然と並ぶようにメンテナンスしていきました。

しかし、この管理方法は、多くの問題をはらんでいます。例えば、一覧性がない、目的の情報にたどり着くまでが煩雑である、複数のドキュメント内検索ができない、変更箇所や修正者、経緯が分からない、どれが最新なのか分からない、などです。

昨今、情報の管理をWeb上で行うケースが増えています。古くからはWiki、最近ではConfluence[*1]やQiita:Team[*2]などが代表的な例として挙げられます。これらは、見栄えのよい文書を簡単に作成・修正することができ、加えて簡単に情報を探し出せるという特徴があります。それにより、時間をかけて特定の個人が「綺麗な」情報を作るのではなく、「雑な」情報を様々な人が育てていくというスタイルが生まれています。様々な人が簡単にアクセスし、手軽に修正するというスタイルは、チームとしてのナレッジを高めていきます。自分にとって曖昧な情報でも、チームとして取り組むことで、情報の練度が上がり、立派なナレッジになるのです。

もしかすると、情報によっては「こんなことは誰もが知っている取るに足らない情報だ」「この程度で公開するなんて」と、ひっそりと内にとどめているものはないでしょうか。その知識は、誰かが必要としているかもしれません。あるいは、自分の誤った理解に誰かがアドバイスしてくれるかもしれません。

これは、チームで共通のゴールに向かっていくというDevOpsの形そのものです。開発担当が作った設計情報を運用担当が見てリスクを指摘して未然に問題を防いだり、リリース手順を見て誰かが自動化のツールを作る、ということが起こりえます。「積極的に情報を発信・共有する文化」こそが、DevOpsを推進し、チームを活性化していくのです。

まずは、自分の持っている情報を公開するところから始めてみましょう！そして、他の人の情報に目を向けて、「共に情報を作っていく」という意識を持つことで、チーム、ひいては自分もより成長することになるのです。

* 1　https://ja.atlassian.com/software/confluence
* 2　https://teams.qiita.com/

CHAPTER 4

DevOpsのために仕組みを変える

　3章では、チームという枠組みに対してDevOpsを進めていきました。4章では、さらに踏み込んで「DevOpsのための」仕組みというものを考えていきます。それにより、本来目指すべきである「ビジネス価値の向上」に向けて、最も適した形を見出します。4章を読み終わると、DevOpsを中心にしたチームやアーキテクチャを考えられるようになり、ひいては様々な側面からDevOpsに最適な形というものが見えてくるようになります。

CHAPTER 4

DevOpsのために仕組みを変える

1 DevOpsを中心に仕組みを変えていく

　2章および3章で行ったことは、これまでの仕組みをできるだけ踏襲して、できるだけ大きな変更を伴わないように効率化を進めるものでした。それは、これまでDevOps「ではなかった」組織やチームのために、少しずつステップアップしていくという姿をお見せしたかったからです。

　しかし皆さんの中には、そもそもDevOpsにとってはどういう仕組みが最適な姿なのかを疑問に思った方がいらっしゃるかもしれません。既存の仕組みに合わせて影響が小さくなるように、ではなく、本来目指したかったDevOpsの形、というものです。

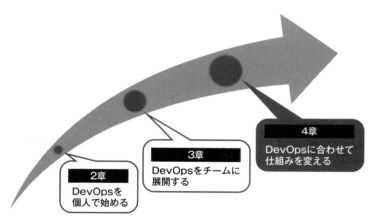

図4-1：DevOpsの土壌づくり

　残念ながら、DevOpsにただひとつの正解となるような形はありません。しかし、長年のDevOpsに関する探求によって、様々な形で理想となるような仕組みが模索されては提案されてきました。ここでは、アプリケーションやインフラのアーキテクチャとチームという側面から、DevOpsに最適な形を探求するために考えられた様々な仕組みを考えていきます。

アプリケーション・アーキテクチャを変える

DevOpsのためのアーキテクチャ、DevOpsのためのインフラというものをいくら考えたところで、前提となるアプリケーションのアーキテクチャも一緒に考えないことには、本質的な解決にはなりません。

例えば、とある運用的な課題を解決するために、画期的なインフラ構成があったとしても、アプリケーションはそれとは無関係というわけにはいきません。

むしろ、アプリケーションとインフラは共に寄り添って、お互いに組み合わさるような構成を取る必要があります。アプリケーションも含めた運用を考えないDevOpsなど存在しないからです。

本項では、DevOpsの前提となるようなアプリケーション・アーキテクチャを紹介します。前提とはいっても、このアーキテクチャが必須であるというわけではありません。DevOpsのためのアーキテクチャを考える前に、そもそもアプリケーションも含めたアーキテクチャはどうあるべきかを考えるために、本項にて解説します。

4-2-1 The Twelve-Factor App

DevOpsの考え方・方法・ツールを提供していこうとしても、アプリケーションの開発をどうしていくと、よりDevOpsらしい動きに繋げられるのかを悩んでしまうことがあります。実際、皆さんが担当されている業務とDevOpsの考え方・方法・ツールをどう寄せていくかを考えた時に、ひとつひとつ問題にぶつかっては修正、という形で解決していくのでは時間がいくらあっても足りないため、ある程度アンチパターンを避けて、ベストプラクティスを導入していくというのは良い方法です。

The Twelve-Factor AppはモダンなWebアプリケーションのベストプラクティスを集めたWebドキュメントで、Heroku[*1]のメンバーによって記載されています。継続的改善を取り入れたり、Infrastructure as Codeで設定変更を行いサーバをスケールする等、インフラ側にソフトウェアの考え方を入れ、サーバを捨てたり・作ったりということについても、アプリケーション側が無理なく対応できるようなアーキテクチャとなっています。モダンなWebアプリケーションを作り上げるための、Herokuの運用経験から経験と勘による12個の方法論をとりまとめて各国の言語で公開して

---

*1 https://www.heroku.com/

います。

モダンなWebアプリケーションとは、以下のようなものを指しています。

- 宣言的なフォーマットでセットアップが自動化されている
- アプリケーションに環境間のポータビリティがあり、クラウドプラットフォームへのデプロイができる
- 開発環境・本番環境によらない継続的デプロイができる
- 大幅な変更無しでスケールアップ/スケールアウトできる

こうしたモダンなWebアプリケーションであるThe Twelve-Factor Appは、12個の方法論を守って実装する必要があります。

1. コードベース

アプリケーションがひとつのリポジトリで管理されたひとつのコードをベースとしていることを指す。テスト環境か本番環境等であるかにかかわらず、ひとつのコードからリリースが可能な状態とする。

2. 依存関係

全てのライブラリの依存関係を厳密にマニフェスト（依存関係宣言を行うファイル）に記述し、特定のシステムやライブラリに依存しない作りにする。

3. 設定

コード上の設定にリソース情報や環境情報（バックエンドの接続情報・認証情報・ホスト名等）を埋め込まないで、環境変数に格納する。

4. バックエンドサービス

バックエンドサービスはネットワーク越しに利用する全てのサービスを指し、データストア・メッセージキュー・キャッシュ等について、ローカルのサービスと、クラウドのようなサードパーティサービスを区別せず、アプリケーションの変更無しに切り替えができるようにする。

5. ビルド、リリース、実行

コードのリリースまでの過程は、厳密にビルドステージ・リリースステージ・実行ステージに分けられ、ビルドステージでは依存関係を解消しつつローカルでビルド、リリースステージではビルドしたものに環境ごとの設定を結合し、実行ステージでは選択したリソースにプロセスを起動する。

6. プロセス

プロセスは、状態を持たないようにステートレスで設計し、状態を持つ場合はバックエンドサービスに持たせる。かつ、シェアードナッシング・アーキテクチャで設計し、プロセス同士が互いに独立し自律的で何も共有していない状態とする。セッションはデータストアに格納しスティッキーセッション等には依存しないようにする。

7. ポートバインディング

アプリケーションで自己完結するように設計し、コンテナのApacheやTomcatを用いず、アプリケーションが直接ポートにバインドしてHTTPをサービスとして公開する。

8. 並行性

サービスのデーモンを実行するためのUNIXプロセスモデルを使い、個々のワークロードの種類をプロセスタイプに割り当てることで、開発者はアプリケーションが多様なワークロードを扱えるように設計する。

9. 廃棄容易性

起動時間を最小化し、即座に起動・終了できるように設計して、SIGTERMシグナルを受け取ったらグレースフルシャットダウンとして動作できるように実装する。

10. 開発/本番一致

継続的デプロイしやすいように、開発、ステージング、本番環境をできるだけ一致させた状態を保つよう設計する。

11. ログ

ログをファイルに書いたり管理せず、出力ストリームの送り先やストレージについて関与しなくてすむように設計する。

12. 管理プロセス

DBマイグレーションやレコード修正、調査用のコマンド等、管理プロセスは一回限りのプロセスとして実行できるようにし、管理用コードは通常のアプリケーションと同様のリポジトリに管理してデプロイする。

それぞれの詳細の項目は、以下のURLで読むことが可能です。

参照URL　http://12factor.net/ja/

12個の方法論を実践することで、モダンなWeb開発のベストプラクティスを実践することができるようになり、更なる省力化や自動化との親和性の高いアプリケーションとすることができます。

4-2-2　マイクロサービスアーキテクチャ

ここまで様々な手法を用いてサービスリリースの仕組みを変えてきました。しかし、従来のサーバデプロイの仕組みから考えると、毎回のデプロイの実行時間は短くなるものの、継続的インテグレーションの仕組みを設計したり、必要となる複数のツールやミドルウェアをセットアップして連携させたりする大掛かりな仕掛けが本当に必要なのか、疑問に感じることはないでしょうか？　もしかしたら、今までの説明を読んできてもなお、手作業デプロイのほうが効率的だと考える人もいるかもしれません。もし、あなたがそう考えているとすると、そこまで短期間の間に繰り返しデプロイする必要がないプロジェクトにいるからかもしれません。

こういった継続的インテグレーションや継続的デプロイのような、デプロイや継続的開発手法への変化を招いているのは、これまでも見てきた通り、ビジネスの速度に合わせて、リリースの頻度を上げたい、もっと手軽に機能追加・変更を行いたいという要求が増えてきているという背景があります。ビジネス速度に対応したいという要求を満たすために、継続的インテグレーションや継続的デプロイの考え方の発展と同時に、アプリケーションの設計や、それを開発する組織そのものにも変化が求められてきています。その変化として、ひとつのビジネスにひとつの巨大なWebアプリケーションが用いられる旧来の方式とは異なり、ひとつのWebサービスをビジネスの機能単位ごとに分けられた複数の小さなプロセスの集合体でサービスを構成することで、個々の小さなプロセスの機能追加・変更・再利用を考えやすくする、「マイクロサービスアーキテクチャ」と呼ばれるアーキテクチャが、様々な企業・組織において採用されることが増えてきました。

マイクロサービスアーキテクチャは、2014年にJames Lewis氏とMartin Fowler氏が、Martin Fowler氏自身のサイトにおいて発表した記事から広まりました。記事の内容から説明すると、「マイクロサービスアーキテクチャのスタイルは、小さなサービスの集まりとしてアプリケーションを開発するアプローチ」です。小さなサービスは個々に独自のプロセスを持ち、軽量なHTTPリソースAPI等の仕組みを使ってプロセス同士がコミュニケーションしながら動作するように設計されます。これらの小さなサービスは、ビジネスの機能単位で構成されていて、それぞれのサービスは、自動化されたデプロイ機構によってそれぞれに独立したデプロイが可能です。個々にプロセスを分けることにより、異なる言語で書いても、異なるストレージ技術を用いても組み合わせて動作可能で、その代わり、個々のプロセスを中央集約的な制御機構に

よって管理することになります。

A monolithic application puts all its functionality into a single process...

A microservices architecture puts each element of functionality into a separate service...

... and scales by replicating the monolith on multiple servers

... and scales by distributing these services across servers, replicating as needed.

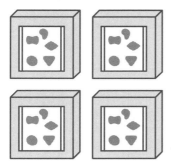
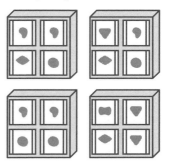

図4-2：モノリスとマイクロサービス（参照元：http://martinfowler.com/articles/microservices.html）

　図は、Martin Fowler氏のサイトから引用した図です。従来の開発スタイルであるひとつの巨大なアプリケーションに全ての機能を入れる一枚岩の開発をモノリスと呼び、モノリスとマイクロサービスの特徴の比較をしながら説明を行っています。図において、左側が従来のモノリシックなアプリケーション、右側がマイクロサービスです。

　左側のモノリシックなアプリケーションにおいては、様々な機能（図中では記号）がひとつの長方形の中に記載されており、アプリケーションの機能・処理の全てをひとつのプロセスで実現しています。スケールした場合も、全く同じ巨大なプロセスが複製されていることが読み取れます。モノリシックなアプリケーションにおいては、部分的な変更であっても、全ての機能テストが必要になったり、デプロイの必要がないモジュールを再度上書きデプロイしたりと、非常に管理・運用が大変になってくることは想像に難くありません。

　一方で、右側のマイクロサービスでは、個々の機能が、図中の別々の四角に入れられており、機能ごとに別のプロセスが動作していて、個々のアプリケーションを実現するために複数のプロセスが使いまわされ、そして組み合わせ合わせることによって動作していることを表しているのが読み取れます。ひとつひとつのアプリケーションの単位が小さく、テストやデプロイの範囲も限定でき、バージョンアップや機能の入れ替えに対して非常に強い仕組みであることが分かるでしょう。

　マイクロサービスの考え方は広範囲にわたっており、プロセス分離だけの話ではありません。James Lewis氏のサイトでは、コンポーネント化・組織・プロダクト・エ

ンドポイント・分割統治・分散データ管理・インフラ自動化・障害・進化的な設計と、9つにわたる特徴に触れています。その中でも特徴的な「組織」についての説明では、1章で説明したコンウェイの法則にならってシステムに沿ったチームを設計する例をあげており、マイクロサービスが単純に設計だけに閉じた話ではないことがお分かりいただけると思います。モノリスに合わせて組織を設計した場合には、巨大なひとつのアプリケーションの個々のレイヤ、例えば、UXチーム・プログラミングチーム・ミドルウェアチーム・DBチーム等のようなチーム編成が構成されて、アプリケーションの開発には、チーム横断での調整が必要になることを指摘しています。一方で、マイクロサービスアーキテクチャの場合は、個々の小さなプロセスはビジネスの機能単位で設計されいているため、個々のプロセスごとにひとつのチームを構成し、チームはその小さな機能に対する全ての範囲のスキルを持つ人、例えばUX担当・プログラム担当・ミドル担当・DB担当等を集めることで、機能横断としてひとつのチームが構成されます。マイクロサービスアーキテクチャによる組織構成は、DevOpsやアジャイル等の考え方に親和性の高いアーキテクチャであることがお分かりいただけると思います。

　もうひとつ特徴的なこととして取り上げると、James Lewis氏のマイクロサービスについての記事では、Infrastructure Automationとして「インフラの自動化」についても触れています。記事では、ここ数年でインフラの自動化技術は目覚ましい発展を遂げたこと、更に、AWS等のクラウドの進化によって、ビルド・デプロイ・マイクロサービスの運用における運用の複雑さが減少したことを指摘しています。そして、マイクロサービスによって構築された製品やシステムの多くは、継続的デプロイやその先駆者となる継続的インテグレーションの豊富な経験をもったチームによって構築されていることを紹介しています。つまり、こういったツールやサービスの進化によって、DevOps同様、マイクロサービスが発展する土壌も形成されてきたということです。

　以上のように、マイクロサービスアーキテクチャの考え方は、これまでに説明してきたDevOpsの考え方と似た「組織」の構成への考え方や、「インフラ自動化」に支えられるなど、DevOpsに非常に似た考え方をもっています。ビジネス速度を上げていく上で、DevOpsやそれを支えるツールだけでなく、マイクロサービスアーキテクチャによるアプリケーション設計やそれを支える組織構成を、今後取り入れていこう、もしくはDevOpsと同時に実現しようというチームや組織は、ますます増えていくことが予想できます。

COLUMN

DevOpsとアンチフラジャイル（Antifragile）

　何らかのシステムを設計しサービスインした時に、過負荷や急激な変化によって、単一障害点やサブシステムの限界を迎え、システム全体がダウンしてしまい使い物にならなくなったり、永続的に動作できないシステムは、もろい（フラジャイルな）システムです。

　フラジャイルなシステムへの対抗策は、従来、堅牢性（ロバストネス）だと考えられてきました。堅牢性を実現する手段として、冗長性があげられます。例えば、ネットワーク・サーバ・データベース・ストレージ等を冗長化することにより、システムのどのパーツが故障しても耐えられるような設計にすることです。

　しかし、この考え方には終わりがありません。

　このフラジャイルなシステムの対局にあるものを、堅牢性として考えるのではなく、急激な変化や過負荷によって恩恵を受けるようなシステムこそが対局にあるという考え方があります。

　Nassim Nicholas Taleb氏は、こういったシステムを、Antifragile: Things That Gain from Disorder（Incerto）において、アンチフラジャイル（**Antifragile**）と呼びました。

- **Antifragile：Things That Gain from Disorder**
  https://www.amazon.co.jp/dp/B0083DJWGO/

　Antifragile Systems and Teamsでは、この恩恵のわかりやすい例として、BitTorrentをあげています。

- **Antifragile Systems and Teams**
  http://www.amazon.co.jp/dp/B00KQVXTL0
- **BitTorrent**
  http://www.bittorrent.com

　BitTorrentとは、特定のファイルのダウンロードを試みているユーザ同士でファイルの一部をアップロードし合うことによって、全ユーザでファイルを共有し、分散的にダウンロードを行うソフトウェア（もしくはプロトコル）のことです。

　一般的なWebシステムでは、特定のファイルへの過剰なダウンロード要求は

システムのダウンへ繋がるであろう、あまり良いとは言えないシナリオとなります。しかし、BitTorrentの場合は、分散ダウンロードシステムなので、ダウンロード要求が世界中で多ければ多い程、そのファイルのパーツがあらゆる場所に分散ストックされていき、ダウンロードがさらにしやすくなります。このように、BitTorrentは、過負荷や大きな変化というものから恩恵を受けるような、アンチフラジャイルなシステムの良い例となっています。

では、DevOpsとアンチフラジャイルについて考えてみましょう。

開発が運用と密に連携し、開発がデプロイや運用まで行う組織があったとします。デプロイしたコードに問題があれば、フィードバック（や障害のコール）は直接、開発したメンバに行くことになります。そのメンバは、障害対応を経験し、その障害から得た知見を基に、さらに耐障害性をもったコードを書きます。こうして、彼らの担当するサービスは、障害から更なるクオリティを得ることになり、これが、DevOpsやアジャイル開発の継続性によって繰り返されることで、アンチフラジャイルなシステムとなります。また、この開発メンバによる障害対応や、運用経験によって、開発メンバ自身もアンチフラジャイルになっていきます。

Netflixは、こうしたアンチフラジャイルなシステムや、組織の例としてよく挙げられます。Netflixでは、開発者自身が実装したコードをデプロイしており、デプロイ後のそのコードの問題について直接連絡を受けます。このコード運用によって育つジェネラリストが更なる品質をサービスにもたらし、アンチフラジャイルな組織を形成しています。また、アンチフラジャイルなシステムとして、Netflixでは本番環境のインスタンスを選出しランダムに落とす、Chaos Monkeyと呼ばれるサービスを本番で稼働させ続けることで、メジャーな予期できないエラーを再現し、システム全体の耐障害性を上げる取り組みを行っています。これは、アンチフラジャイルな組織やシステムの考え方の代表例となっています。

CHAPTER 4

DevOpsのために仕組みを変える

3 インフラ・アーキテクチャを変える

　それでは、DevOpsをよりよく実現するために、どのようなインフラ・アーキテクチャが考えられるかを見ていきましょう。ここから紹介するものは、それぞれがDevOpsのために考えられた実現方式です。ただし、それぞれの実現方式がサービスやDevOpsの全てをカバーするわけではありません。これを満たしたからDevOpsだ、という唯一無二の答えがあるのではないのと同様に、DevOpsであるために全てを満たす必要もありません。これから紹介するそれぞれのアーキテクチャや事例は、大幅な構成変更や考え方の変革を求められるため、単に利用するといっても、既存の仕組みの延長で考えることは難しいものばかりです。ですが、それだけに与える効果は大きく、今後の皆さんにとってのDevOpsを大きく支える柱となり得るものです。それぞれのアーキテクチャと、そのアーキテクチャが持つメリットやデメリットを踏まえて、皆さんの環境に最適なものを選ぶ一助となれば幸いです。

　ここからは、主に以下を紹介していきます。

- Immutable Infrastructure
- Blue-Green Deployment
- パブリッククラウド
- SaaS
- ログ収集と分析

4-3-1 Immutable Infrastructureによる効率的なインフラ管理

　サービスにおけるインフラというものは、従来は長くその場にとどまり、サービスの成長に合わせて同じものを少しずつ作り変えていくのが通例でした。しかし、仮想化やクラウドの台頭と、従来のインフラ管理の難しさが相まって、**Immutable Infrastructure**という新しい考えが生まれました。本節では、従来のインフラが持つ危うさを理解しながら、それを解決するImmutable Infrastructureとは何かを考えます。

従来のインフラにおける課題

　長い月日をかけてサービスの開発と運用を進めていると、そのサービスを支えるインフラもその都度手が加えられていきます。そのようなインフラの運用を続けている

217

と、常に完璧に管理され、本番環境と開発環境の状態が同一であれば起こらないはずの問題に遭遇してしまうケースがあります。例えば、以下のようなケースに遭遇したことはないでしょうか。

- 開発環境ではとある設定を行い動作することをテストし確認した。いざ本番環境に対して同様の作業を行ったところ、必要なモジュールが足りずに動かなくなりトラブルとなった。原因は、開発環境で以前テスト的に導入していたモジュールが存在していたためだった。
- 本番環境のサーバで内蔵ディスクの容量が枯渇し始めた。原因は、障害対応時に一時的に保管していた調査用の作業ファイルが消されずにそのまま保存されていたためだった。
- ミドルウェアのアップグレードを行う必要が生じた。そのミドルウェアはアップグレードに対応しておらず、一度全てをアンインストールしてから再度入れなおす必要がある。その間、その機能は利用できないため、結果的にメンテナンスに伴うサービス停止時間を設けざるを得なくなった。

これらは全て、インフラを過去からの積み上げで管理せざるを得ないために生じています。それでいて、過去の状態も含めてインフラを管理することは、非常に難しいということの裏付けにもなっています。こうした問題に対し、そもそも状態の管理をしないですむような解決策を提示するのがImmutable Infrastructureという考え方です。過去からの積み上げで管理するから難しい。ならば、過去からの積み上げで考えないで済むインフラを考えよう、というわけです。

■ Immutable Infrastructure

Immutable Infrastructureは直訳で、「不変なインフラ」を意味しています。この考え方はシンプルに、「一度稼働したインフラには二度と変更を加えない」というものです。

では、どのようにインフラの変更や改善を行っていくのかというと、答えは「すべてイチから作り直す」ということになります。環境に手を加える場合は、インフラを破棄して、再度作りなおすというわけです。

従来、「インフラを作りなおす」というのは相当な手間と時間を要した作業でした。だからこそ、インフラを使いまわさざるを得ず、先述のような問題が起きていたのです。しかし、仮想化やクラウドのような、インフラをカジュアルに作成したり破棄できる環境が整い、そこに2章で紹介したようなAnsibleに代表されるインフラ構成管理ツールによって、インフラの構築作業を自動化できる手段が揃うことで、Immutable Infrastructureは現実的に可能な解決策として浸透していったのです。

Immutable Infrastructureは次のようなメリットがあります。

従来のインフラ

Immutable Infrastructure

図4-3：Immutable Infrastructure

1. 予想外の挙動を防ぐことができる

　先述の問題は、全てインフラを長く使い続けるために起こったものです。しかし、環境をクリーンな状態に保つことにより、不要なパッケージや設定、不要なファイルが混入しないとしたら、そもそも問題が発生することはありません。

2. 稼働後のインフラの設定や状態を管理する必要がなくなる

　逆説的ですが、何を行っても次に設定変更を行うときには作り直されるのですから、もはや「本番環境ではどんな設定が適用されているか」を、実環境を見て管理する必要はなくなります。インフラの状態は、Infrastructure as Code によってコードに表されているものが全てになるのです。

3. Infrastructure as Code を強制的に実現できる

　いくら Ansible などのインフラ構成管理ツールによってインフラの状態を定義したとしてもつきまとう、「実環境は誰かが手を加えているかもしれない。このコードは実環境を表していないのかもしれない」という不安がつきまといます。しかし、Immutable Infrastructure ではこのような不安を払拭することができます。なぜなら、作り直しによってコードの状態がインフラに反映されるのが普通だとすると、実環境へ直接手を加えることは無意味だからです。次の作り直しのタイミングでは加えた変更が消えてなくなるということをチームが認識すると、誰もそんな無意味なことは行いません。反映させるためには、コードにその変更を加えることになります。つまり、半ば強制的に Infrastructure as Code が実現できるのです。

4. 障害対応や設定変更作業が画一的にできる

　そのサーバにどんなミドルウェアがあり、どんな設定がなされていたとしても、対

応手順は全て「作り直し」の1点に集約されます。これは、あらゆる設定変更や復旧対処を膨大な手順書にまとめ、得られた情報から必要な手順を選択していた場合と比べると、煩わしさが格段に違います。これにより、ひいては運用者の負担も軽くなります。インフラの作り直しの大半は自動で行ってくれることと、作業のバリエーションが少なくなることが理由です。

Immutable Infrastructureを象徴的に表す例えとして有名なものが「サーバは家畜である」というものです。これと対比させる意味で、従来のインフラはしばしば「ペット」と例えられます。従来はサーバの調達が容易でなかったために、障害の発生した病気がちなサーバであっても大事なペットのように献身的に治そうとした経験をお持ちの方も多いのではないでしょうか。一方、仮想化やクラウド化が進んだ昨今では、「インフラを捨てて作り直す」というような考え方が可能になりました。この使い捨ての概念を指して、（いささか過激な表現ですが）「サーバは家畜である」と言われるのです。

Immutable Infrastructureの弱点

こうして見てみると、Immutable Infrastructureという考え方そのものはメリットばかりで、何の弱点もないように思えます。しかし、Immutable Infrastructureにも弱点はあります。それは、そもそも全てのインフラをImmutableにすることはできない、ということです。

「これまでのインフラを捨てて作りなおす」ということは、裏を返せば「インフラを一から作って元通りにできる」ということでもあります。2章で紹介した、Ansibleのようなインフラ構成管理ツールの力を借りてサーバの構築を行えたとしても、そこでできるのは設定までで、「状態」までは再現できません。ここでいう「状態」とは、絶えず変化するもの、つまり「データ」を指します。状態を持たないようなWebサーバに代表されるサーバを、ステートレスなサーバと呼びますが、一般的にImmutable Infrastructureはこのステートレスなサーバに対してしか利用することができません。

一方、例えばDBサーバのように状態を持つサーバのことをステートフルなサーバと呼びます。データを持たない空っぽのDBサーバを構築しても、利用する価値はありません。かといって、データベースのデータのように絶えず更新が行われて変化する情報（＝状態）を含めて作り直しに対応するのは、ツールの力を使ったとしても極めて困難で非現実的です。したがって、Immutable InfrastructureではWebサーバなどのいわゆるステートレスなサーバだけを対象とし、データベースなどのステートフルなサーバをその対象外とするケースが見られます。

また、Immutable Infrastructureにできたとしても、注意すべき点があります。ひとつ目は、インフラを消さずに残しておきたいケースがある、ということです。Immutable Infrastructureでは、インフラの作り直しによって、過去のインフラが完

全に消えてしまいます。これは、例えば障害が発生した場合に困るケースとなる場合があります。なぜなら、再発防止のための調査や解析を行おうと思っても、既にそのインフラが存在しないためです。したがって、そこで起こっていた「歴史」を把握するために、必ずその時のインフラを残しておく必要があります。

　2つ目は、Immutable Infrastructureによってインフラを作り変える場合に操作の対象となるのが、対象サーバだけに留まらないということです。代表的な例では監視設定があります。監視の設定は、通常では対象のサーバを構築しただけでは行われません。サーバを作る場合は、監視サーバに監視対象サーバを登録したり、逆に消す場合は監視対象から外す、という操作が必要になります。

　監視対象の自動的な追加設定は、多くの場合、監視ソフトウェア側に備わっています。例えばZabbix[*2]では、ホストの自動登録機能によって、構築されたサーバ（エージェント）が自動的に監視を行うように監視サーバ側に登録を働きかけます。また、登録されたホスト名などのパターンに応じて、必要な監視設定を行うこともできます。こうすることで、特別な作業を行う必要なしに、自動的に追加されたサーバについても監視を開始することができます。

　一方、インフラの削除時に監視対象から外す設定は、通常では備わっていません。もし監視を継続したままにしていると、それはノードダウンと判定され、アラートが発生してしまいます。したがって、監視対象を非監視設定にするなどの追加の措置を作りこむ必要があります。

　ここまで、Immutable Infrastructureに関するメリットや注意点などを紹介してきました。注意していただきたいのは、Immutable Infrastructureは、具体的なツールやソリューション、利用シーンを示すものではありません。あくまで、「作り直しを行えるインフラ」という概念であり、それを実現すると様々なメリットが考えられる、という「モデル」でしかありません。

　つまり、実際のところインフラを破棄して作りなおせばよいというものの、では「破棄→作成」の切り替えはどうするのか、という疑問は残ります。これは、Immutable Infrastructureが無意味であると言いたいわけではありません。あくまで、Immutable Infrastructureという概念は、サービスのリリースフローを含めたインフラ全体をカバーするものではない、ということです。

4-3-2　Blue-Green Deploymentでサービスを切り替える

　改善の開発を続け、新しいコードが完成したらそれを稼働中のサービスにリリース

[*2] http://www.zabbix.com/jp/

します。稼働中のサービスに手を加えることのリスクと、その回避策を考えます。

従来のリリース作業における問題

　アプリケーションやインフラのリリース作業は、サービスを続けていく上で、避けては通りないイベントです。にもかかわらず、リリース作業は様々な問題を起こしがちです。例えば、以下のような問題に遭遇したことはないでしょうか。

- **リリース時にサービスの利用を停止する必要が生じてしまう**
  いくら自動化を進めてリリースの作業時間を短縮したとしても、アプリケーションのデプロイやインフラの設定変更に伴い、エンドユーザのサービス利用を一時停止させる必要が生じてしまうことがあります。ミドルウェアの設定変更に伴うミドルウェアの再起動や、アプリケーションのデプロイに伴うセッションの強制切断などのケースです。作業上仕方がないこととはいえ、それによってユーザビリティを損ねてしまうのは、望ましいことではありません。

- **リリース時のトラブルからの復旧に多くの時間を要してしまう**
  リリース時にトラブルが発生した場合は、更に悲惨です。今、目の前で障害が起こっているということは、本番環境はその時多少なりとも利用できない状態にあるということです。障害の規模が大きければ大きいほど、一刻も早く復旧を行い、事態を収拾させなければなりません。しかし、どうやって問題を解消させるのでしょうか。なによりもまず、利用者がサービスを利用できる状態にする必要があります。そのためには、リリースの前の状態にアプリケーションとインフラのバージョンを戻すか、それとも対策前進によって原因調査と問題の対処を行うかという判断を行う必要があります。そのいずれにしても、「事態が解消するまではユーザには不便を強いたままである」ということを忘れてはなりません。そして、復旧までに要する時間は、問題に気づいてからも一瞬というわけにはいきません。アプリケーションやインフラのロールバックを行う場合は、過去のバージョンにしてからの再リリース作業、対策前進を行う場合は、原因調査と対策となる作業を行う必要があります。

　これらは、本番環境と言われるものが1種類しかないことが起因しています。ただひとつしかない本番環境を利用していくうえで、上記のような問題はどうしても避けることができません。
　こうした問題に対して考えられたのが、**Blue-Green Deployment**です。

Blue-Green Deployment

Blue-Green Deploymentとは、以下の概念で構成されています。

1. 環境はBlueまたはGreenと呼ばれる2種類の環境で構成され、ユーザはどちらか一方のみを利用している（ユーザ側からは接続先がBlueであるかGreenであるかは意識しない）
2. ユーザが利用していない側の環境に対してリリース作業を行い、最終的には上位レイヤ（例えばロードバランサなど）でBlueまたはGreenへの接続先を切り替えを行うことによって、一瞬で切り替えを完了させる

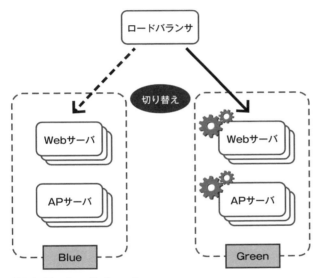

図4-4：Blue-Green Deployment

これにより、以下のメリットが生まれます。

1. リリース作業の大部分をユーザ影響のないところで行うことができる

リリース作業の大部分を、ユーザ利用する環境とは無関係の部分で行うことができます。例えば、ユーザがBlueの環境を利用している場合、リリース作業はGreenに対して行います。その場合、リリース作業の状況にかかわらず、無関係にユーザはサービスを利用することができます。これは、リリース作業を行っている最中に、サービスに影響を与えてしまうかもしれないという心配から解放されるため、リリース作業を行う立場からしても利点となります。

2. 切り替え作業を一瞬で行うことができる

　上記と同様ですが、最終的に行う切り替え作業は、一瞬で完了させることができます。したがって、リリース作業に伴うユーザ影響を最小限に抑えることができます。

3. トラブル発生時に、簡単に前のバージョンに戻すことができる

　Blueに対してリリース作業を行い、ユーザのアクセス先をGreenからBlueに変更したとします。そして、仮にBlueで障害が発生したとしても、Greenには前のバージョンの環境が残っているのですから、アクセス先をGreenに戻すだけで復旧は即座に完了させることができます。つまり、何よりも優先すべき「ユーザがサービスを利用できる状態にする」という目的に対して、BlueとGreenを再度切り替えるという簡単な作業だけで済むのです。切り替えたあとに、トラブルに対する本格的な調査や対応を行えばよいことになります。

　しかし一方で、Blue-Green Deploymentには課題もあります。

1. そもそもインフラを二重に保持しておく必要がある

　通常利用するのは片方だけということは、インフラの半分は常に「遊んでいる」状態になります。すなわち、インフラに対するコストが単純に倍かかることになります。従来のインフラでは、そもそも「遊んでいる」インフラを用意することなど、コストの面からみても非現実的でした。しかし、これもImmutable Infrastructureと同様に、仮想化やクラウドによって簡単にインフラを調達できるようになり、現実的な選択肢として考えられるようになったという背景があります。更に、コンテナの登場によって、より簡単に取り入れる事が可能になりました。

2. 状態を持つサーバには利用が難しい

　Immutable Infrastructureと同様に、いわゆるステートフルなサーバをBlue-Greenのデプロイの対象にするのは現実的ではありません。したがって、例えばアプリケーションのリリースに伴ってデータベースのスキーマ構造すら変更が必要で、かつ前後に互換性がないような場合は利用できません（もっとも、そのようなケースを必要とするリリースが頻発することは稀だと思われます）。

　このような課題があるものの、これらは利用するケースを適切に選択すれば問題とはなりません。むしろ、それを補って余りあるメリットがあることは、既に認識されている通りでしょう。

Blue-Green Deploymentを実現するには

では、BlueとGreen間の切り替えはどのように行うのでしょうか。これについては、様々な方法が考えられています。ここでは、切り替えの方法を紹介します。

DNSによる切り替え

例えば、**example.com**というサイトで切り替えを行う場合を考えます。この場合、**example.com**というFQDNの向こう側には、実体となるロードバランサ（など）が存在します。ロードバランサの先には、実際のサービスが存在しています。

DNS切り替え方式

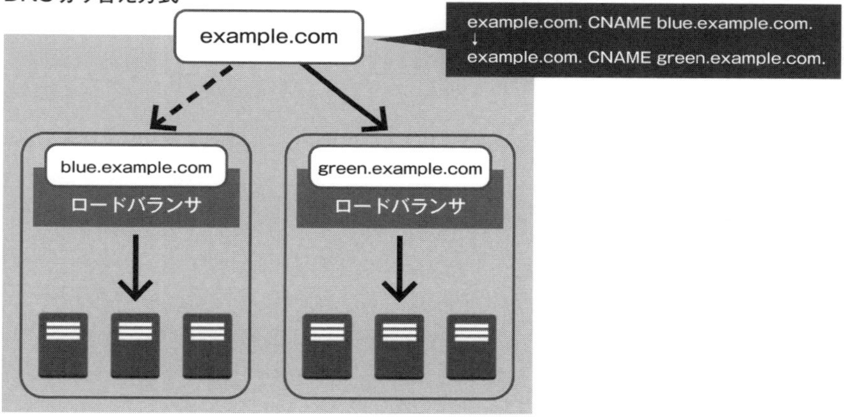

図4-5：Blue-Green Deployment：DNS切り替え方式

Blue-Green Deploymentによって切り替えを行う場合は、この**example.com**が向いている先のIPアドレスやドメインを変更することによって実現します。

この方法のメリットは、なんといっても簡単なことです。DNSレコードの変更さえ行えば、一瞬で切り替えが完了します。一方、デメリットは、少しずつ切り替えてみて様子を見る、という方法ができず、1か0の切り替えしかできないことが挙げられます。また、DNS自体にはアクセス制御機能はないため、この方式のみでは見えて欲しくない面（例えば、Blueを公開しているときのGreen側）もアクセスできてしまいます。したがって、Blueがアクティブのときに Greenをインターネット上に公開しないような仕組みを別途用意する必要があります。

ロードバランサによる切り替え

ロードバランサの振り分け先であるプールメンバーの切り替えによって制御する方式です。ロードバランサの配下には、Blue用の接続先か、あるいはGreen用の接続先かのいずれかが存在しています。

225

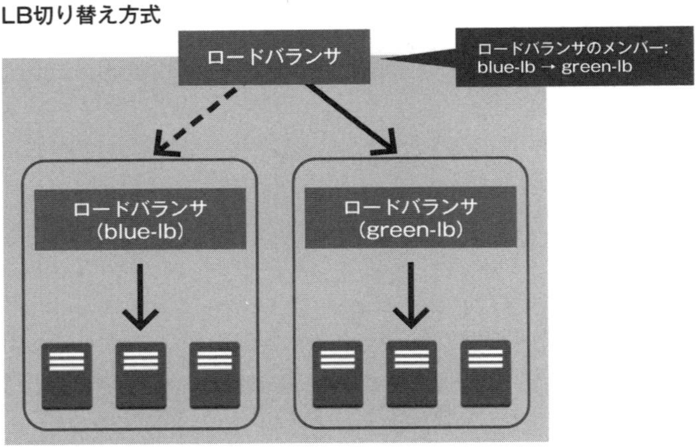

LB切り替え方式

```
ロードバランサ          ロードバランサのメンバー:
                        blue-lb → green-lb

  ロードバランサ        ロードバランサ
   (blue-lb)             (green-lb)
```

図4-6：Blue-Green Deployment：ロードバランサ切り替え方式

切り替えの際には、以下のような流れで切り替えを行うことになります（Blueから
Greenへの切り替えの場合）。

1. ロードバランサにGreenをメンバーとして追加する。（この時点ではGreenにも
   Blueにも振り分けられる）
2. ロードバランサからBlueを切り離す。（Greenのみに振り分けられるようになる）

この方法もDNS切り替え方式と同じく、ロードバランサによって手軽に切り替え
を制御することができます。また、DNSと異なり、プールメンバーの加減によって、
徐々に切り替えを行うことも可能です。

図中ではロードバランサの配下にBlue用とGreen用のロードバランサが別途存在し
ていますが、ロードバランサと直接ノード（プールメンバー）を接続することもあり
ます。

Cookieによる切り替え

最後に、Cookieによって切り替えを行う方式です。サイト側でCookieを発行し、
それをユーザ側のブラウザに保存させます。サイトは、そのCookieの値を見て接続先
を制御する仕組みを導入し、次にユーザが接続された際には、そのCookieの値を見て
振り分け先を制御します。なお、Cookieではなくセッションを利用するケースも多く
見られます。

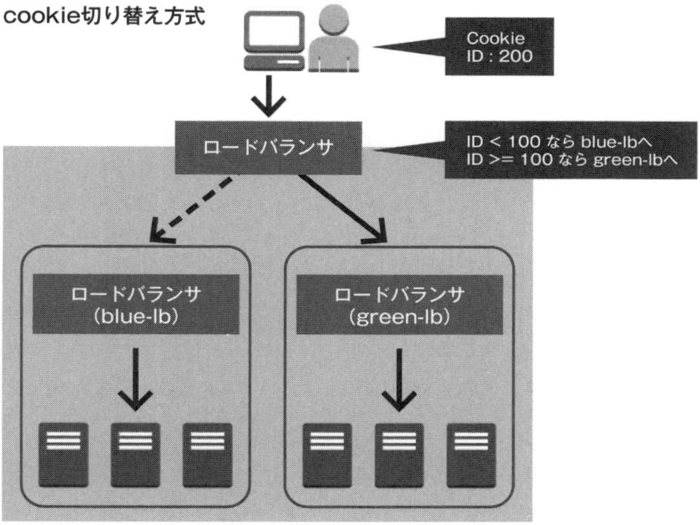

cookie切り替え方式

図4-7：Blue-Green Deployment：Cookie切り替え方式

　この方法のメリットは、なんといっても接続先の制御をきめ細やかに行うことができる点です。例えば、重大な変更を行った時に、利用ユーザの10%のみを他方に接続させる、ということも可能です。影響を可能な限り少なくした上で、問題がないかどうかをチェックすることができるのです。問題がなければ、パーセンテージを上げて完全に切り替えを行うようにします。

　したがって、この方法はBlue-Green Deploymentのみならず、ユーザのアクションの動向をチェックし、どちらの方が満足度が高いかを調査するA/Bテストのために用いられることもあります。A/Bテストとは、異なるパターンのサービスを複数種類用意し、何らかのルール（今回の例ではCookieの値）に基づいて振り分けの制御を行い、ユーザの挙動を確認する方式のことです。例えば、少しだけ見た目を変えたページを用意し、ユーザはそこですぐ離脱するのか、次のページに進むのかをチェックすることで、現状のページとどちらが良いのかを判断するのです。

　一方、単純なBlue-Green Deploymentのみを考えるならば、この方法は少し大げさに映るかもしれません。

　図中ではロードバランサによってCookie（やセッション）を確認して接続先を制御していますが、ルータのような役割を持つリバースプロキシサーバによって実現することもあります。

Blue-Green Deployment方式の注意点

　Blue-Green Deploymentでは、常にユーザが利用しているのはBlueかGreenの一方のみとなります。したがって、その「アクティブな」面だけを気にしがちですが、そ

れは間違いです。

　アクティブではない面では、リリース作業を行ったり、リリース直前の切り替え前にテストを必ず行います。監視も常に行うでしょう。したがって、ユーザから見てアクティブではない面だったとしても、開発者と運用者はそちらに接続して何かを行うことは必ずあります。

　したがって、アクティブな面だけを気にするのではなく、いかにアクティブではない面を意識して活用するかを考えれば、Blue-Green Deploymentに必要な構成が見えてくるはずです。

4-3-3　オンプレミス vs パブリッククラウド

　先ほどの4-3-1および4-3-2では、少し踏み込んだインフラの例として、Immutable InfrastructureとBlue-Green Deploymentという考え方を紹介しました。ここで、少し詳しい方であれば、AWS（Amazon Web Services）のようなクラウド型のIaaS（Infrastructure as a Service）を思い浮かべたのではないでしょうか。Immutable InfrastructureもBlue-Green Deploymentも、インフラを根本的なレベル作り変えることになるため、既にその仕組みが整備されたクラウド環境は、先の仕組みを利用するには非常に適した環境であると言えます。ここで改めて、**オンプレミス**と**パブリッククラウド**のそれぞれの特徴と使い方について考えてみましょう。

オンプレミスとは

　オンプレミスとは、サーバやネットワーク機器などを自社で購入（あるいはリース）し、自社のデータセンタなどに配置した上で、自社で運用を行うことを指します。いわゆる、「従来の」インフラ利用のイメージです。

　オンプレミスでは、ほぼ全ての作業が自社内で完結します。サーバ機器の調達も、構築も、ネットワークの設定も、全て自社で行います。場合によっては、データセンタの選定や電力計算、ラッキングなども行うことになるでしょう。そのため、提供するサービスに対して、最も適した構成を物理的なレベルから検討し実現することができます。本当にサービスに適した構成を、あらゆる面から形作ることができるのです。

　一方で、全ての作業を自社内で完結することから、ハードウェアの保守や交換対応などのメンテナンス作業もそれなりに発生することになります。

　全てを自由にできるということは、その保守・運用もしっかりと行う必要があります。どんなハードウェアでどれくらいのサーバが存在しているか、それらの設定はどうなっているかといった、管理も必要になるでしょう。つまり、何でもできる反面、その分手間もかかるという考え方です。

パブリッククラウドとは

　一方、パブリッククラウド（以下、単に「クラウド」と呼びます）とは、サービスを実現するためのインフラを、インターネット上のクラウドサービス側で管理することを指します。システムを構成するためのサーバもネットワーク機器も、全てインターネット上に存在します。IaaSはこのメリットを享受しつつ、インフラを利用したい時に利用したい分だけ利用することができます。

　クラウドのメリットは、なんといってもリソースの調達が一瞬で済むということに尽きるでしょう。物理的なサーバを1台追加するのに、オンプレミスではハードウェアの選定やファシリティ、ネットワークのつなぎ込み、構築などを考える必要があり、結果的にどんなに早くとも数日はかかりますが、クラウドではあらかじめ決められたプランを選んでボタンを押すだけで（あるいはコマンドを実行するだけで）、ものの数秒〜数分でサーバが完成します。意図しないリソースの逼迫が発生した場合に、オンプレミスの物理的なサーバをもつ環境ではどうすることもできませんが、クラウド環境であれば即座にリソース増強を行って負荷対策を行う、ということが現実的に可能なのです。

　また、ファシリティ面を考慮する必要がないため、ラッキングや電力、重量などを一切考える必要がありません。またデータセンタの実在する場所も秘匿されているため、データセンタそのもののセキュリティも担保されています。

　一方で、クラウドを利用するということは、そのクラウドサービスでの提供条件に合意した上で利用するということですから、クラウドサービス側のメンテナンスや仮想マシンの再起動などに対してサービスレベルを合わせる必要があります。オンプレミスであれば、ある程度の範囲の中でスケジュールを調整し、できるだけサービス影響のないように計画を立てて作業を行えるようなことでも、クラウドの場合は完全に与えられた予定にしたがって、それに合わせる形でサービスを組み立てるしかありません。「そんな時間にメンテナンスをされても困る」といっても、スケジュールが個別に調整できるケースは基本的にないと思って良いでしょう。ただし、基本的に突然メンテナンスを行うことはありませんので、予告されたメンテナンス時間の通知に合わせてサービスを組み立てる、ということはできるでしょう。

　アーキテクチャについても同様です。オンプレミスの場合は、期待する機能が利用できることを見込んであらかじめ機器を選定して購入するのですから、全ての機器に対して思い通りの設定を行うことができます。一方クラウドの場合は、あらかじめ決められたサービスを利用する形になりますので、その中でできることを行う、というスタンスになります。そのサービスに応じて個別に「こういう設定にしたい」「こういう機能が使いたい」と思ったとしても、クラウド側がそのサービスに対して個別の機能を提供することはありません。特にネットワーキングに対してが顕著で、ロードバランサ、スイッチ、ルータなどのネットワーク機器で個別に設定できる機能を思い浮かべた場合、クラウドではそれがサービスとして提供されていない場合は、仮想マシ

ンをロードバランサやルータに見立てて構築し、その機能を実現するくらいしかありません。

また、障害発生時もブラックボックスになる可能性が高いです。オンプレミスの場合は、サーバに障害が発生した場合に、それがハードウェア起因なのかそれとも他に原因があるのか、ハードウェア起因の場合はCPUなのかメモリなのか、詳しく調べて原因を特定し、それによって「もう再発しない」ように対処を行うことが可能です。一方クラウドの場合は、あくまでプラットフォームとしての仮想マシンレベルでしか障害の状況は分かりません。「なぜか突然仮想マシンが再起動した」となった場合に、仮想マシン上のログを見るレベルでしか調査を行うことができません。

オンプレミスとパブリッククラウド、どちらを利用するべきか

上記を考慮すると、自ずとオンプレミスとクラウドの利用シーンを思い浮かべることができます。もし、一からWebサービスを構築・提供するのであれば、Infrastructure as CodeによるDevOpsという観点で見ても、クラウド環境から始めることに軍配が上がります。クラウドという整えられた環境の上で、APIやコマンドラインツール、管理コンソールが既に提供されている状況で、それらを駆使しながらインフラを簡単に作り変えることができるということは、何事にも代えがたいメリットとなります。また、一から始めるのであればクラウドサービスの提供内容に合わせて自社サービスを設計することは、それほど敷居は高くならないでしょう。そういった意味でも、クラウド環境はサービスを「始めやすい」インフラ、と言えます。

もちろん、オンプレミスの環境でOpenStack[*3]などを駆使して、まるでクラウドのように仮想マシンを駆使してImmutable Infrastructureなどを組み上げることは可能です（これをプライベートクラウドと呼びます）。しかし、そのためにはまずImmutable Infrastructureを利用する以前に、オンプレミスの環境にまずIaaSと同等のインフラを構築する必要があり、簡単にはいきません。最終的に完成する形としては素晴らしいものになるでしょうが、そこに至るまでにはそれなりの期間とコストを要することでしょう。それを踏まえてメリット/デメリットを慎重に検討する必要があります。

しかし一方で、既にオンプレミスの環境でサービスを稼働させている場合、サービスがクラウド環境に移行するほどのメリットがあるかというと、そうでもありません。

まずひとつには、移行コストがそれなりにかかるということです。単に、インフラが自社からクラウドに移る、というだけではありません。DevOpsに最適なインフラ、というものを考えると、クラウドが提供する様々なサービスを利用しないことには意味がありません。単にオンプレミスのサーバの設定をそのままクラウドへ持ってきたとしても、Immutable Infrastructureは実現できないからです。つまり、大幅なアーキテクチャの作り変えが必要になります。

[*3] https://www.openstack.org/

その移行コストが「割に合う」のかどうかは、稼働しているシステムの規模と、現時点でDevOpsにどこまで近づけているかにもよるでしょう。
　もうひとつ重要なのは、DevOpsを実現するにあたって「環境はクラウドでなければならない」といった制約はないということです。確かに、4-3-1と4-3-2でお伝えしたImmutable InfrastructureやBlue-Green Deploymentを実現するのに、クラウド環境は非常に適した土壌です。APIやコマンドラインツールが提供されており、かつ簡単に仮想マシンが調達できるのですから、これほどまでに適したものはないでしょう。しかしながら、これらImmutable InfrastructureやBlue-Green Deploymentは、DevOpsを実現するために必須となる条件ではない、ということを改めて認識しておく必要があります。目的は、ビジネス価値を高めることでした。Immutable InfrastructureやBlue-Green Deploymentは、それをサポートするひとつの手段でしかありません。現在のあなたが担当するサービスが抱える課題に対して、本当にImmutable Infrastructure（ひいてはクラウドを利用すること）が唯一無二の解決策であるかは、ぜひご自身の担当するサービスの特性や方向性・将来像、自社の状況を踏まえてしっかりと考えてください。
　本書は、決してクラウドの利用を前提としたDevOpsの紹介とはなっておらず、ビジネス価値を高めるための課題の見つけ方や解決策のヒントを様々な観点で紹介しています。その中から、ご自身の状況に合った形で解決の糸口を見出していだければ幸いです。

4-3-4　SaaS (Software as a Service)

　近年、特に監視/モニタリングや継続的インテグレーションの分野において、SaaS (Software as a Service) の利用が増えています。本項では、SaaSとは何かを紹介しながら、使いどころを考えていきます。

■ SaaSとは

　SaaSとは、インターネット上で提供されている機能を、サービスとして必要な分だけ享受する形態のことを指します。
　従来、機能を利用する（動かす）ためには、その機能のために様々な開発を行い、動かすためのリソースを準備する必要がありました。例えば、監視機能を利用するためには、監視サーバを設計・構築し、監視用の設定を行ってから利用します。
　しかし、それがサービスに直接かかわる機能（例えばログイン機能、ショッピングカート機能など）ならともかく、監視や継続的インテグレーションなどは直接的にサービス提供に関係がないため、これらの機能を設計・実装するのに余計な人的/シ

ステム的リソースを消費したくないという考えが生まれました。

こうした背景を受けて、サービス提供に直接的に関わらない部分は、インターネット上から必要な分だけ享受しようという考えるようになりました。それがSaaS（Software as a Service）です。SaaSでは、これまでに述べた監視や継続的インテグレーションなどの「ソフトウェア的機能」を、インターネット上のサービスから享受します。

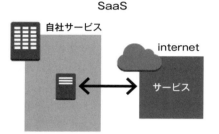

図4-8：SaaSと独自運用

一例として、以下のようなサービスがSaaSとして提供されています。

表4-1：SaaSの一覧

機能	名前	URL
モニタリング	Mackerel	https://mackerel.io/
モニタリング	New Relic	https://newrelic.com/
モニタリング	Datadog	https://www.datadoghq.com/
外形監視	Pingdom	https://www.pingdom.com/
継続的インテグレーション	CircleCI	https://circleci.com/
継続的インテグレーション	Travis CI	https://travis-ci.com/
シングルサインオン	OneLogin	https://www.onelogin.com/
インシデント管理	PagerDuty	https://www.pagerduty.com/
ダッシュボード	Chartio	https://chartio.com/
電話通知	twilio	https://www.twilio.com/
ログ分析	sumologic	https://www.sumologic.com/

ここで紹介しているのは、SaaSのごくごく一部で、世の中には他にも非常に多くのサービスが展開されています。

最近は、これらのSaaSを活用し、サービス提供のために必要な仕組みの一部をSaaSでまかなうというケースが多くなってきました。

このようなSaaSの利用が広く行われることになる本質としては、「ビジネス価値の追究を優先し、本質ではないところへのコストを徹底的に下げる」という想いがあり

ます。言い換えれば、サービスのビジネス的価値を高めるところに人的/システム的リソースを配分し、それ以外のところは自動化を行うことによってリソースの割り当てを減らすということです。これは、少ないメンバーで高速にサービス提供を行い、ビジネス価値を高めるというDevOpsのポリシーと、SaaSの提供形態が合致しているからに他なりません。

　SaaSを利用することのメリットは、以下の3つが挙げられます。

1. 細かい設定やチューニングを行わなくても、気軽に始められる

　例えば監視のケースを考えてみます。通常、自前で監視やモニタリングの仕組みを構築する場合は、監視サーバの設計、インストール、構築と、リソースプランニングなどを行う必要があります。監視項目の精査も必要でしょう。こうした監視の設計と構築・設定については、SaaS側でデフォルトで提供しているものが多く、多くの場合は監視対象サーバ側にエージェントをインストールするだけで自然と監視を行ってくれる仕組みになっています。すなわち、監視を行い始める前にしっかりと時間をかけて設計を行う必要がなくなり、素早く監視を始められる、ひいてはサービスを提供できることになります。

2. 新しいミドルウェアや仕組みに対するアップデートが期待できる

　例えば、新たなミドルウェアやアーキテクチャ、あるいはサービスが一般的に広まった場合に、それらに対応する仕組みの提供をいち早く行ってくれる可能性があります。例えば新たなミドルウェアに対する監視を独自に構築する場合は、「どうやって監視するか」という部分から検証を行うことになる一方、SaaSでは基本的な監視の仕組みを素早く提供してくれる可能性があります。利用者側は、そのアップデートを受けて、単に利用すればよいことになります。

3. SaaSで利用するサービスの運用を外部が行ってくれる

　SaaSを利用する場合は、サーバそのものがインターネット上に存在しており、基本的にサービス提供側サーバの運用はサービス提供者側にて行ってもらえるため、基本的に利用者側は気にする必要がありません。したがって、サービス障害が起こらないように設計されていることはもちろんですが、リソース拡張などのメンテナンス作業もサービス利用者側は気にする必要がなくなります。運用時のメンテナンスがほぼない、と言ってもいいでしょう。

　このように、SaaS利用に関しては多くのメリットがある一方、デメリットもあります。

1. SaaSで提供するサービスの障害時にコントロールできない

基本的に起こらないことではありますが、SaaSが提供するサービスで障害が発生した場合、サービス利用側はどうすることもできません。いつ復旧するか、どのような対応が必要になるかというアナウンスも、サービス提供者側の判断に委ねられます。

2. 利用しているサービス特化の設定や仕組みの提供は期待できない

SaaSは、基本的に多くの利用者が期待する機能を優先的に提供するため、大半のケースでは十分な監視を行うことができますが、逆に言うと特殊なケースには対応されないケースが多くなります。例えば「監視で○○を行いたい」という非常に細かい要望があったとしても、それがニッチな要望であればあるほど、提供される可能性は低くなります。したがって、SaaSを利用する場合は、自然と利用者の最大公約数的な使い方が暗黙的に強制されることになります。

3. 料金や提供期間を自分で決められない

SaaSは、本来は運用・メンテナンスで内部で人的リソースを抱える必要があった部分を外部に委託するという考え方なので、決して無料ではありません。また、サービスによっては突然利用料金の値上げが行われたり、最悪のケースではサービス自体が終了してしまうケースもあるでしょう。サービス利用者側は、このような事態に備えておく必要があります。

SaaSをうまく利用するには

こうして見ると、自ずとSaaSの使いどころが考えられるようになります。

既にSaaSで提供されているサービスを自インフラで展開しており、安定している場合は、無理にSaaSを利用する必要はありません。一方で、これからサービス展開を始める立ち上げの時期においては、人員などのリソースの確保すらままならないことも多いでしょう。そうした時に、SaaSは大きな助けとなってくれます。

しかし、上記デメリットで述べたように、SaaSだからといっても全てを解決する銀の弾丸ではありません。その機能がサービスにおいてクリティカルであればあるほど、入念な事前検証やコンティンジェンシープラン（災害・事故への対応計画）の検討が必要になります。例えば、サービス全体ではなくごく小さなコンポーネントのみで利用してみて評価を行ったり、しばらく独自に用意した仕組みとSaaSを併用して不測の事態に備えるといったことを行います。その結果、問題がないと判断してから本格的に利用しても、遅すぎることはないでしょう。あるいは、SaaSで提供する機能に合わせてサービス側の設計を変えていくことも必要になるかもしれません。

SaaSは便利そうだ、と安易に飛びついてしまうと、自前で運用するよりもかえってコストが増える上に、細かいカスタマイズができずに機能が充分でない、ということになりかねません。また、一度飛びついてしまうと、中途半端にそのSaaSにあわ

せたサービス実装を行ってしまった結果、改めて他のSaaSを利用したり、SaaSの利用そのものを止めることが難しくなってしまいます。

しかし、一方でSaaSのメリットも十分にあることから、特性をよく理解して使いこなせば、最初に紹介した「ビジネス価値を高める」ところに人的リソースを集中できるようになり、サービス開発・提供のスピードは一層高まるでしょう。

4-3-5　ログ収集と分析

ログにはシステムログやアクセスログ、エラーログなど様々な種類がありますが、いずれのログもその時に記録された事象を解析するために必要となる、非常に重要な情報源です。従来、ログは障害解析や監査の目的において活用されるケースがほとんどでしたが、DevOpsにおけるログの意味はそれだけには留まりません。蓄積されたログは、障害解析のみならず発展的な目的においても活用することができます。ここでは、DevOpsにおけるログの取り扱い方について考えていきます。

LogstashやFluentdでログをリアルタイムに収集する

旧来、ログの収集を行うためには、他サーバへのログ転送処理を各サーバで定期的に実行し、一箇所にまとめるという仕組みがほとんどでした。転送のタイミングは様々ですが、例えば日次といったような、「まとめて一度に送る」というイメージです。

しかし、サーバの構成・台数が固定的な環境であればそれで問題ありませんが、Immutable Infrastructureのように絶えず構成が変わるような環境においては、ログの収集処理の定期実行では問題が発生します。なぜなら、ログの転送処理を行うタイミングで、サーバが生存していない可能性があるためです。次の瞬間ではインフラが作り変えられて、今のサーバがなくなってしまうかもしれないということが起こりうる環境において、ログを週次や日次で転送しているようでは、収集はとても間に合いません。そうならないためには、いつサーバが消滅してもよいように、常に転送を行い続ける必要があります。したがって、DevOpsにおけるImmutable Infrastructureのような環境においては、ログは可能な限りリアルタイム（またはそれに近い間隔）で転送できることが理想となります。

LogstashやFluentdに代表されるストリーム処理を行うことができるツールは、そうした課題を解決することができます。これらのツールは、対象となるログを監視し、ごく短い間隔で他のサーバなどに転送することができます。

参照URL　https://www.elastic.co/jp/products/logstash
　　　　　http://www.fluentd.org/

Logstashは、elastic社が提供しているデータ収集・転送ツールです。Fluentdも、TreasureData社が提供する同種のツールです。これらのツールでは、（細かい仕組みは省略しますが）ファイルの追記を監視し、追記された情報をごく短い間隔で取り込むことができます。その後、取り込んだ情報は様々な形に加工することができ、あらゆる形で出力することができます。例えば、データソースに取り込ませたり、他ノードに転送したり、ファイルに出力するといったことができます。

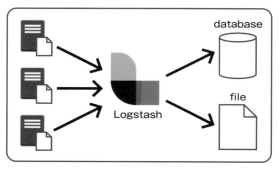

図4-9：Logstashによるデータフローのイメージ

この仕組みにより、LogstashやFluentdを利用することで、ログを常に取り込みながら他のサーバに転送し、転送先のサーバではそのログを集約してまたファイルとして出力することができるようになります。簡単に「リアルタイムログ収集」が実現できるようになるのです。

ElasticsearchとLogstash、Kibanaでログを分析と可視化に利用する（ELKスタック）

DevOpsにおいて、高速に開発とリリースを繰り返していくと、リリース後のフィードバックもできるだけ短く、理想はリアルタイムに得る必要があります。なぜなら、リリースは1回きりではなく、リリース、フィードバック、分析、方針策定、開発、リリース……といったように、リリースしては結果を見て次に繋ぐ、というサイクルこそがDevOpsにおいて必要だからです（このPDCAサイクルについては1-2-2でも紹介しました）。1回のリリースで大成功を収めてそれっきり、ということはありえません。リリースを行い、結果を分析し、細かく試行錯誤しながらリリースを繰り返すことによって、少しずつ価値を高めていくのです。ところが、リリースしたにもかかわらず、それによる効果はしばらくしないと分からないようでは、分析を行うまでにタイムラグが生じ、スピーディな改善が行いづらくなります。

では、素早いフィードバックを得るにはどうすればよいでしょうか。それには、リリースをした瞬間からの「リアクション」を、できるだけ早く集めて分析する、という行為が必要になります。リアクションといっても、今回のリリースが良かった・良

くなかったといった二元的な情報が簡単に得られるわけではありません。様々な箇所に断片的に置かれている情報から、ユーザの声なき声を明らかにし、課題を明確化する作業になります。

　そのような分析を行うためには、アクセスログやアプリケーションログは非常に重要な情報源となってくれます。一般的なWebサービスである場合は、どんなユーザが、どこにアクセスを行ったのかをログに記録しているはずです。そのログを分析するだけでも、価値のある情報を見出すことができます。DevOpsにおいては、ログは単に収集し蓄積されるだけではなく、積極的に分析に利用されるべきものとして位置づけられるのです。

　しかし、一言に分析といっても何をすればいいのか分からない方もいらっしゃるかもしれません。本来、分析はシステム開発とはまた違った高度なスキルと技術が必要です。しかし、高度な分析を行わなくとも、単純に「可視化」という手法をとるだけでも、見えてくるものはきっとあるはずです。

　可視化とは、ログを基に数値化した情報をグラフにして表現することを指します。可視化することにより、ログの気になった一部分だけをピンポイントで見て判断するのではなく、客観性に基づいて判断できるようになります。可視化することにより、例えば以下のような情報が簡単に確認できるようになります。

- アクセス数の推移はどうか
- リリース直後にエラーが急増していないか
- レスポンスタイムが悪化していないか

　これらを確認するために、高度な分析スキルは必要ありません。アクセスログとエラーログを取り込んで、グラフにするだけです。

　では、具体的に可視化を行うためにはどうしたらよいでしょうか。実は、これにも先述のLogstash（やFluentd）が活躍します。Logstashは、様々な形でデータを加工し、様々な形で出力できると伝えました。その機能を応用し、可視化用のツールにデータを取り込ませるのです。そのためのデータソースと可視化には、しばしばElasticsearchとKibanaが利用されます。いずれもelastic社が提供しているツールです。

参照URL　https://www.elastic.co/jp/products/elasticsearch
　　　　 https://www.elastic.co/jp/products/kibana

図4-10：Elasticsearchの公式サイト

　Elasticsearchは、リアルタイム性とスケーラビリティに優れるといわれる検索エンジンです。Kibanaは、そのElasticsearchからデータを取得し可視化するためのツールです。この2つと、先述のLogstashの頭文字を合わせて、しばしば「ELKスタック」という呼び方をされることもあります（Logstashの代わりにFluentdが入り、「EFKスタック」と呼ばれることもあります）。今回の例では、アクセスログとエラーログの情報を、LogstashやFluentdがElasticsearchに投入し、KibanaはElasticsearchの情報を利用して可視化を行うことができるようになります。

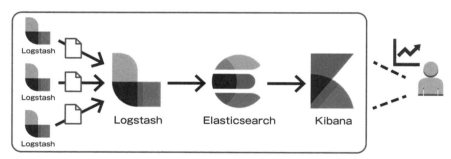

図4-11：ELK（EFK）スタックの利用イメージ

　ここでは、アクセスログとエラーログを利用して、簡単な分析と可視化について考えてきました。では、より高度な分析を行うためにはどうしたら良いでしょうか。お気づきの方もいらっしゃると思いますが、分析のためには何より情報が重要になります。つまり、ログにどんな情報を埋め込むかによって、分析の精度が変わることは言うまでもありません。分析を行う目的によって、どんな情報をログに落としこむかを考える。その逆算の発想をもってアプリケーションの設計を行うことができれば、より高度なフィードバックが得られることでしょう。

　ただしこれは、必要な情報のみを選別して絞り込んで、不要かどうか分からない情報を根こそぎ排除する、という意味ではありません。分析において、最初から全てを

見通して、必要な情報が洗い出せることはありません。そのような場合では、あらゆる情報をひとまず出力し取り込んでおくことが常套手段になります。なぜなら、後からまた違った切り口で分析を行いたいと思ったとしても、それがログに出力され、取り込まれていなければ、その時点ではもはやどうすることもできないからです。これから分析を行いたいとしても、その時点「から」ログに出力されるようでは、分析どころか分析対象の情報すらないのですから、分析を行うためにまず「情報が溜まる」ことを待たなければならなくなります。したがって、分析の目的をある程度見据えて設計を行うのはもちろんですが、その分析のために必要となるであろう情報の種類は、可能な限り狭めずに広げておくことをお勧めします。それから、適切なログに絞り込んでいけば良いのです。

開発サイクルを繰り返してゴールへ向かう

　ここまで、ログを利用した分析と可視化について考えてきました。運用フェーズで最も重要となるのは、振り返りを行うことであるということを覚えておいてください。立ち位置を確認せずに、一直線にゴールにたどり着くことなどありえません。1章で紹介したPDCAサイクルを用いて、Plan（計画）してからAct（改善）までを回し、また次の打ち手をPlan（計画）していくにあたって、ログを活用してフィードバックし、開発サイクルを繰り返していけるような体制を築くことが必要不可欠です。ひとつひとつの計画は、ひとつのPDCAサイクルで完了するかもしれませんが、長期的なゴールは、何度も繰り返し開発を行い、何度ものリリースを経て、試行錯誤を経てようやく見えてくるものです。本当に行っていることが価値を高めていくことにつながっているのかを確認するには、振り返りが必要不可欠です。そうしたフィードバックとリリースを繰り返し、道筋を細かく調整していくことが、DevOpsにおいてビジネス価値を高めることの近道になります。

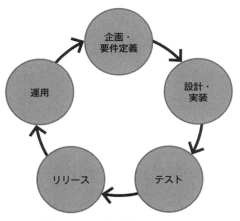

図4-12：開発サイクルの繰り返し

CHAPTER 4

DevOpsのために仕組みを変える

4 チームを変える

これまではチーム開発を支える技術を中心に見てきました。しかし、実際にチームを大きく前進させDevOpsを導入して改善をしていくには、チーム開発そのものを見直した上で、開発フローの改善や、新しい役割の考え方、コミュニケーションの新しい形の導入などが必要となってきます。

4-4-1 DevOpsとアジャイル開発

この節で説明する「アジャイル開発」は、DevOpsの前身となった開発手法です。アジャイル開発では開発手法の改善とチーム構成の変化により、継続的に成果物への改善を加えていく開発手法です。アジャイルの開発手法の継続的なプロセスを拡張し、継続的インテグレーションの手法が考えられ、開発と運用の関係をさらに改善したものがDevOpsを生み出しました。この成り立ちのため、DevOpsを語る場合、アジャイル開発の導入が語られることが多くあります。当然、基になっている開発手法なので、親和性も非常に高いと言えます。ここでは、そのアジャイル開発という手法を学んでいきます。

■ サービス開発の成功とは

まずは、DevOpsの前身である「アジャイル開発」が解決する課題を理解するため、生まれてきた背景を学んでいきます。誰しもがサービス開発の成功を目指して開発に取り組みます。しかし、開発の成功とは一体何を指しているのでしょうか。「要件定義した仕様を」「納期までに完成させる」ことが開発の成功なのでしょうか。しかし、奇妙なことに、この2要素を完全に満たしていながらも、ビジネス的には全く失敗に終わってしまうケースがあります。

例えば、ウォーターフォール型の開発において、しっかりと市場調査を行い、企画・要件定義を行った上でじっくりと開発に臨んでいったとしましょう。その開発は幾多の困難を乗り越えながら、ついに納期をオーバーすることなく無事にリリースを迎えました。ところが、リリースを迎えた時には既に競合他社が類似のサービスをリリースしてしまっており、市場の大部分が着々と囲い込まれている状態でした。その結果、自分たちがリリースしたサービスは市場での地位を確保することができず、開発費の回収もままならないまま終わりを迎えることになってしまいました。

このように、開発の成功とは、計画通りつつがなく世の中にリリースすることではなく、それがビジネス上の価値をもたらしたかどうかで決まることになります。

開発時の問題とアジャイル開発の登場

先ほどの例は単純な例ですが、ではどのようにしていけばビジネスの失敗を防ぐことができたのでしょうか。例えば、競合サービスのリリースを聞いたとき、機能を単純化し、リリースの前倒しはできなかったのでしょうか。あるいは、後発サービスとなることを利用し、徹底的に競合分析を行って、競合の弱点を突くようなサービス展開するのはどうでしょうか。

いずれも場合にも当てはまることはサービス開発が「変化に対応できなかったのか」という点です。変化の速いビジネスの中で新たな価値を勝ち得ていくためには、開発それ自体も変化に対応できなくてはなりません。

そうした変化に強い開発が求められる中で、多くの開発手法が提案されてきました。それぞれの開発手法はそれぞれの強みを持ち、どれが最も優れているというようなものではありません。しかし、そうした変化に強いとされる開発手法の中で共通している特徴がないものかということが考えられ、アジャイルソフトウェア開発宣言とともに提唱されたのがアジャイル開発と呼ばれるものです。

素早く変化に対応するためのアジャイル開発

アジャイルとは一体なんでしょうか。英語のagileという言葉を調べると、「素早い」とか「しなやかな」というような言葉が出てきます。最近ではシステムやサービスのアジリティという言葉も脚光を浴びていますが、これも言葉的には同様な意味があります。アジャイル開発とは、まさにその「素早さ」や「しなやかさ」を求めた様々な開発手法を起源に持つものでした。

もともと、アジャイル開発という開発手法などはありませんでした。しかし、素早さ・しなやかさを含めた「アジャイルさ」を重視する開発手法はいくつか存在し、その価値も成功を通じて少しずつ理解されるようになってきていました。それらの開発手法は表面上異なってはいるものの、それが目指す目的地は本質的に似ているケースが多く見られました。そうした状況から、各開発手法のパイオニアたるエンジニアが集まり、共通知として再構成したのがアジャイル開発です。

DevOpsとアジャイル開発

アジャイル開発における運用面に対する課題からDevOpsの発想が生まれてきたことからも、DevOpsとアジャイル開発は切っても切り離せない関係にあります。アジャイル開発では、開発工程にかかわる、企画から設計・開発・テスト・リリースまで、ひとつの小さなチームで、短期に繰り返しサービスや製品のフィードバックをう

け改善し続ける開発スタイルを導入することになります。

　短い開発期間の区切りごとに計画し実装した成果をそのまま継続的にリリースすることによって、従来の開発手法にはなかった「素早さ」で追加機能や改善を提供することができるようになります。また、この繰り返しのリリースへのフィードバックを行って、次の短い開発期間へ期待する修正を積むことによって、「しなやか」に仕様を改善していくことができるようになります。これらの「素早さ」と「しなやかさ」は、DevOpsにおいて求められるスピードや柔軟性という点で、ビジネス価値の向上に直結する特徴となります。

　企画からリリースまでをひとつのチームで開発するスタイルにより、全ての開発工程を通して継続的インテグレーションを行う、いわゆるDevOpsにおける開発（Dev）側の継続的な改善について下地を組み上げることができます。アジャイル開発の手法を導入した場合、参加したメンバーは、個々の役割分担を考えるまでもなく、チーム全員がサービスや製品の責任を持つことになるため、自ずとお互いの業務を知る必要が出てきて、DevOpsへと繋いでいける立ち回りが自然と成り立つことになります。

アジャイル開発の進め方

　アジャイル開発はどうやって進めればよいのでしょうか？
　アジャイル開発におけるキーワードとなるのが「イテレーション」と「ユーザストーリー」です。
　アジャイルでは、「イテレーション」と呼ばれる1週間〜4週間単位の短いサービス開発の区切りを設けます。各イテレーションの計画（プランニング）には、企画だけでなく開発や運用といったチームメンバーの全員が別け隔てなく参加して、全体で何をするのかをお互いに把握し、チームとしてのアウトプットを検討します。イテレーションの中で実際に開発できたサービスの成果物をチームメンバー全員でレビューし、ディスカッションすることでリリースに何が盛り込まれる予定なのか、開発も運用も含めてチームの誰もが知っていることになります。最後に、振り返り（レトロスペクティブ）のミーティングを行い、開発に関わったチームメンバー全員を集めて、うまくいったこと、改善すべきこと、を振り返りお互いの改善点を挙げて、さらなる改善を導入することができます。

　このように、チーム内における役割によらずに、チームメンバー全員で濃密な時間を過ごすことがアジャイル開発の特徴のひとつです。このような体制でサービス開発を行うことにより、開発した成果物によって運用上で問題が起きたり課題が見つかった場合、開発だけでなく企画やリリースまで全てのメンバーが何が起きているかを理解できるようになります。そして、現在起きている問題の解決に協力するのはもちろんのこと、そこから自然にチームメンバー全員で振り返り、次の改善項目を一緒に考えていくことになるでしょう。こうしたチームで働いていると、自分の専門領域が何であっても、自分の仕事がチーム全体のアウトプットを支え、ビジネスにインパクト

を与えるものであると意識した上で提案・発言していくようになります。このように、従来はそれぞれの役割だけでしか持たなかった、ビジネス視点や開発視点だけではない、サービス開発を取り巻くすべての視点をチーム全体が持ち、継続的に企画・開発・継続的なリリースを続けることができるようになります。

イテレーションの計画の中では、何を実現したいのかという要求を文章で表現した、「ユーザストーリー」を定め、それにしたがって開発していきます。

例えば、「ユーザのリピート率を高める」という大まかな要件をたて、ユーザストーリーは「ユーザのリピート率を高めるために、ユーザがログインごとにポイントをもらえる」というまとめ方になります。

ユーザストーリーの前身となる大まかな要件を「エピック」と呼びます。エピックにあげた大まかな要件をブレークダウンし、ユーザストーリーをたてて、ユーザストーリーを実現するべく開発していきます。その開発内容に応じてイテレーションを区切り、その期間にできるものを計画して開発し、動作する成果物をみんなでレビューして、振り返りを行って、また次のイテレーションが始まります。イテレーションの終わりに行う振り返りによって、次のイテレーションがより良いものになるよう改善アクションを積み、チーム一丸となってより良い開発に取り組みます。

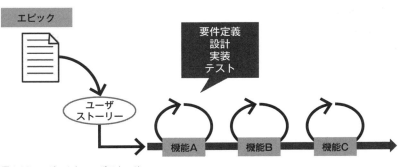

図4-13：エピックとユーザストーリー

アジャイル開発では、ビジネス要求を柱として、短いスパンで方針確認や改善を続けながら次々に開発を進めていくことが基本的な姿勢になります。

先に述べたように、アジャイル開発は変化に強い開発手法の共通知として提唱されたものです。そのため、アジャイル開発の起源となった開発手法には様々なものがありますが、有名なのものには「スクラム開発」「エクストリーム・プログラミング（XP）」「ユーザ機能駆動開発（FDD）」などがあります。

アジャイル開発を支える開発手法 〜スクラム開発〜

DevOpsの前身であり、DevOpsと親和性の高いアジャイル開発ですが、その具体的な手法を学ぶために、多くのプロジェクトがアジャイルの手法として採用しているス

クラム開発を例にとって説明していきます。スクラム開発という名前は、スポーツのラグビーのスクラムからきています。ラグビーでチームが一丸となってがっちりスクラムを組み、相手に立ち向かっていくことをそのネーミングアイデアとしています。

スクラムチーム

スクラム開発を行うスクラムチームには3種類のロールが存在します。

- プロダクトオーナー
- デベロッパー
- スクラムマスター

まず、プロダクトオーナーはスクラムチームが開発するプロダクトに対し、価値を最大化する責任を持ちます。スクラム開発で実現すべきなのはユーザにとってのエピックです。しかし、エピックは複数のユーザストーリーからなり、またユーザストーリーはプロダクトバックログに積み上げられている複数の機能によって実現されるため、その優先順位を誰かがコントロールしなければなりません。そのため、プロダクトオーナーはプロダクトに必要な機能を整理し、優先順位を加えてプロダクトバックログを整備します。ユーザストーリーの優先度をつけ、最低限必要なものは何かを考え、プロダクトバックログを携えてプロダクトの価値を最大化していくのがプロダクトオーナーです。

次に、デベロッパーはその名の通り、プロダクトに実装される個々の機能を開発します。デベロッパーは少人数でもなく多人数でもないおよそ3-9人程度と言われています。これはデベロッパー同士のコラボレーション効果を見込むことができ、コミュニケーションコストがかかりすぎない人数の目安です。必ずしも数が重要ではありませんが、理由はしっかりと押さえておく必要があります。また、デベロッパーの特徴は「自律的な自己組織である」という点です。デベロッパーが責任を持つ個々の機能の開発について、具体的な作業の計画と管理はデベロッパー自身が行います。計画や管理に干渉されないことで、意思決定に時間を浪費されることなく開発を続けることができるようになります。

大切なのは、デベロッパーは、各レイヤの専門性をもったメンバーで組織されるということです。製品・成果物の開発に必要なメンバーは全て集められてスクラムチームが組まれるため、開発・運用・企画・ビジネス等、別け隔てなく呼ばれてチームが構成されます。これにより、今までになかった距離感で素早く判断し、企画・設計・開発・運用が回されることになります。

最後に、スクラムマスターはスクラムチームがより良いスクラムチームになることに責任を持ちます。スクラムマスターはスクラムチームがスクラム開発のフレームワークに適合しているかをチェックし、必要に応じて改善や教育を行います。また、

プロダクトオーナーに対する支援、デベロッパーの開発を妨げる要因の排除や、デベロッパーに対する支援などを進んで行い、スクラムチームの使用人という立場にあります。

スクラム開発の流れ

スクラム開発では、下記の流れに沿ってチーム開発を進めます。

1. リリースプランニング
2. スプリントプランニング
3. スプリント
4. デイリースクラム
5. スプリントレビュー
6. スプリントレトロスペクティブ

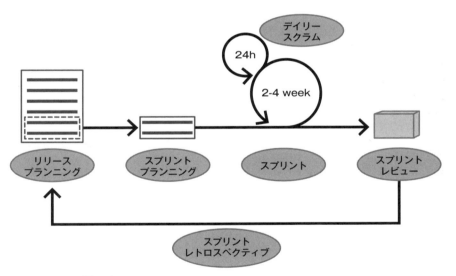

図4-14：スクラム開発の流れ

この流れからも分かるように、スプリントがアジャイル開発におけるイテレーションに相当します。

リリースプランニング

スクラム開発はまずリリースプランニングから始まります。リリースプランニングにおいては、プロダクトオーナーが中心となり、プロダクトバックログを基に優先順位をつけ、何をどのぐらいの期間で実装するのかを決めます。

当初、リリースプランニングにおいて吟味されるユーザストーリーや機能のリストは具体的なものであることが多く、プロダクトバックログもシンプルにまとまっています。しかし、プロダクトバックログ自体はユーザからの要望のみに基づいて固定的に扱われるものではなく、ビジネス状況やユーザの変化、デベロッパーからのフィードバックなどによって随時更新されていきます。必要なものが周囲に影響されて随時変更される、され得るものとして捉えることはスクラム開発に限らずアジャイル開発において共通の側面です。リリースプランは、プロジェクトのロードマップとなり、スプリント毎に見直します。

スプリントプランニング

スプリントプランニングはプロダクトバックログに積み上げられた機能の開発を、実際のスプリントにマッピングするフェーズです。1回のスプリントは一般的に2-4週間で、デベロッパーはそのスプリントに収まるように機能をさらに分割したりしていきます。そうして全体の規模を見積もりつつ、各デベロッパーに今回のスプリントにおける担当を割り振ることで、機能と担当者を対応付けたスプリントバックログが作成されます。このとき、後にスプリントの振り返りとして行うスプリントレトロスペクティブをより効果的にするため、定量的な評価項目を定めておくことが望まれます。

スプリント

スプリントでは実際に成果物の開発を行います。

第2章では個人環境を整えてきましたが、スプリントにおいて各人がDevOpsを支えるツールを駆使し、開発に集中できるようにすることは、生産性の向上に繋がるためとても重要です。各人の効率化への取り組みだけでなく、3章から見てきているように、チーム環境としても同様に、DevOpsを支える自動化や省力化が可能なツールを取り入れると、より生産性が高まります。

また、スプリントの期間中には開発内容の変更は原則的に行いません。スプリントプランニングにて決定した内容に反して、開発しているうちにあれもこれもという状態になり、やるべき開発がおろそかになってしまわないよう、あくまでひとつの開発に集中します。

デイリースクラム

デイリースクラムとは毎日の短い会議のことです。チームメンバーはここで

- 昨日やったこと
- 今日やること
- 進行の妨げになっているもの

を短く報告し合います。

　3つ目の「進行の妨げになっているもの」をブロッカーと呼び、こうして情報連携を行うことで、スクラムマスターや周囲のメンバーはブロッカーの解決に協力したり、アドバイスしたりします。デイリースクラムによって、方向性の確認や修正などを含め、期間の短いスプリントにおいても各人が滞りなく生産性の高い開発ができることを狙います。

　ただし、このデイリースクラム自体が時間を浪費してしまうことにも繋がりかねないため、スクラム開発では一般的に15～30分程度に留めることが一般的です。短時間であるため、全員が立って報告することも多く、それ故にエクストリーム・プログラミングにおいては、こうした短い会議のことをスタンドアップミーティングと呼んでいます。

スプリントレビュー

　スプリントレビューは成果物の確認会です。スプリントレビューで重要なことは、「動くものを見せること」です。いかにそれまでの開発が順調であっても、最後の一歩で躓いてしまい、動くものが中々出てこないということはよくある話です。そのため、スプリントレビューにおいては画面イメージやドキュメントでの説明ではなく、必ずスプリントプランニングで計画した通りの成果物によって行われることが求められます。

　また、このスプリントレビューにはチームメンバーの他、ユーザストーリーにかかわるステークホルダーが広く出席することがあります。成果物というユーザストーリーを実現するものを実際に見ることで、様々なステークホルダーと開発チームの意思疎通に問題がなかったのかを確認することができます。あるいは別なアイデアを周囲から得ることで、次のスプリントにフィードバックできる機会を得ることもできるでしょう。

スプリントレトロスペクティブ

　レトロスペクティブと聞くと聞き覚えのない言葉かもしれませんが、これはいわゆる振り返りのことです。スプリントが完了して、次のスプリントに取り掛かる前にチームメンバー全員で振り返りを行います。開発に遅延が発生しているといった問題が発生している場合は、スプリントプランニングで前もって定めておいた定量的な評価項目を用いて次回以降の開発でケアできるようにしていきます。定量的な部分だけでなく定性的な部分を含めて、記憶の新しいうちに、課題感を抱いているうちに振り返りを行い、次回以降のスプリントが更によくなるようにチーム全員で再確認を行うフェーズです。例えば、スプリントレトロスペクティブの例としては、以下のようなものがあります。各メンバーは今回のスプリントにおいて、

247

- 良かったこと
- 悪かったこと
- 必ず次のスプリントでやること

の3つを考えてポストイットに書いてそれぞれ持ち寄ります。メンバーは持ち枚数分のポストイットを発表しながらホワイトボードなどへ分類して貼り付け、最後にチームで最も気になった発表に投票をします。投票後、良かったことのベスト3はチームで賞賛し合い、次も続けていくこと、悪かったことワースト3は具体的な改善策を設けて次のスプリントから実行していくことなどをチームで確認したりすることがあります。

Don't just Do Agile, Be Agile

アジャイル開発とは、結局のところ何なのでしょうか。一体何が行われていれば「アジャイル開発である」と言えるのでしょうか。この問いについて答えているのが、

> Don't just Do Agile, Be Agile（ただアジャイルをやるな、アジャイルになれ）

というフレーズです。

アジャイル開発の例としてスクラム開発を見てきましたが、デイリースクラムをやっているからスクラム開発、スプリントレビューをやったからスクラム開発なんてことはありません。アジャイル開発もスクラム開発も、目指すものはその名が示す通り、「素早い」「しなやかな」開発です。「世の中にあふれる様々な手法やノウハウをただ取り入れて満足するのではなく、その結果**どうなりたいか**というところに集中するべきであろう」「そして、その**どうなりたいか**を考え、変化に立ち向かい続けることこそがアジャイル開発である」というメッセージが、この**Be Agile**という短い文章に込められています。

> **COLUMN**
>
> ## アジャイルソフトウェア開発宣言
>
> アジャイル開発の理念を示す有名な文章として、「アジャイルソフトウェア開発宣言」があります。以下にその全文を引用します。
>
> ---
>
> **アジャイルソフトウェア開発宣言**
>
> 私たちは、ソフトウェア開発の実践
> あるいは実践を手助けをする活動を通じて、
> よりよい開発方法を見つけだそうとしている。
> この活動を通して、私たちは以下の価値に至った。
>
> プロセスやツールよりも個人と対話を、
> 包括的なドキュメントよりも動くソフトウェアを、
> 契約交渉よりも顧客との協調を、
> 計画に従うことよりも変化への対応を、
>
> 価値とする。すなわち、左記のことがらに価値があることを
> 認めながらも、私たちは右記のことがらにより価値をおく。
>
> *Kent Beck*
> *Mike Beedle*
> *Arie van Bennekum*
> *Alistair Cockburn*
> *Ward Cunningham*
> *Martin Fowler*
> *James Grenning*
> *Jim Highsmith*
> *Andrew Hunt*
> *Ron Jeffries*
> *Jon Kern*
> *Brian Marick*
> *Robert C. Martin*
> *Steve Mellor*
> *Ken Schwaber*
> *Jeff Sutherland*
> *Dave Thomas*
>
> © 2001，上記の著者たち
> この宣言は、この注意書きも含めた形で全文を含めることを条件に自由にコピーしてよい。
>
> ---
>
> 引用URL　http://www.agilemanifesto.org/iso/ja/manifesto.html

DevOpsにおける開発と運用の協調であったり、ビジネス価値を素早く高めるという目的に通じているものがあることがお分かりでしょう。また、このアジャイルソフトウェア開発宣言に付随して、なぜその宣言が重要であるかを説明した原則となる文書も存在します。

参照URL　http://www.agilemanifesto.org/iso/ja/principles.html

ここではURLのみの紹介に留めますが、これらの文章はアジャイル開発を行う開発者が共通に抱いている意思を表したものです。日々開発や運用に追われているとき、あるいはDevOpsに向けて突き進んでいくとき、ふと現在の立ち位置と本来の目的を再認識するために、これらの文章に向き合ってみるのもいいのではないでしょうか。

4-4-2　チケット駆動開発

チケット駆動開発は、ソフトウェア開発において、JIRAやRedmineやTracを始めとしたバグトラッキングシステム（BTS）や課題管理システム（ITS）を用いて、バグや課題、アジャイル開発におけるユーザストーリー等を、チケットという単位で管理する手法です。

これまでに紹介した考え方やツールにも、チケット管理は深く関わっています。例えばアジャイル開発にはしばしばJIRAが用いられたり、それとは別にGitHub単体でもissueと呼ばれるチケット管理機能が設けられています。チケット管理は、サービス開発に非常に深く関わっているのです。

一方で、チケット管理は深くサービス開発に関わっているからこそ、むしろチケット管理と開発を融合させて効率を高める方法はないかと考え、そして考案されたのがチケット駆動開発、というわけです。

チケット駆動開発は、日本で生まれ、爆発的に広がり、ウォーターフォールからスクラム開発までを支える手法として、広く利用されています。注意したいのが、チケット駆動開発が、通常の開発工程の考え方を覆すものではなく寄り添うものだということです。

チケット駆動が誕生するまでの間、日本におけるソフトウェアの開発においては、「仕様書」が全てであり、仕様変更やドキュメント変更は全て、ドキュメント上で変更管理が行われてきました。そのため、ずっとドキュメントを見ていない人は、どうして仕様変更が入ったのか背景が分からないケースがありました。日単位の工程管理は、スケジュール管理ツールや、Excelを用いて行われ、個々のタスクの期限はスケ

ジュール管理表、課題は課題管理表、仕様は仕様書というように、目的に応じて情報が散逸している状態では、全体の整合性を見るのは至難の業です。プロジェクトマネージャーは全体を見ているのでまだ良いのですが、全体を見ておらず自分の仕事を中心に考えるメンバーからみて、自分のタスクはどこの位置にあり、どの期限に合わせて作れば良いのか考えて、全体工程との整合性を考えることは難しい状態でした。また、例えば大きなプロジェクトでは、リリースに近づくと、開発チームから運用チームへのチーム間の引き継ぎミーティングが行われて、運用チームもそこで初めて仕様を知るようなことがありました。

　チケット駆動開発では、全てのタスクをチケットという単位に落とし込みます。課題管理ツール等には、チケットによる管理に対応するため、様々な値が入力できるようになっています。チケットには期限があり、担当者があり、詳細があり、そのチケットに関する議論も残すことができます。さらに、どのリリースにどのチケットの内容が含まれているかの工程管理や、工数見積もりや実績の管理、それらを多角的に分析するダッシュボードの機能があったりと、一元化されたデータを基に様々な角度でプロジェクトを運用していける仕組みが整っています。従来のように、プロジェクトマネージャーだけが全体を把握し、様々な管理ドキュメントを定期的に更新して把握しなければならない問題や、メンバが全体の状況が見えない問題など、チケット駆動開発誕生以前の問題を、課題管理システムやバグトラッキングシステムは、全て吸収します。

　実際に開発を進めていく際には、ソフトウェアの仕様を個々のメンバーが開発を行える粒度まで細分化したタスクをチケットに対応させ、メンバーに担当割り振り（アサイン）を行います。開発が進むつれ仕様変更が行われるケースが出てきますが、この場合、チケットに仕様変更の経緯と変更された仕様を書き込むことで履歴を残します。こうすることでチームメンバーの誰もが、特定のタスクの詳細決定について、いつ誰と誰でどういう内容を合意したのかを後から確認することができるようになります。工程の管理においても、一元化された情報を基に課題管理ツールがグラフや数値を表示してくれるので、別途、管理用の資料を起こす必要がありません。また、メンバーの誰もが今のプロジェクトの状況を把握することができます。例えば、自分で集計作業を行ったりグラフを作成しなくても、バグ曲線などを見てプロジェクトの落ち着き方を客観視することができるようになります。進捗を追いかける時も、チケットの単位で管理することが可能で、個々のチケットに期限を割り振り、担当が自分の作業と期日だけを見て動いても、プロジェクト全体が動くようにコントロールが可能になります。担当者から見て、チケット駆動開発前と比べ、タスク管理はタスクだけを見ても開発が進められるという、ずっとシンプルなものとなります。最後に、いつどのタイミングで仲間が増えたり、チーム同士で引き渡しが行われても全ての会話の履歴が一元管理されていることから、過去の経緯を追いかけることができるようになります。

チケット駆動開発を名乗る場合にはルールがあり、「チケットのないコミットはしてはいけない」ことになっています。これは、チケットが全ての工程の情報を持っており、コードやAnsible等の構成情報等についても、全て実現すべきタスクがあっての開発だという扱いとなります。作りたいもの、経緯、そしてコードと、チケットで全てを繋いで管理することで、取りこぼしをなくしたり、デベロッパーによる自律的なプロジェクトの制御を促すことができるようになります。

　課題管理ツールでは、ワークフロー管理を行うことも可能です。例えば、JIRAでは、何もされていない課題は「オープン」、着手されたら「進行中」、改修が完了すれば「解決済」、確認が終われば「クローズ」のようなワークフローがデフォルトで用意されており、チケット一つ一つにステータスをつけ、開発フローを表現することが可能です。各工程でレビューが必要だったり、リリースまで違うチームを渡り歩くようなワークフローをカスタマイズして作ることも可能です。

　スクラム開発におけるプロダクトバックログ・スプリントバックログの単位として課題管理ツールのチケットを利用することもできます。ウォーターフォールであっても、タスクの細分化をしっかりやれば、工程管理上、チケット駆動開発は強力な味方となります。DevOpsにおいても、担当をまたがる情報共有や、お互いのタスクを引き取れる単位で分けられたチケットによって、担当範囲を超えた協調がぐっとやりやすくなります。

　最近のバグトラッキングシステムや課題管理システムは、カレンダーとの連携、CIツールとの連携、GitHubやその他のGitツールとの連携等のプラグインが次々誕生しており、単にタスクに入力項目を増やしただけではない情報の一元化が行われています。少人数で高品質に運用していくDevOpsらしい開発をしていくにあたり、チケット駆動開発や課題管理システム・バグトラッキングシステムは切っても切り離せない存在となってきました。

4-4-3　Site Reliability Engineering

　DevOpsにおける運用を実践する方法のひとつとして、**Site Reliability Engineering（SRE）** を紹介します。SREは長い間Googleの運用で培われたノウハウを中心に考えられたものとして注目されてきています。この本を通じて紹介するDevOpsはFlickrで育まれ、SREはGoogleで育まれてきた考え方ですが、掘り下げていくと両者が目的とするところは本質的には同じであることが分かります。また、SREはDevOpsとは異なり、主として運用に注目した考え方であるため、DevOpsにおける運用を考える上ではより具体的なお手本となることでしょう。

サイト信頼性とは

　SREという名前にもあるSite Reliability（サイト信頼性）というものは「その低下がビジネス実現の阻害確率を上げるもの」として捉えられます。分かりやすい例としては、「システムの可用性」がそれにあたります。システムの可用性が下がる、ということがサイト信頼性の低下であり、それがビジネス実現の阻害確率を上げるということです。ここで注意しなければならないのは、サイト信頼性の低下が直ちにビジネス実現を阻害しているわけではないという点です。例えば、可用性を担保するために複数台で構成されたサーバがあれば、1台の故障によってはシステムが停止することはありません。しかし、稼働台数が減ったことでシステムの可用性が低下し、システムの停止というビジネス実現を阻害する**確率**が上がったことになります。

　サイト信頼性ではビジネス実現を阻害する確率というものに注目するため、現時点では表面化していないシステムの問題に対しても目を光らせることが必要である点にも注意が必要です。表面化していないシステムの問題に関する取り組みとして代表的なものは、自動化/省力化に関する作業品質の向上活動や、中長期にわたるキャパシティ管理などがそれにあたります。

DevOpsとSREの共通点

　1章ではDevOpsにおける運用チームのミッションについて、「安定稼働や最適化でなく」「ビジネスを実現させること」であると紹介しました。SREで追求することはサイト信頼性であると先ほど説明しましたが、そのサイト信頼性を追求する理由もやはり「ビジネスの実現」であることが見えてきます。このように、DevOpsにおける運用とSREが本質的に同じものを追求しているというところは、SREを理解する上で重要な共通点として強く認識しておく必要があります。

　また、2章から4章に至るまでにはシステムの開発から運用までに実施される大小様々なタスクに対して、様々なツールや手法を駆使して生産性を向上させることを実際に体感してきたと思います。こうしたDevOpsにおける開発や運用と同じように、SREチームにおいてもサイト信頼性のために様々なツールや手法を駆使していきます。しかし、SREチームとしてのミッションを限られたリソースで確実に遂行するため、SREでは自動化や省力化に対する取り組み意識がより明確に持たれることや、パフォーマンスチューニングなどの局面においてサイトアプリケーションに対する理解や改善スキルが要求されるなど、技術面への言及が強いことはDevOpsに対しては一線を画す特徴であると言えます。

SREチームのミッション

　Googleで長い間SREを実践してきたBen Treynor氏によると、SREチームは以下のように表現されています。

> an SRE team is responsible for availability, latency, performance, efficiency, change management, monitoring, emergency response, and capacity planning.
> （SREチームは可用性、レイテンシ、パフォーマンス、作業効率化、変更管理、モニタリング、障害対応およびキャパシティ管理に責任を持つ。）

引用URL　https://landing.google.com/sre/interview/ben-treynor.html

可用性や変更管理、障害対応など、SREチームのミッションは伝統的な運用チームが担っている領域に重なる部分が大きいように感じるかと思います。これらのミッションを様々なツールや手法で確実に遂行することがサイト信頼性に貢献することであり、サイト信頼性に貢献することこそがSREの最も重要視する点です。

SREへのアプローチ

　それでは、実際にサービスの信頼性を向上させるためには、どのようなアプローチが必要になるでしょうか。SREという名前を改めて見てみると、Engineering（工学）という単語が使われていますが、工学とは一言で言えば「ある分野にかかわるテクニック集」です。建築工学は建築に関するテクニック、エネルギー工学はエネルギーに関するテクニックを体系的にまとめた学問です。同様にSREについて考えると、サイト信頼性に関するテクニック集ということになります。そのため、DevOpsやアジャイルと同じように「○○をやっていればSRE」ということはなく、様々なテクニックを駆使してサイト信頼性に貢献していくことが何よりのSREの実践であると言えます。サイト信頼性を高めるための方法や観点は様々ですが、ミッションとされるポイントをヒントにすると下記のような点からアプローチすることができるでしょう。

- システムチューニング
  - 可用性
  - レイテンシ/パフォーマンス
- モニタリング
  - サービス
  - キャパシティ
- 作業品質
  - 自動化/省力化
  - 変更管理
- 障害対応

　それでは、それぞれの点がどのようにしてサイト信頼性とかかわるのかと、どのよ

うにすればサイト信頼性に貢献できるのか順に見ていきましょう。

システムチューニング

　システムの可用性を担保したり、レイテンシやパフォーマンスチューニングなどのシステムチューニングを行うことは、最も分かりやすいサイト信頼性の向上策です。なぜなら、システムがダウンしたり、システムが使いにくくなっているという事態は、ビジネスに悪影響を与え、ビジネス価値を低下させることに繋がるためです。

　サイト信頼性の向上を目指すためのシステムチューニング手段は様々です。問題箇所の分析を行った結果、ハードウェアの性能に根本的な問題があるのかもしれませんし、アプリケーションの良くない実装に起因する問題であるのかもしれません。しかしいずれの場合にも共通するのは、システムチューニングを行うということはインフラからアプリケーションまで、様々な専門性が求められる高度な仕事であるということです。そのため、SREチームではチーム全体としてシステムに用いられる技術要素の多くをカバーできることが望ましいと言えます。伝統的な運用チームでは、一般にシステムで稼働するアプリケーションに対する理解や改修スキルを持ったエンジニアは存在するケースは稀ですが、システム全体を俯瞰する必要のあるSREエンジニアにはこうした開発スキルも要求されることになってきます。とはいえ、「運用メンバーが開発メンバーのスキルを身に付ける」ことが絶対条件ではありません。これはDevOpsにおいても同様なことですが、大事なことは開発チームと運用チームがよく連携できることです。その連携のために、SREチームはシステムで起こっている問題を分析し、チーム内に限らず適切なメンバーと連携できる様々なスキルが最低限必要であると言えます。

　システムチューニングに取り掛かるためにまず必要になってくるのがモニタリングです。モニタリングによって、サイト信頼性の低下が発生していないかに目を光らせ、問題が見つかった箇所に対して地道にひとつひとつ対策を講じていくことが何よりのSREの実践です。

モニタリング

　モニタリングは、システムチューニングでも触れたようにSREの実践に必要なツールであると言えます。サイト信頼性は様々な要因で阻害されるため、それらに気づくことができるようにモニタリングも整備していく必要があります。

　一言にモニタリングと言っても、様々なモニタリングがありますが、ここでは「サービス」「キャパシティ」という観点で分類して考えたいと思います。

　サービスモニタリングは言わば現在のシステムのためのモニタリングと言い換えることができます。Webサービスであればアクセステストに対して正常なステータスコードが返ってくるか、エラーログが出ていないかなど現在のサービスの正常性をモニタリングしているところも多いかと思います。他にはシステムを構成する各サーバ

のリソース状況をモニタリングし、現在のCPU負荷・メモリ使用量・I/O・スループット等に異常が見られないかなどを確認することも有効です。こうしたサービスモニタリングは現在の状態にかかわるため、ここに問題が見つかった場合は即座に何らか対策を打つことになるでしょう。あるいは、後述する自動化の仕組みと絡めて、「CPU負荷平均が80％を超えたらサーバを追加する」という対策すらも自動化することができるかもしれません。

続いてはキャパシティモニタリングです。サービスモニタリングは現在の、という表現をしていますが、同様にキャパシティモニタリングは将来のシステムのためのモニタリングと言うことができます。サービスモニタリングでもCPU負荷に関してモニタリングをしていましたが、キャパシティモニタリングではその推移に注目してモニタリングすることになります。例えば、CPU負荷の現在値を継続的にモニタリングし、残量と照らし合わせれば危険域に達するタイミングを予測することができます。他にはサーバやストレージのプールを持っている現場であれば、プールの減少量などを鑑みて、枯渇する前にあらかじめ必要と予想されるリソースを確保しておくこともできるようになります。

こうしたモニタリングはしっかりと業務に組み込まれるようになると、問題の事前抑止が働くようになり、リソース推移に応じた準備ができるようになります。また、障害時の対応においても、障害切り分けを行う際に片っ端から調べていたことが、モニタリングによって障害に至るリソースの推移や、状態を見られることによって、問題の分析から根本対策まである程度余裕をもって実施できるようになります。こうしたモニタリングの手法については、5章でもシステムログの可視化という観点でその実践例を紹介します。

作業品質

サイト信頼性を向上させる取り組みには作業がつきものです。しかし、最も分かりやすい形でサイト信頼性の低下をもたらす障害というものは、往々にして何らかの作業に起因しているものです。そのため、SREではサイト信頼性の向上を目指すために様々な作業を行う一方で、それらの作業がサイト信頼性を低下させないように対策を講じていかなければなりません。

そこで注目するのは、DevOpsでも取り上げてきた作業の自動化/省力化や徹底した変更管理です。作業の自動化/省力化を行うことで、そもそもの障害が起こりにくいように準備を行い、継続的インテグレーションなどのテストを組み込んだ変更管理プロセスを整備することでサイト信頼性の低下を防ぎます。また、これらの仕組みを整えることで、様々な作業にかかるリソースが削減され、ツールに支援された変更管理プロセスを実施することでリリーススピードも向上し、同時にサイト信頼性を大幅に向上させることが期待できます。

このように、モニタリングと同じくサイト信頼性を支援するものとして、システム

への作業というもの自体の品質に対する責任をSREチームが負うことになります。このような作業プロセスは一朝一夕で完成するようなものではありませんし、その道の途中で作業に起因する問題が発生することがあるかもしれません。しかし、そのような場合には、その問題を抑止することができなかった作業プロセス自体の問題であるとして、そのプロセスを前向きに改善していくこともSREチームに求められる姿勢です。

障害対応

　システムチューニングやモニタリング、作業品質にどれだけ気を配ったとしても、人間が絡んでいく以上、障害を完全に排除することはできません。物理障害に論理障害、インフラからアプリケーションまで、障害には様々な形が存在します。しかし、いずれにせよサイト信頼性を阻害するものはSREチームが総力を挙げて事態の打開に尽力する場面です。

　障害対応で重要なのは「短時間」かつ「少人数」で障害対応を行うことです。障害対応の厄介なところは障害がいつ起こるか分からない点です。障害は突然発生し、その多くはサイト信頼性に大きな影響を与えることになります。その時、障害はサイト信頼性に大きな影響を与えているわけですから、できる限り「短時間」で障害対応を完了させなければなりません。しかし、こうした障害対応のために専門のメンバーを用意するわけにもいかないため、メンバーは障害対応という割り込み作業によって、本来目指していたはずのサイト信頼性を高める様々な仕事に力を使えなくなってしまいます。そのため、短時間で障害対応を完了させることに加え、できる限り「少人数」で障害対応を行うことが望ましいと言えます。

　まず、短時間で障害対応を終える仕組みを考えてみましょう。障害対応の基本的なポリシーとしては、無条件に復旧操作を行ってよいものは、積極的に「自動化へ組み込む」ことです。モニタリングの部分でも触れたように、様々な監視アラートに復旧操作を紐付けて、障害が発生した瞬間に自動復旧の対応を行ってしまうことが最も短時間に障害対応を終えていると言えます。逆に言うと、「一度状態を確認しなければ分からない」状態を可能な限り作らず、復旧作業を単純に保つことが重要だということです。例えば、トランザクション上のデータベースのロールバックを適切に行い、データのリカバリを必要としないようにすることや、単純な再起動中も別ノードで処理を継続できるようにすることが考えられます。障害のたびに、人が状況を確認し、何らかの作業を行わなければ最低限の復旧すら行われないようでは、省力化どころの話ではなくなってしまいます。

　次に、少人数で障害対応を終えるにはどうすればよいでしょうか。結局のところ、障害対応に限らず、何かを行うために人数が必要になってくるのは、それだけ「作業が多いから」に他なりません。そのため、作業品質のところでも触れたように、作業の自動化/省力化というものを日ごろから準備しておくことが、同様に障害対応にか

かわるメンバーを少人数に抑えることにも繋がります。これは先ほど説明した自動復旧の仕組みもそうですし、手間をかけずにシステムの状態を把握できるモニタリングの仕組みもここに生きてきます。最初に述べた、「SREチームが総力を挙げて事態の打開に尽力する場面」というのはまさにこういった側面によるものと言えます。

加えて、障害対応においてもう1点重要なポイントがあります。それが、メンバー間での円滑なコミュニケーションです。短時間で障害対応を行うためには、自動復旧の仕組みがある場合を除いて、迅速な判断が必要になります。しかし、メンバー間でのコミュニケーションがうまくできていない場合は、判断に至るまでの時間が無駄にかかってしまい、短時間で障害対応を行うことができません。日常的なシステムチューニングなどを通じて、システムにかかわる全ての人と円滑なコミュニケーションが可能な状態にしておくことは、DevOpsが目指すような世界観とも一致するものでしょう。

SREの目的

今回はGoogleにおけるSREチームのミッションをヒントに、いくつかのサイト信頼性とその先にあるビジネス実現に向かうアプローチを紹介しました。シンプルに言えばSREはEngineering、つまりはテクニック集です。既に何度も述べているように、SREチームの目的はサイト信頼性に貢献し、ビジネス価値を向上させることです。この目的はDevOpsにおける目的と完全に一致しており、実際に現在の伝統的な運用チームをDevOpsの運用チームに変えていく際には、SREの具体的なテクニックを取り入れることが非常に効果的であると言えるでしょう。

4-4-4　ChatOps

ChatOpsとは？

この項の最後は、運用を効率化するという観点から、**ChatOps**について紹介します。ChatOpsとは、運用にかかわる様々なタスクを、チャットツールを通じて効率化するという考え方を指します。運用で必要となる情報はチャットツールを通じて得るようにし、運用で必要となる作業はチャットツールを通じて行うようにするイメージです。コミュニケーションを共通化したことで、開発部門と運用部門はツールによって同じ場所にいますので、あらゆる情報をチャットツールへと流すことによって円滑なエンジニアリングを実現します。例えば、課題管理システム上での進捗の変化、バージョン管理システムへのコミット、CIツールによるデプロイとテスト結果、監視・モニタリング基盤からの通知まで、ありとあらゆる情報をチャットツールに流す

ことで、全員が全員の行動と環境に今何が起きているのかをリアルタイムに把握することができるようになります。

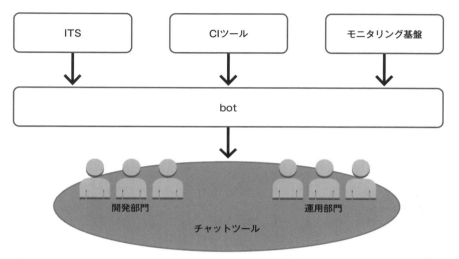

図4-15：ChatOpsによるリアルタイムな状況把握

ChatOpsによって、以下のようなメリットが得られます。

1. コミュニケーションツールを一本化できる

最初に触れましたが、普段の業務のコミュニケーションにチャットを利用していることで、ツールを切り替えずに操作を行うことができます。コミュニケーションはメール、会話はチャット、システム操作は各ツールの管理画面と適宜使い分けるよりも、チャットツールの中で全てを済ませてしまったほうがシンプルである、という考え方です。

2. 操作をショートカットできる

例えば、単にデプロイを行いたいだけなのに、あるいは単に情報を取得したいだけなのに、そのために行う作業が煩雑な場合があります。専用のツールの管理画面にアクセスし、ログインし、ページを遷移して、多くの情報が載せられているところから必要なボタンを押し、必要な情報を読み取る、といった場合です。作業にかかわる労力は少ないに越したことはありません。その作業を繰り返し行う可能性があればあるほど、ショートカットできれば負担は軽くなります。ChatOpsでは、チャットツールに一言必要な操作を書くだけで、望んだ作業を行ってくれたり、必要な情報のみに絞って取得できるようになります。

3. 操作と結果の取得がそのまま周知と同義になる

　チャットツールは、その性質上チームメンバーは全員利用していることになります。したがって、チャットツールに指示や結果を表示させることは、他のチームメンバーから見て、「こういう操作をしている」こと、「こういう結果になったこと」を周知しているということになります。

4. イベントとそれに伴うコミュニケーションをまとめることができる

　発生契機のイベントから検討や対策実施など一連のタイムラインをまとめて取り扱うことで、情報の浸透とコミュニケーションの活性化が期待されます。例えば、障害が発生したら、監視ツールはそれをチャットツールに通知します。すると、メンバーはそれに気づいて障害について話し合うでしょう。そして、障害の対策としてアプリケーションを修正した場合、Gitのプッシュやアプリケーションのデプロイなどはチャットツールに通知されます。すると、メンバーは障害対応が今のような状況なのかを理解できるでしょう。本番環境にデプロイするときには、チャットツールにつぶやくのです。すると、botがそれを検知して（botについては、この後Hubotの説明の中で併せて説明します）、デプロイを行い、デプロイの開始から完了までを通知するようになります。結果、障害の発生から本番デプロイの指示を経て完了までの一部始終を、メンバーは確認できるようになります。

　運用フェーズに入ってからの作業やイベントについては、例えば以下のようなものが挙げられます。運用で行う作業は、基本的に何度も繰り返し行うものが多く、だからこそChatOpsにより自動化・効率化を期待できます。

- **ジョブ操作**
  - アプリケーションのビルド
  - テスト
  - アプリケーションのデプロイ
- **現在のシステムのリソース使用状況の表示**
- **アラート通知（を受ける）**

また、ChatOpsには2つのフェーズがあります。

1. 通知をチャットツールが受け取り、チームメンバーでコミュニケーションが取れる状態にする（システム→チャットツール→人）
2. オペレーションをチャットツール経由で指示し、アクションを実現する（人→チャットツール→システム）

これらを実現する要素としては、SlackとHubotが代表的な組み合わせとして挙げられます。チャットツールは、コミュニケーションを行うチャット基盤と、そこから情報を読み取って何らかのアクションを行うbotの2つで構成されます。Slackは、SaaSにより提供されるチャット基盤です。単純なチャット機能のみならず、様々なアプリケーションと「インテグレーション」という形で連携することができます。例えば、GitHubと連携し、プッシュしたりissueを作成するタイミングでSlackに通知することもできますし、5章で紹介するJenkinsによるジョブの通知や、Zabbixの監視アラートを投稿することもできます。

| 参照URL | https://slack.com/ |

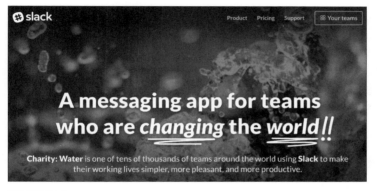

図4-16：Slack

上記のフェーズの1だけであれば、Slackの導入だけで完結します。Slackにインテグレーションを設定し、それを利用して通知するだけです。

Hubotは、GitHub社が作成しているNode.js製のbot実行フレームワークです。botとは、ロボット（robot）の略称で、人間に代わって様々な作業を行うシステムのことを指します。Hubotは、Slackなどのチャット基盤に、人と同じくアカウントとして存在し、チャットルームの会話を絶えず見守っています。そして、チャットルーム中の会話に反応して、決まった反応を返したり処理を行うことができます。したがって、話しかければ挨拶をすることも可能ですし、決まった時間になったら話を始めることもできます。この仕組みを利用して、Hubotが話しかけられることをきっかけにして、様々な処理を組み込むことができます。例えば、CIツールと連携してアプリケーションのデプロイを行う、といった具合です。

このような仕組みはプラグインという形で提供されており、誰でも自分たちの業務に合わせて、好きな機能を追加することができます。そのため、自分たちのチームの効率化を目指し、様々なツールと連携できるよう、世界中のエンジニアがこぞって開発を進めているのです。

261

参照URL　https://hubot.github.com/

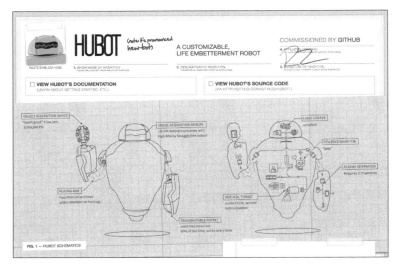

図4-17：Hubotの公式サイト

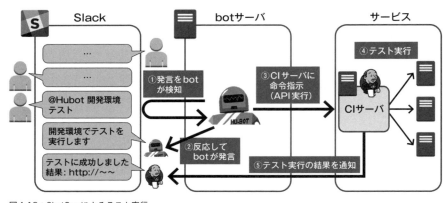

図4-18：ChatOpsによるテスト実行

　これらのツールを組み合わせることにより、ChatOpsを実現することができます。最初から全ての自動化を設計して、全ての作業をbot化することは難しいです。ツールは簡単にインストールできるので、一度構築してみて、運用で「不便だ」「自動化したい」と感じたところを、積極的にbotに任せる、という流れを取ることをお勧めします。うまくいけば、コツコツと人の作業をサポートしてくれるbotに愛着がわき、みんなが喜んで使ってくれるようになります。皆さんもbotを利用して、運用で行う作業をチャットツールに集約してみてはいかがでしょうか。

ChatOpsの副次的効果

　開発におけるあらゆる情報をチャットツールに集約すると、よりチャットツールがコミュニケーションの基盤として確立するようになります。業務作業を自動化しチャットツールへ連携することでもコミュニケーションは加速しますが、一方で業務フローに直接関係のない、細かい便利な機能を追加していくことに対しても、チャットツールは非常に役立ちます。botは、発言を読み込むことで様々な処理を行うことができるため、例えば以下のようなことを実現することもできます。

- チケット番号を書くと作業チケットの概要（タイトル）と参照先URLを表示してくれる
- 定期的に関連するニュースをつぶやいてくれる
- キーワードを基に検索した結果を共有してくれる

　これらの機能は、決して開発のフローに直接的に寄与するものではありません。しかし、業務の効率化や活性化には確実に寄与することでしょう。
　一方で、以下のような機能を付与することもできます。

- 議事録係や飲み会の幹事選出のために、メンバーをランダムで選出してくれる
- 定期的なリマインドをしてくれる
- 定時退社を促すように話しかける

　これらの機能も効率化の一助とはなりますが、それとは別に「botという別人格が存在してくれる」ことが大きなメリットとして考えられます。上司や同僚が、直接的に誰かを指名したりタスクのリマインドをしたりすると、少し嫌な気持ちになる人もいるかもしれません。ですが、こうした「汚れ役」をbotが担ってくれるようになると、嫌な気持ちの矛先を分散させることができます。
　こうした機能を追加していくことで、よりbotに愛着がわくようになります。ここまで活用すると、もはやbotは業務効率化の「道具」ではなく、立派なチームの「一員」として活躍してくれることでしょう。

チャットツールの必要性

　ChatOpsは、チャットツールを導入していることを前提にしてOpsを効率化することを目的にした考え方でした。そして、これまではチャットツールが既に導入されている場合に、ChatOpsのメリットについて紹介してきました。しかし、もし現場にチャットツールが導入されていなかった場合、DevOpsが指し示す世界観に向けて、果たしてチャットツールは必要となるのでしょうか。

結論からいうと必要です。チャットを利用しない場合を考えてみてください。おそらく、チャットを使わない場合のコミュニケーションの手段は、口頭あるいはメールになるところが多いのではないでしょうか。チャットは、その間をうまく取り持ってくれます。口頭よりも確実で、メールよりも手軽さがあるところにメリットがあると言えます。

メールと比較したメリット

書く/伝えることによる敷居の高さを解消してくれる

メールで相手に要件を伝える場合、基本的に文章を推敲します。加えて、「お世話になっております」や「～と申します」という挨拶のような句も加えることもあるでしょう。つまり、要件を端的に伝える以外の制約も大きくなります。

一方、DevOpsではスピード感が大事になるので、手っ取り早く要件だけを伝えることが重視されます。気軽に、かつスピーディに会話を行う場合において、メールは最適ではありません。メールによるコミュニケーションで情報が遅れるくらいなら、チャットで即時性をもたせた方が効果的です。情報連携を気軽に行える基盤がDevOpsでは必要となるのです。上下関係に厳格で、常に礼儀作法を重んじる職場であれば、チャットツールはそう簡単に導入できないかもしれません。しかし、DevOpsによってチームがひとつのゴールを目指して進んでいくのであれば、もっと大事なことがあるはずです。気軽に話し合える基盤こそがチームの一体感醸成に役立します。

システムの情報を会話の中に織り交ぜることができる

メールにはスレッドという機能があり、一連のメールのやり取りをグループ化することができますが、チャットツールは人間同士のやり取りだけでなく、障害通知や実行結果の通知を含めて一連のタイムラインとして認識できるようになります。つまり、人間と人間だけの情報交換だけではなく、システムからの情報も会話の中に自然に織り交ぜることができるようになるのです。

口頭と比較したメリット

時間と場所の制約を受けずにやり取りが可能になる

直接面と向かって話し合う機会を減らすことができます。つまり、ミーティングの回数を減らすことができるということです。自分の作業が強制的に中断され、その時間と場所に強制されるミーティングと違い、気の向いたときや作業の合間に簡単な応答を行うことで済むような確認も多いはずです。もちろん、あらゆるミーティングがチャットツールに置き換わることはありませんが、「ちょっとした確認」のために時間と場所の制約から解放されることは大きなメリットと言えます。

記録が残る

　会話のやり取りがチャットツールの中に保存されます。口頭での会話の中での「言った」「言わない」で苦い経験をされた方もいらっしゃるかもしれません。議事録の代替としては不適切ですが、ちょっとしたやり取りを遡って参照する程度であれば、チャットツールほど便利なものはありません。

Webとの親和性が高い

　JIRAのようなタスク管理ツールやConfluenceといった情報共有ツールなど、世の中にはURLをベースにしたツールがたくさんあります。GitHubでは、ソースコードの特定の行範囲を選択してURLにする事も可能です。こうしたツールで管理されるURLを手軽に貼り付けることで、簡単に外部の情報を参照しながら会話することができます。

　ここまで、チャットツールの様々なメリットについて紹介しました。ですが、メリットを深く考察しなくとも、一般的にLINEが流行していることから、皆さんはチャットツールの利便性を実感しているのではないでしょうか。システム開発も同じです。皆さんもチームのコミュニケーション活性化のために、ぜひチャットツールを活用してみてください。

CHAPTER 4

DevOpsのために仕組みを変える

5 DevOps化されたチームができること

　1章において、DevOpsとは、「Dev（開発）とOps（運用）が密に協調・連携して、ビジネス価値を高めようとする働き方や文化」であると紹介しました。2章からここまでを通じて、ツールや仕組みを取り入れていき、DevOpsによって成し遂げられることを少しずつ経験していきました。ここまでの道筋を辿ることで、本来なすべき「DevとOpsの密な連携と協調」が格段に行いやすい土壌が育まれているはずです。ここでは、こうして着実に進めていった取り組みの先にあるものを考えます。DevとOpsの密な連携によって、チームはどのように変わるのでしょうか。ツールや手法に閉じずに、組織や文化にまで発展したDevOpsが示す具体的な振る舞いを確認していきましょう。

4-5-1　障害対応

　DevOpsにおいては、開発担当と運用担当が一体となって開発・運用を行うことから、障害対応において抜群の効果を発揮します。

　従来の障害対応では、障害連絡の一次請けを行い、対処する担当は基本的には運用チームが主体でした。障害が発生すると、運用チームはまずアラートを確認した上でインフラに問題がないかを調査します。運用チームが運用している依頼範囲では解決しない問題だと分かると、開発チームに連絡を行い、ここからは開発チームの調査と対処を待って、一連の対応が完了します。

　しかし、問題はそれほどシンプルではありません。例えば、サービスが過剰なアクセスを受けており、サーバダウンしている場合はどうでしょうか。アプリケーション側の設計・実装の問題もあるかもしれません。一方で、インフラでもパラメータチューニングのミスや、アプリケーションでスレッドロックが起きてDBコネクションが溜まりファイルディスクリプタを消費しきってサービス接続できなくなるような複雑な原因があるかもしれません。はたまた単純に、インフラのリソースが足りていないかもしれません。

　こうした様々な原因が考えられる場合に、DevOps「ではない」ような、開発担当と運用担当に大きな溝がある組織においては、原因の特定と対処に時間を要してしまいます。

　なぜなら、お互いが「ビジネスニーズに応える」という共通の目的を忘れているか

らです。この目的を忘れてしまった結果、開発担当と運用担当はそれぞれ別のミッションに向けて動きます（このあたりの開発部門と運用部門の対立については、1-1-4の中の「DevOpsの発芽」にて紹介しました）。ミッションが異なると、各担当はお互いのことに興味を持たなくなります。興味を持たなくなってしまった結果、開発担当と運用担当で重要な情報が共有されなくなり、お互いに理解しなくなってしまうという悲劇が発生してしまいます。

　例えば、アプリケーションの新規リリースの情報が運用担当に伝えられなかったり、アクセスが集中するイベントの開催がインフラ担当に伝わっていなかったり、アプリケーションの新規リリースの実装がミスしていてコネクションプールではなく毎回コネクションを切り貼りしている問題をスルーしたままリリースしていたりということが、実際起きうるのです。こういう「間に落ちる問題」が、これまで対応完了までの時間を長期化する要因を作っていました。

　このように、開発担当が、詳細な設計・実装を終えて、テストが片付いてリリースのタイミングになってようやく運用担当に情報を共有する（あるいは共有すらしない）ような状況は、ゆくゆくは大きな悲劇を引き起こすことは容易に想像できます。同様に、運用担当も開発のことは分からないとさじを投げ、アプリケーションが原因で障害が発生したとしても、それは開発担当の責任だ、と押し付けるスタンスでは、物事は進まなくなってしまいます。明らかに、共通のゴールを見失っている状態です。

　DevOpsにおける運用では、開発（Dev）と運用（Ops）がお互いの業務を知り、様々な情報を共有してひとつのゴールに進んでいきます。例えば、どこを誰がどんな観点で設計しているのか、今回のリリースにおける変更点は何か、次にくる集客イベントは何かなどの情報です。これらの情報を、DevOpsに用いるツールによるサポートや、DevOpsの手法の導入によって、スムーズにやり取りすることによって、問題が起きた場合に、根本原因にたどり着くまでがぐっと早くなります。

　例えば、いつ、どんな機能がリリースされるかを全体に共有します。加えて、それによってどのようなコードの変更が入るかを、開発担当だけでなく運用担当も理解しようとしてみてください。運用を担当する立場からすると、サービスの安定を第一に考えるでしょう。その結果、開発担当が行うコードの変更が障害を誘発する可能性がないかを主体的に考えるようになります。障害が発生しそうな処理に指摘を行い、修正を促すことで、障害を未然に防ぐことも行いやすくなります。一方、開発担当も、自分が運用する立場になったことを考えると、いわゆる「作りっぱなし」ではなく、障害を誘発しないような作り、というものを心がけるようになるでしょう。お互いの立場の理解が、サービスの品質を高めることに繋がっていくのです。

　こうして得られた情報は、障害が発生した後も役に立ちます。運用担当にとって、障害の原因に対しての「アタリ」をつけやすくするための強力なヒントになるのです。

　また少人数で効率的に運用を回そうとしていくことから、障害対応でアラートを受ける先がチームメンバー全員となり、起きてしまった障害の解析に一斉にとりかかれ

る体制が作れたり、運用に対する意識の変化によって、障害回復までの時間を大幅に削減することができるようになります。

4-5-2 継続的インテグレーション/デリバリの実現

　3章では、継続的インテグレーションや継続的デリバリの実現方法を具体的に確認しました。逆説的ですが、そもそもDevOpsではない組織では、このような継続的インテグレーション/継続的デリバリを実現することすら困難なのです。

　なぜなら、運用者から見て、自分の及ばぬところで、勝手にアプリケーションやインフラが次々とリリースされ、本番環境が様変わりしていったらどう思うでしょうか。きっと、「自分たちが運用しているのだから、開発者は勝手なことをするな」と思うでしょう。それで障害が起こったとしても、対処するのは運用担当だからです。しかも、運用担当は一体何がリリースされ、何が変更されたのか分かりません。当然、そのような仕組みを許すことはできません。このように、開発者と運用者が分断された状態で、継続的インテグレーション/継続的デリバリの手法を形から取り入れたとしても、おそらく猛反対にあうか、すぐさま頓挫するでしょう。継続的インテグレーション/継続的デリバリは、開発者にとってはすぐさまリリースへ繋がる便利な仕組みですが、それが活きるのは、運用があってこそなのです。

　これが、DevOpsになると、事態は一変します。開発されたアプリケーションやインフラのリリース計画と内容は正確に運用者へ伝わることで、運用者から見ても、何がきっかけでどんな変化が起こり、どんな結果になったのかを把握できるようになります。

　運用者から見れば、なんだか分からないものがいつの間にかリリースされており、しかもその運用を行わなければならなかったものが、どんな変更がいつ行われる（行われた）かが正確に把握できるようになることで、格段に運用を行いやすい環境が整うことになります。運用ができる、という状態になることで、ようやく継続的インテグレーションと継続的デリバリが意味を成すのです。これにより、本来目指したかったビジネス価値を速やかに高めることが可能になります。

4-5-3 パフォーマンスチューニング

　パフォーマンスチューニングは一般的に難しく、調査してボトルネックを特定し、改善に結びつけるまでには、サービスに対する包括的なアプローチが必要になります。そもそも、どこがボトルネックになっているのかを調査することがまず難しく、

システムを全体的に見て、体系的に絞り込むことでようやく見えてくるものです。

　このように、システムを統合的に見る必要がある場合に、DevOpsではない組織で問題を発見し、結果的に根本的な改善まで結びつけるのは至難の業です。なぜなら、「性能が出ない」という問題に対して、誰も原因を追及しようとしないからです。開発担当は、機能の実現を最優先に行い、性能はインフラのスケールアップやスケールアウトで何とかしてくれればいいと考えます。一方、運用担当は開発内容には関心を持たず、性能問題が発生したとしてもインフラの増強で何とかするか、仮に何かが起こっても開発担当のせいにすればよいと考えるようになります。自分の担当の箇所は問題がない、あとは自分の担当ではない部分がきっと問題なのだろう、という無関心な関わりであっては、パフォーマンスの改善まで結びつけることは夢のまた夢です。

　このようないびつな状態が、DevOpsを経て、劇的に改善されるようになります。まず、開発される内容とそれに伴うコードの変更が透明性を持ち、運用担当もそれに関心を持つようになります。すると、運用の観点から見たパフォーマンス問題の原因となりそうな箇所を、具体的なコードに対する指摘を基に議論されるようになります。例えば、何度もデータベースにトランザクションを発行しているような箇所は、今後運用時にデータベースへのアクセスがボトルネックとなる問題をはらんでいます。無駄にオブジェクトを生成しているようなコードは、メモリの管理上非効率であり、言語によってはガベージコレクションを誘発してしまう可能性もあります。

　逆に、開発担当は運用を踏まえて性能を気にするようになり、自らが行う変更に運用を見据えた責任を持つようになります。機能を提供するだけではない、より深い部分までを注視し改善することで、潜在的なリスクを抑えることができるようになります。

　このように、運用担当から開発担当、あるいは開発担当から運用担当が相互にそれぞれを気にすることで、パフォーマンス改善が現実的にできるようになります。

4-5-4　開発担当と運用担当の協力体制の構築

　ここまで、様々なシーンで、開発担当と運用担当の協調と、それに伴う具体的な効果としてのイメージをお伝えしました。DevOpsのために根本的な仕組みやルールを作り変えることができると、開発と運用の協調はぐっとやりやすくなり、ビジネス価値の追求はこれまでと比べて格段にやりやすくなります。これまで、既存の枠組みやルールが足かせとなって、本来の目的であるビジネス価値の追求が難しかったのだとすると、本章で紹介したことを実践することで、むしろアーキテクチャやチームがビジネス価値の追求に追い風を与えてくれるようになります。

　もしかすると、これまでの紹介から、開発（Dev）担当と運用（Ops）担当という分担をなくして、全員がひとつの担当となって開発も運用も行うことが必須ではないか、と捉える方もいらっしゃるかもしれません。しかし、勘違いしないでいただきた

いのは、DevOpsは、開発担当と運用担当の分業を否定しません（もちろん統一も否定しません）。必要なことは、お互いの部門が相互に理解し合い、協力しあうことで、共通の目的に向けて進んでいくことです。お互いに思いやって、スムーズに情報の浸透と連携が行われ、その結果として分業を行うのであれば、当然のことながら障害の対応は迅速に行うことができ、ひいては同じゴールを目指すことができるでしょう。

　ここまでは、DevOpsの考え方と構成要素を説明してきました。5章では、いよいよこれまで学んできたことの集大成として、これまでに考えてきたツールや技術要素、アーキテクチャなどを組み合わせて、実践的な構成を形作っていきます。

CHAPTER 5

実践・Infrastructure as Code

　4章まではDevOpsのツールや手法について学んできました。5章は、いよいよInfrastructure as Codeの実践を行います。5章を読み進めることで、DevOpsを体現するシステム構成の一例を具体的な実装とともに学ぶことができます。また、それをヒントに自分のチームやサービスにあった構成を考えられるようになります。これまで、DevOpsの様々な側面、様々な要素を学びましたが、それらの要素を概念的な知識としてのみ理解するではなく、具体的にどう構成すればよいのかの一例を紹介していきます。今後皆さんが本当にInfrastructure as Codeを実現することになった場合に、ここに記載されている例の数々を思い出していただき、それを参考にして皆さんのサービスに合ったものを作っていただくことを期待しつつ紹介していきます。

CHAPTER 5

実践・Infrastructure as Code

1 実践 継続的インテグレーション・継続的デリバリ

3章では、継続的インテグレーションと継続的デリバリについての考え方を紹介しました。この項では、具体的に継続的インテグレーション・継続的デリバリを実現するための実装について紹介していきます。継続的インテグレーションと継続的デリバリにより、コードの変更がそのままデプロイや構築、そしてテストと連携されるようになります。コードを変更してソースコード管理システムに登録するだけで、他に何の明示的なアクションも必要とせず、自動的にテストやデプロイが行われるのです。それにより、開発における省力化が行われ、ひいては素早いサイクルで開発とテスト、デプロイを回すことができるようになるのです。

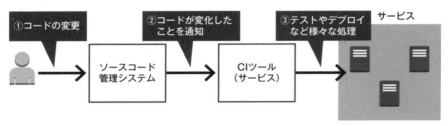

図5-1：コード変更を起点とした連携イメージ

ここでは、インフラのコードを対象にして、コードの変更がインフラ構築に利用され、即座にテストが行われるフローを実現します。これにより、コードの変更→インフラ構築→テストがスムーズに流れる、省力的かつ効率的な環境を実現することができます。

5-1-1 継続的インテグレーション・継続的デリバリの構成要素と連携

継続的インテグレーションでは、コードの変更を契機に、その後行われる作業を連続して行うことになることは、3章で学んだ通りです。したがって、ソースコード管理システムと、コードの変更通知を受け取って処理を行う継続的インテグレーションツール（CIツール）が必要です。これを、具体的なツールに当てはめた場合、以下のようなイメージになります。ここでは、せっかくですから2～3章で紹介したAnsible・ServerspecとGitHub、4章で紹介したSlackも少し取り入れてみましょう。

サービス提供のインフラは、ここではAWS（Amazon Web Services）を前提に紹介しますが、オンプレミスの環境でもほぼ同じ環境が再現可能です。

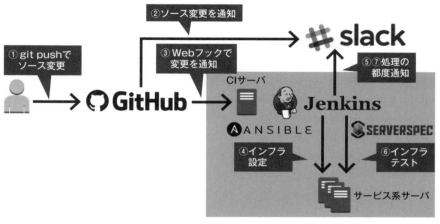

図5-2：継続的インテグレーションの構成例

単純な継続的インテグレーションだけでなく、インフラ設定やインフラテストを、通知を行いながら進めていくより実践的な構成となっています。

この構成をとることで、最終的には以下のことが実現できるようになります。

1. 継続的インテグレーション/継続的デリバリの実現

GitHubへのコードの変更を契機にして、自動で環境へのデプロイと環境のテストが行われます。したがって、最低限の作業で、流れるように後続の作業が行われていきます。

2. ChatOpsの実現

あらゆる操作・処理がSlackに通知され、デプロイやテストがどのような状態であるかがチャットツールを確認すれば分かるようになります。

なお、ここでは、上記のようなツールやサービスを利用して継続的インテグレーションの説明を行いますが、必ずしもこれらのツールを使わなければ継続的インテグレーションが実現できないわけではありません。本書のご覧の方の中には、例えばシステムがAWS環境のみを利用している方もいらっしゃるでしょう。そのような場合は、例えば継続的インテグレーションツールをSaaSに任せてしまうことも可能です。逆に、クローズドな環境ではGitHubではなく独自にGitリポジトリサーバを構築することもあるかと思います。構成要素さえ同じであれば、手段を選択することでいかなる形でも継続的インテグレーション、ひいてはDevOpsを実現できますので、皆さん

のインフラに合わせて適切なサービスを選択してみてください。

　以下に、今回利用するツールやサービスと、その代替となるサービスやツールについて紹介します。これらを利用することでも、継続的インテグレーションは実現できますので、皆さんの環境に合わせて検討してみてください。

表5-1：利用するツールやサービスとその代替となるリスト

今回利用するツールや サービス名	役割	代替となるツールやサービス名
GitHub	ソースコード管理	BitBucket, GitLab, GitBucket
Jenkins	継続的インテグレーション、 ワークフロー	CircleCI, Travis CI, Concourse CI
Ansible	インフラ構成管理、デプロイ	Chef, Puppet, Itamae
Slack	チャット	HipChat、メール

　なお、今回の構成を構築するにあたって、参考となるAWS CloudFormation（以下、単にCloudFormationと表記します）のテンプレートもコラムにて紹介します。もしCloudFormationを利用できるのであれば、簡単に今回の環境の前提となる構成を作ることができるので、活用してください。万が一CloudFormationがわからなくても、本編ではその都度紹介しながら進めていきますので安心してください。

> **COLUMN**
>
> **CloudFormationで前提となる環境を構築する**
>
> 　5-1、そして5-2の構成を作るための前提となる環境を簡単に構築するために、CloudFormationのテンプレートを公開します。このテンプレートでは、以下の設定を自動的に行うことができます。
>
> - Webサーバ2台、LBサーバ1台、CIサーバ1台（ここまで5-1用）、加えてKibanaサーバ（5-2用）の計5サーバを作る
> - それぞれの間の通信を適切に設定する
> - Route53の内部DNSによって○○.devops-book.localというFQDNで接続できるようになる
>
> 参照URL　https://github.com/devops-book/cloudformation.git

利用する場合は、あらかじめ上記リポジトリをフォークして、皆さんのアカウント上に保持してから利用するとよいでしょう。皆さんのAWSアカウント上で環境を作成することになるため、あらかじめ以下は理解しているものとします。

- VPC ID、Subnet ID、SSHキーペア名が分かる
- AWS CLIが端末上で利用できる

　上記を前提として、フォーク後に以下のコマンドで5-1と5-2用の環境を作ることができます。

▶ CloudFormation環境の作成

```
$ git clone https://github.com/あなたのアカウント/cloudformation.git
$ cd cloudformation
$ aws cloudformation create-stack --stack-name ci-visualization --template-body file://ci_visualization.json --parameters \
 ParameterKey=VpcId,ParameterValue=[あなたのアカウントのVPC ID] \
 ParameterKey=SubnetId,ParameterValue=[あなたのアカウントのSubnetID] \
 ParameterKey=KeyName,ParameterValue=[あなたのアカウントのキーペア名]
```

　VPC ID、SubnetID、キーペア名は、あなたのアカウントが持つものを指定してください。それにより、あなたのAWSアカウントのネットワーク上に、EC2インスタンスなどが作成されます。また、あなたの持つSSH鍵でCIサーバにログインできるようになります。

▶ CIサーバへのログイン

```
$ ssh -i あなたの保存したSSHアクセスキー（キーペア名）centos@CIサーバのIPアドレス
```

　確認が終わり、環境ごと削除したい場合は、以下のコマンドを実行してください。

▶ CloudFormation環境の一括削除

```
$ aws cloudformation delete-stack --stack-name ci-visualization
```

5-1-2 GitHubとSlackの連携：GitHubのイベントをSlackに通知する

さあ、それでは実装を始めていきましょう。先ほど紹介した図の通りの連携を実現するために、実現するための機能を交えて各パーツごとに進めていきます。まずは、GitHubとSlackの連携です。GitHubで何らかの変更が行われた場合、それをSlackに通知できるようになります。

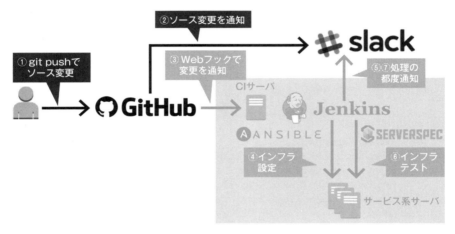

図5-3：GitHubとSlackの連携

これを実現するための設定は、GitHubとSlack双方に既に備わっているため、非常に簡単に通知の連携を実現することができます。具体的には、以下のような流れになります。

1. Slack側でGitHub用のインテグレーションを設定する
2. 上記の設定で得られたインテグレーション用のトークンをGitHubに設定する

上記の1.と2.は一連の作業の中で同時に行うことができます。

SlackでGitHubの通知を受け入れる設定を行う

まず、Slack側の設定を行います。Slackのアカウントをお持ちでない場合は、新たにアカウントを作成してください。

参照URL　https://slack.com/

既にアカウントをお持ちの場合は、Web上でSlackにログインしている状態で、以下のURLにアクセスしてください。

| 参照URL | https://my.slack.com/apps |

図5-4：Slackのインテグレーションの設定

このページでは、Slackに様々なインテグレーションを追加することができます。中央の検索用のテキストボックスに「**github**」と入力すると、GitHub用のインテグレーションが表示されますので、それを選択してください。その後の画面では、「**Install**」を選択することで、お持ちのSlackアカウントにGitHub用のインテグレーションが設定できるようになります（既に一度追加済みの場合は、「**Install**」の代わりに「**Configure**」と表示されます）。

図5-5：SlackへのGitHub用インテグレーションの追加1

次の画面では、どのSlackチャンネルに通知するかを選択します。新たにチャンネルを作成してもよいですし、既存のチャンネルを選択しても構いません。ここでは、「**#general**」を選択します。選択後、「**Add GitHub Integration**」をクリックします。

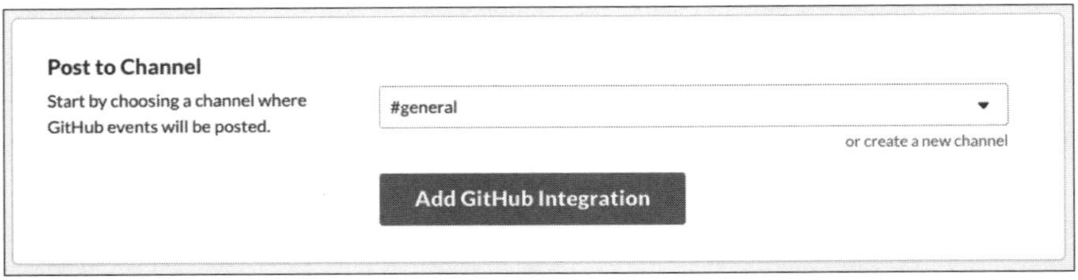

図5-6：SlackへのGitHub用インテグレーションの追加2

次に、どのGitHubアカウントに接続するかを選択します。

既にGitHubにログイン済みの場合、そのGitHubアカウントと接続されます。「**Authenticate your GitHub account**」を選択します。

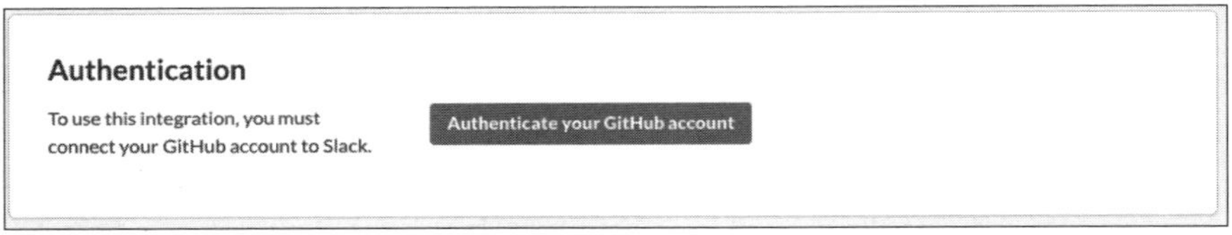

図5-7：SlackへのGitHub用インテグレーションの追加3

初めてGitHubと接続する場合は、SlackがGitHubリポジトリにアクセスするための権限を与える設定を行います。「**Authorize application**」を選択します。

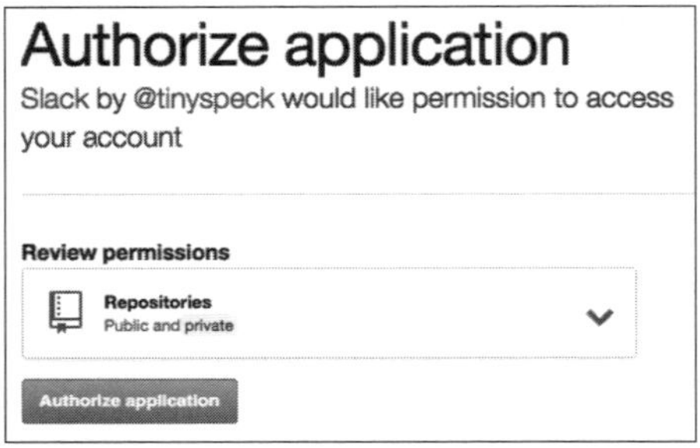

図5-8：SlackへのGitHub用インテグレーションの追加4

ここまでで、SlackとGitHubのアカウントが接続されました。次の画面では、通知の詳細設定を行います。どのGitHubリポジトリに対して、どのようなイベントを行ったときに、どのような名前のSlackアカウントが通知を行うかの設定です。イベントを検知するリポジトリは、具体的なブランチまで絞ることもできます。最低限、リポジトリの設定だけ行い、最下部の「**Save Integration**」を選択してください。ここでは、2-3のGitの説明で作成した**sample-repo**というリポジトリを対象にしてみます。あとで設定を変更することもできますので、GitHubリポジトリがまだ存在

しない場合は、GitHubのリポジトリを作成したあとに再度設定を行ってください。

図5-9：SlackへのGitHub用インテグレーションの追加5

　ここまでで、GitHubとSlackの設定は完了です。では、ここまでの設定は、GitHubからはどのように見えているのでしょうか。それを確認するためには、GitHub上の以下のURLにアクセスします。

> 参照URL　　https://github.com/あなたのアカウント/sample-repo/settings/hooks

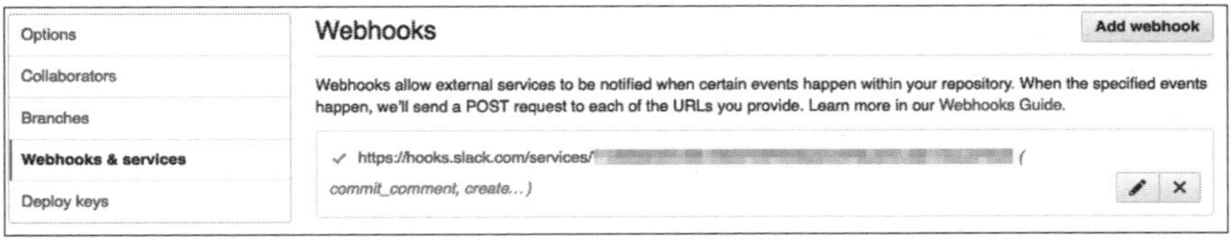

図5-10：GitHubからのSlack連携の確認

　Webhooksのページに、`hooks.slack.com`というURLが記載されており、その後に一見ランダムに見える文字列が続いていることが分かります。これはGitHubのWebフックと言われる機能で、あらかじめ決められたGitHub上のイベント（コミットやプッシュなど）をきっかけにして、リポジトリ名などの必要な情報を決められたURLにアクセスして渡しているという意味になります。GitHub上では、このWebフックという機能によってSlackに連携していることを意味します。

　最初にお伝えした、GitHub側でSlackのトークンを設定する、という作業がこれにあたります。Slack側の設定を行っていくだけで、自動的にGitHub側の設定も行うことができました。

279

GitHubとSlackの連携を試す

さて、それではGitHubとSlackの連携を試してみましょう。

2-3のGitの説明で作成したsample-repoを基に設定を行っていますので、手元の端末で適当な変更を行い、リモートリポジトリへ反映してみましょう。

▶ リポジトリへの変更の反映

```
$ git clone https://github.com/あなたのアカウント/sample-repo.git
$ cd sample-repo
$ echo 'WebHook test!' >> README.md
$ git add .
$ git commit -m "WebHook test"
$ git push origin master
```

すると、プッシュを行ったタイミングで、Slackに通知が行われます。

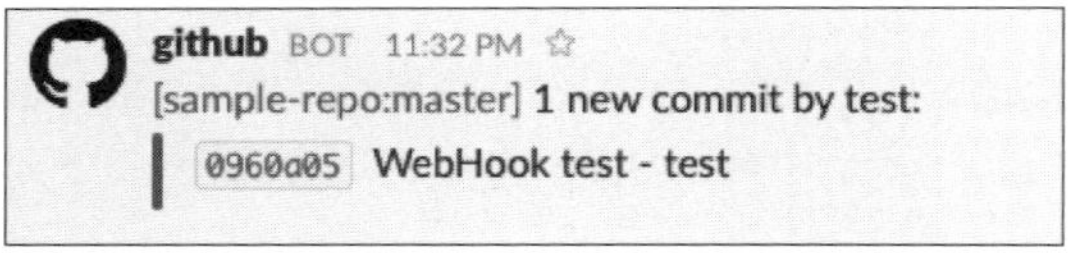

図5-11：GitHubへの操作のSlackへの通知

このように、誰が、どのようなコミットを行ったのかをすぐさま確認できます。また、上記Slack通知はリンクにもなっていますので、リンクをクリックすることで、実際のコミット情報をすぐに参照することができます。今回はサンプルとなるリポジトリで連携を確認しましたが、この後本格的に連携を行っていきます。

5-1-3 GitHubとJenkinsの連携：git pushしたら処理が動く

次に、GitHubとJenkinsの連携を行います。

Jenkinsについては、3-2-3で紹介しました。その中で、「プラグイン」機能について少しだけ触れていましたが、今回はこのプラグイン機能をフル活用して実装を進めていきます。プラグインにより、Gitリポジトリとの連携を行うこともできます。Gitのプラグインを利用することで、GitHub上でコードがプッシュされたタイミングでJenkinsの特定のプロジェクト（処理）を動かすことができます。この仕組みを利用して、プッシュされたタイミングで、そのコードを利用してデプロイやテストのJenkinsプロジェクトを動かすことで、継続的インテグレーションを実現することができます。

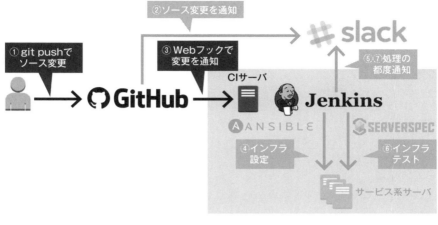

図5-12：GitHubからJenkinsへの連携

ここでは、その設定方法と、一連の処理の流れを見てみましょう。

JenkinsからGitHubのリポジトリを参照する

まず、Jenkinsを利用してGitHubのアカウントとの連携を行ってみましょう。Jenkinsのプロジェクトから、GitHub上のリポジトリを参照できるようにします。前提として、JenkinsがインストールされているCIサーバは、GitHubと連携するために以下の2つが条件となります。

1. CIサーバ自身がGitコマンドを利用できる

Jenkins自身がGitのコマンドを用いてGitHubのリポジトリを操作するため、Gitをインストールする必要があります。インストール方法は、3-2-3のJenkinsの節で紹介していますので、そちらをご覧ください。

2. inbound/outboundともにインターネットと通信できる必要がある

GitHubと連携するためにinbound/outboundともにインターネットと通信できる必要があります。github.comだけとアクセスを行うために、IPアドレスレンジを更に制限する場合は、以下をご覧ください。

> 参照URL　https://help.github.com/articles/what-ip-addresses-does-github-use-that-i-should-whitelist/

Jenkinsをインストールしていない場合は、CIサーバにJenkinsをセットアップしてください。セットアップの方法も、既に3-2-3にて紹介していますので、そちらを参考にしてください。最終的には、以下のURLでJenkinsにアクセスできるような状態です。

| 参照URL | http://CIサーバのIPアドレス:8080/ |

次に、GitHubリポジトリとの連携を確認するために、サンプルとなるプロジェクトを作成してみましょう。ここでは、JenkinsからGitHub上のリポジトリを参照して中身を読み取るプロジェクトを作成してみます。Jenkinsの画面から「**新規ジョブ作成**」を選択し、プロジェクトの作成画面に移ります。次に、作成するプロジェクト名として「`github-sample`」と入力し、「**フリースタイル・プロジェクトのビルド**」を選択します。その後、最下部の「**OK**」ボタンを押します。

図5-13：Jenkinsのサンプルプロジェクトの作成1

次に、参照するGitHubのリポジトリを記載します。「**ソースコード管理**」から「**Git**」を選択し、表示されたテキストボックスにGitHubのリポジトリのURLを記載します。

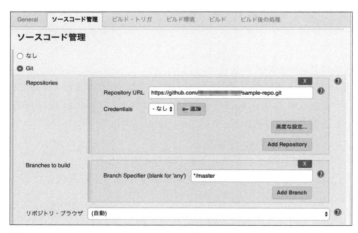

図5-14：Jenkinsのサンプルプロジェクトの作成2（GitHubとの連携）

このURLは、GitHub上でリポジトリのページから確認することができます。以下のような形式になるはずです。

https://github.com/あなたのアカウント/sample-repo.git

図5-15:連携するGitHubプロジェクトからのクローンURL

次に、「**ビルド**」から「**ビルド手順の追加**」「**シェルの実行**」の順に選択してください。

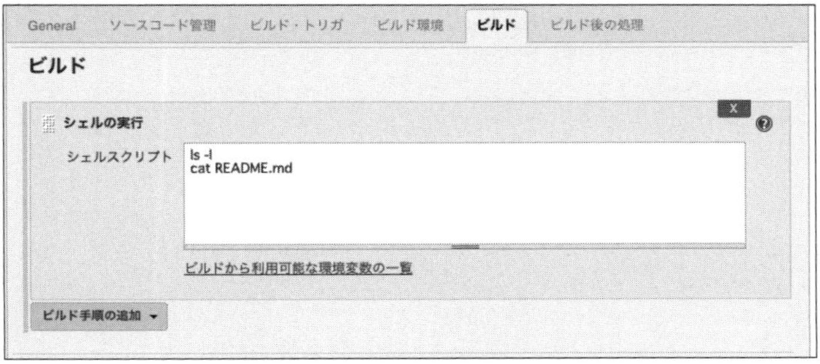

図5-16:Jenkinsのサンプルプロジェクトの作成3(シェルの実行)

シェルスクリプト欄には、以下の通り記載します。

▶ シェルスクリプト欄への記載

```
ls -l
cat README.md
```

ここまで記載したら、最下部の「**保存**」を押して、プロジェクトを保存します。これで、Jenkinsのプロジェクトが作成されました。

図5-17:Jenkinsのサンプルプロジェクトの作成4(作成完了)

早速、このプロジェクトを実行してみましょう。左の「**ビルド実行**」を選択します。すると、しばらくしてビルド履歴に実行状況が表示されます。結果が青色で表示されたら、プロジェクトの実行は成功しています。

結果を確認するには、**#番号**の隣の「**▼**」を選択し、「**コンソール出力**」を選択します。

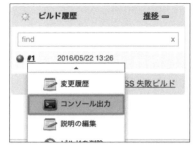

図5-18：サンプルプロジェクトの実行結果の確認

いろいろと出力されていますが、最下部に以下の通りSUCCESSが出力されていれば、プロジェクトは成功しています。

▶ Jenkinsジョブのコンソール出力例

```
（略）
[github-sample] $ /bin/sh -xe /tmp/hudson3110654145888207836.sh
+ ls -l
total 4
-rw-r--r--. 1 jenkins jenkins 40 May 22 13:26 README.md
drwxr-xr-x. 2 jenkins jenkins 22 May 22 13:26 test-dir
+ cat README.md
# Hello, git!
Update Test
WebHook test!
Finished: SUCCESS
```

このプロジェクトはGitHub上の「**sample-repo**」リポジトリを参照し、リポジトリの中身をCIサーバ上に取得した上で、中身を表示させています。この仕組みを応用して、GitHub上で管理されているInfrastructure as Codeとしてのコードを取得し、それを実行することができるようになります。後ほど、「JenkinsとAnsibleの連携」や「JenkinsとServerspecの連携」にて、その仕組みを利用します。

■ GitHubとJenkinsを繋げる

さて、これでGitHubとJenkinsの連携の設定は終わりではありません。ここまでは、ユーザがJenkinsの画面上から任意のタイミングでプロジェクトを実行することができた、ということを確認したに過ぎません。本来行いたいことは、GitHubのリモートリポジトリへのプッシュのタイミングで、自動的にJenkinsのプロジェクトが実行されることです。

そのような自動的な実行の仕組みは、GitHubのWebHookと、JenkinsのGitHubプラグインを利用することで実現できます。GitHubプラグインがインストール済みか

は、Jenkinsのトップページから「**Jenkinsの管理**」「**プラグインの管理**」「**インストール済み**」のタブの順に選択し、「`GitHub plugin`」が表示されていることで確認できます。

図5-19：JenkinsのGitHubプラグインの追加

　もし表示されない場合は、「**利用可能**」タブから「`GitHub plugin`」を探してインストールしてください。GitHub pluginのインストール済みが確認できたら、まずJenkins側で、GitHubのWebフックを受け取れるように設定します。先ほどの`github-sample`プロジェクトの設定変更画面にて、「**ビルド・トリガ**」から「`Build when a change is pushed to GitHub`」のチェックボックスをオンにします。

　その後、設定を保存してください。

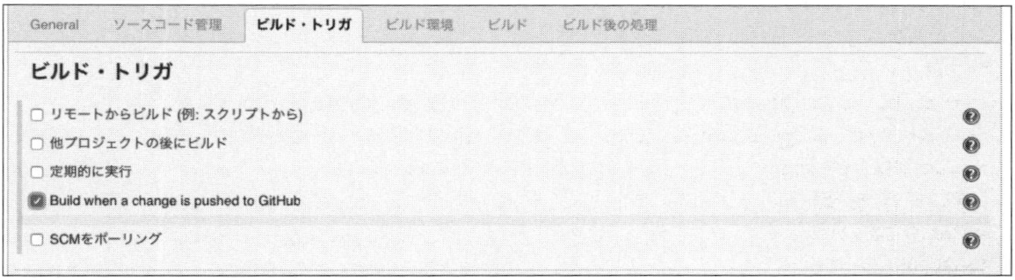

図5-20：Jenkinsの修正（ビルド・トリガの追加）

　次に、GitHub側で、このJenkinsサーバに対してフックを行います。GitHub上の`sample-repo`のページから「**Settings**」を選択し、「**Webhooks & services**」のページを表示します。画面中央右側（次の図では右上）の「**Add service**」のボタンがありますので、そこからフックの設定を追加していきます。

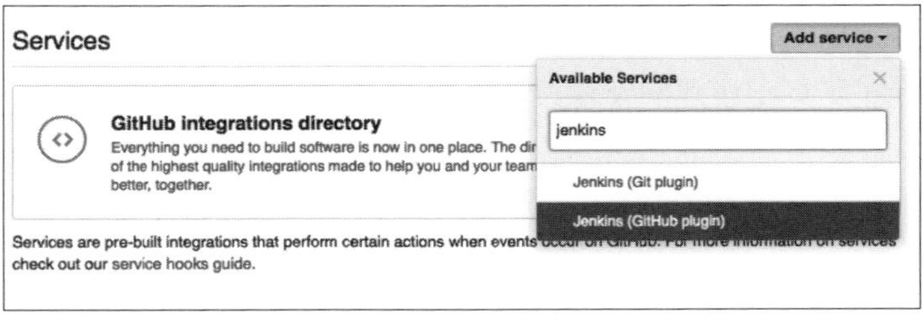

図5-21：GitHubのサービスフックの追加1

「**Jenkins hook url**」には、以下のURLを記載します。

http://CIサーバのIPアドレス:8080/github-webhook/

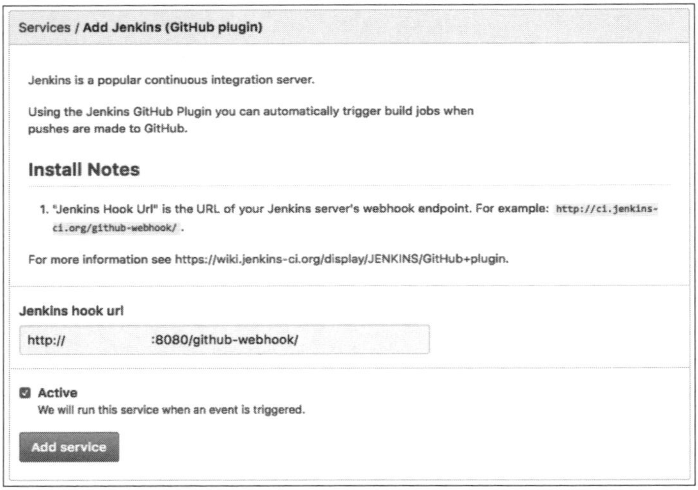

図5-22：GitHubのサービスフックの追加2

このURLの情報は、Jenkinsの「**Jenkinsの管理**」「**システムの設定**」内の「**GitHub**」の項にも記載されています。Payload URLを追加したら、下部の「**Add service**」を押して保存します。

GitHubとJenkinsの連携を試す

さて、ここまでの設定を踏まえて、GitHubとJenkinsの連携を試してみましょう。Slack連携の確認の際と同じく、手元のGitリポジトリでプッシュしてみます。

▶ コード変更の実施

```
$ git clone https://github.com/あなたのアカウント/sample-repo.git
$ cd sample-repo
$ echo 'Jenkins Service hook test!' >> README.md
$ git add .
$ git commit -m "Jenkins Service hook test"
$ git push origin master
```

すると、これまでの設定が正しい場合は、Jenkins側のプロジェクトが勝手に実行されていることが分かります。

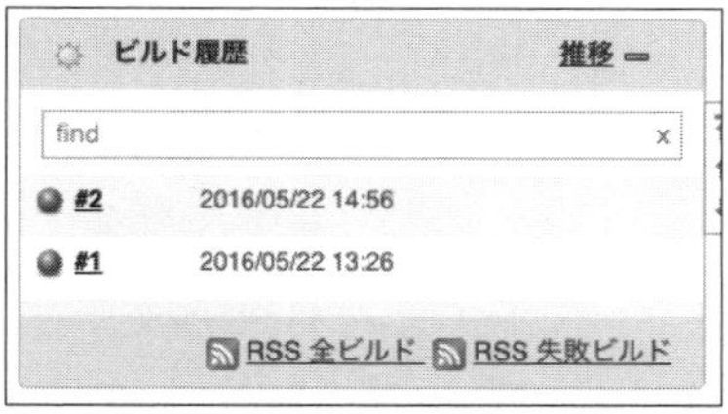

図5-23：GitHubからのフックによるJenkinsプロジェクト自動実行の結果

「コンソール出力」から実行結果を見ても、以下の通り最新のリポジトリの情報が参照できていることが分かります。

▶ **Jenkinsのコンソール出力結果**

```
[github-sample] $ /bin/sh -xe /tmp/hudson5568705975159170787.sh
+ ls -l
total 4
-rw-r--r--. 1 jenkins jenkins 67 May 22 14:56 README.md
drwxr-xr-x. 2 jenkins jenkins 22 May 22 13:26 test-dir
+ cat README.md
# Hello, git!
Update Test
WebHook test!
Jenkins Service hook test!
Finished: SUCCESS
```

ここまでの設定で、GitHubのリポジトリに向けてプッシュするだけで、Jenkinsのプロジェクトが実行されることが確認できました。

5-1-4 JenkinsとSlackの連携：ジョブのイベントをSlackに通知する

さて、次にJenkinsのプロジェクトが実行されるタイミングでSlackへ通知できるようにしてみましょう。

先ほどの**github-sample**プロジェクトをそのまま利用します。

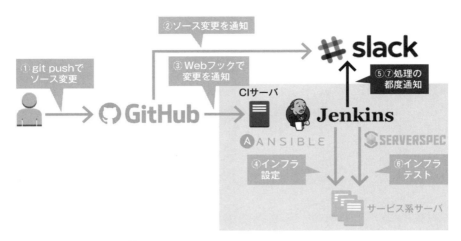

図5-24：JenkinsとSlackの連携

SlackからJenkins通知用の設定を行う

まず、Slack通知の基本的な設定を行います。Jenkinsから、どのSlackアカウントに対して通知を行うかを定義するものです。

GitHubの通知の際にも利用した、以下のページから「**Jenkins CI**」を追加してください。

> 参照URL　https://my.slack.com/apps

図5-25：Slackのインテグレーションの追加（Jenkins CI）

Jenkins CIのインテグレーションのインストールを行ったあと、どのSlackチャンネルに通知するかの画面になりますので、ここでは「**#general**」に通知するようにします。

次の画面では、この後Jenkins側ではどんな設定を行えばよいかを丁寧に解説してくれます。この画面の指示にしたがって設定を行えばよいのですが、それはこの後説明します。

一旦、ページ下部の「**Token**」欄にある文字列を控えておいてください。

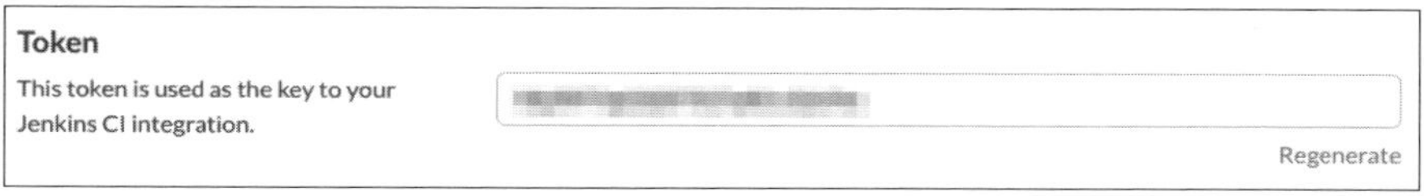

図5-26：Slackインテグレーションの設定（トークンの確認）

このトークン情報と、Slackサブドメイン自体の名前を、この後Jenkins側に設定することになります。

Slackサブドメインの名前は、SlackのURLが「○○○.slack.com」となっているかと思いますが、サブドメイン名である○○○の部分です。これらの情報は、後からでも参照できます。最後に、「**Save Settings**」にて、設定を保存してください。

以上で、Slack側の設定は完了です。

■ JenkinsからSlack通知用の設定を行う

次に、Jenkins側の設定を行います。

まず、JenkinsからSlack通知できるように、Jenkinsにプラグインを追加します。

Jenkinsの管理ページから「**プラグインの管理**」ページにて、「**利用可能**」タブの中から「**Slack Notification Plugin**」を選択し、インストールします。

図5-27：Jenkinsプラグインの追加（Slack Notification Plugin）

次に、Jenkinsの管理ページから「**システムの設定**」を開き、途中の「**Global Slack Notifier Settings**」に、先ほど控えた2つの情報を入力してください。「**Team Subdomain**」にはSlackのサブドメイン名（○○○**.slack.com**の○○○の部分です）、「**Integration Token**」にはSlack側で発行されたトークン情報を入力します。

次に、「**Channel**」に「**#general**」を入力し、「**Test Connection**」を押した上で「**Success**」が表示されれば、JenkinsからのSlackへの基本的な設定は完了です。

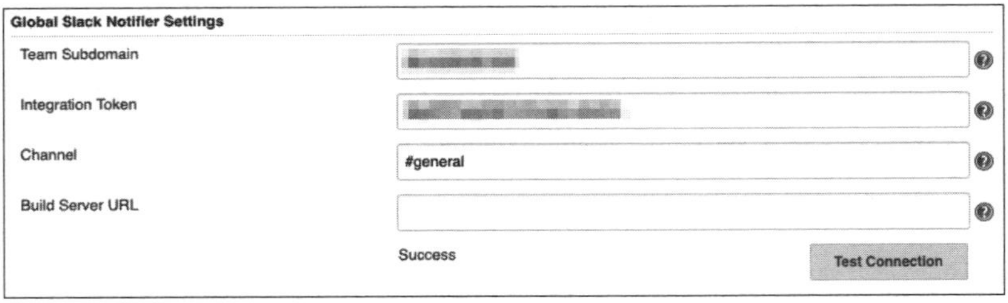

図5-28：JenkinsのSlack通知の設定

この時点でSlackを見ると、以下の通りテスト接続が行われていることが分かります。

jenkins BOT 12:37 AM
Slack/Jenkins plugin: you're all set on null

図5-29：Slack通知のテスト

忘れずに、Jenkins側で設定を保存しましょう。

次に、Jenkinsの`github-sample`プロジェクトの設定を変更して、Slack通知が行われるようにします。

プロジェクトの設定変更画面にて、「ビルド後の処理」「ビルド後の処理の追加」から「**Slack Notifications**」を選択しましょう。

ここではプロジェクトの実行のどの状況をSlackに通知するかを選ぶことができます。

一旦、全ての状況を通知するように、全てのチェックボックスをオンにしてください。

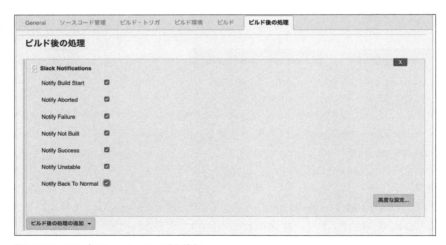

図5-30：JenkinsプロジェクトのSlack通知設定

設定後、保存します。

JenkinsとSlackの連携を試す

さて、それではJenkinsのプロジェクトを実行することで、Slackに対して通知が行われることを確認してみましょう。

Jenkinsの**github-sample**プロジェクトを、「ビルドの実行」から手動で実行してみてください。

すると、プロジェクトの実行結果が以下の通り通知されているはずです。

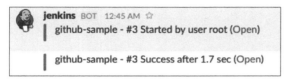

図5-31：JenkinsからSlackへの通知結果

この実行結果のリンクをクリックすることで、誰でもそのプロジェクトの実行結果の詳細をすぐさま確認できるようになります。

これにより、Jenkinsのプロジェクトの実行結果がSlackに通知されるようになりました。

5-1-5　JenkinsとAnsibleの連携：ジョブによりインフラの構築を行う

さて、いよいよAnsibleによる構築を行います。

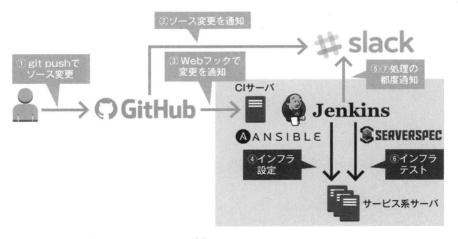

図5-32：JenkinsからAnsible, Serverspecへの連携

これから構築するインフラの詳細な構成は下記の通りです。HAProxyがロードバランサとして機能するLBサーバと、そのロードバランス先としてnginxが動作するWebサーバが2台存在する構成です。

これらの環境を、Ansibleによって構築することを目指します。

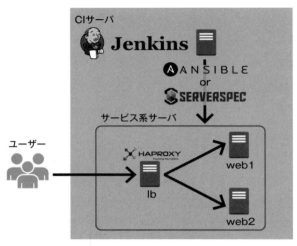

図5-33：Jenkinsからの構築・テストの詳細イメージ

ここでは、CIサーバから各サービス系サーバ（LBサーバ、Webサーバとします）に対して構築を行います。

もしAWSの環境で試す場合は、よりAWSの機能をフル活用した構成も可能ですが、ここでは一旦簡単な例として、「既にサーバとしては存在しており、このサーバを今後も利用する」を例を紹介します。Blue-Green Deploymentとしての事例は、5-3をご覧ください。

まず前提として、以下のような構成および設定であるとします。

- **CIサーバ**
  - Ansibleがインストールされている（バージョン2.1.1にて動作を確認）
  - sshによってLB、Webサーバにアクセスできる。アクセスユーザは `centos`
  - LBサーバ、Webサーバに対してそれぞれ `lb.devops-book.local`、`web1.devops-book.local`、`web2.devops-book.local` という名前で名前解決ができる
- **LBサーバ、Webサーバ**
  - `centos`（sshユーザ）はsudoが実行可能
  - 外部へアクセス可能（yumリポジトリへパッケージを取得できる）
  - LBサーバはテスト対象マシンからHTTPでアクセスできる

まずはAnsibleによる構築を行い、次にそれをJenkinsプロジェクトで実行するという順序で実現を考えていきます。

Ansibleによるサーバの構築

まず、JenkinsプロジェクトはさておきCIサーバからAnsibleのコマンドによってプロビジョニングが行われることを目指します。

以下の作業は、CIサーバ上で行います。

まず以下のGitHubリポジトリを、皆さんのGitHubアカウントへフォークしてください。フォークとは、とあるGitリポジトリを他のアカウントへコピーすることを指します。

この操作によって、皆さんの手元のアカウントへリポジトリそのものがコピーされますので、ご自身のアカウントのリポジトリ上で誰にも影響を与えず、元のリポジトリ管理者にプッシュ権限を追加してもらわなくても、自分のスペースで好きにコードを改変したり管理することができるようになります。

参照URL　https://github.com/devops-book/ansible-practice.git

フォークを行うには、上記URLへアクセスし、右上から「**Fork**」ボタンを押せば、すぐさま完了します。

図5-34：GitHub上でのフォーク

「**Fork**」ボタンを押した後、あなたのGitHubアカウントで、以下のリポジトリが作成されていることを確認してください。

参照URL　https://github.com/あなたのアカウント/ansible-practice.git

これでフォークは完了しました。

次に、CIサーバにログインし、上記リポジトリをクローンします。

```
$ git clone https://github.com/あなたのアカウント/ansible-practice.git
```

ここでクローンしたリポジトリは、2章で学習した**ansible-playbook-sample**とほぼ同じ構成です。主な変更点は、以下の通りです。

- ローカルホストではなくリモートのサーバに対して構築を行う
- WebサーバだけでなくLBサーバに対しても構築を行う

- その他、より変数を利用するようにして汎用的な構成にしている

復習したい方は、2-3-2を振り返りつつ、インベントリやplaybookの設定をご覧になってもいいでしょう。
次に、このリポジトリを使って実際に構築を行ってみます。

▶ Ansibleの実行

```
$ cd ansible-practice
$ ansible-playbook -i inventory/development site.yml
```

問題がなければ、以下の通り正常終了するはずです。(**ok**と**changed**の数は、状況によって異なります。**unreachable**あるいは**failed**が0件であれば問題ありません)

▶ Ansibleの実行結果確認

```
PLAY [webservers] ************************************************

TASK [setup] *****************************************************
ok: [web1]
ok: [web2]

(略)

PLAY RECAP *******************************************************
lb                         : ok=10   changed=3    unreachable=0    failed=0
web1                       : ok=21   changed=0    unreachable=0    failed=0
web2                       : ok=21   changed=0    unreachable=0    failed=0
```

この時点で、ロードバランサとなるサーバ(LB)に80番ポートでアクセスしてみましょう。

参照URL　http://LBサーバのIPアドレス/

何度かアクセスすると、以下の通り2種類の表示が行われることが分かります。
つまりロードバランサを経由して、配下のWebサーバ2台(web1、web2)に正常に振り分けが行われていることが分かります。

```
Hello, production ansible!!

This is web1!

continuous delivery!!
```

```
Hello, production ansible!!

This is web2!

continuous delivery!!
```

図5-35：ロードバランサからのアクセス結果

JenkinsからAnsibleを実行する

次に、Jenkins上からAnsibleを実行するプロジェクトを作成します。先ほどまでのコマンドラインでの実行と異なり、今回は**jenkins**ユーザでのAnsible実行となります。したがって、**jenkins**ユーザでsshを行い、アクセス可能でなければなりません。ご注意ください。また、**jenkins**ユーザはローカルホストでパスワードなしの**sudo**を実行可能とします。**/etc/sudoers.d/jenkins**に以下が記載されているものとしてください。

▶ /etc/sudoers.d/jenkins（Jenkinsユーザのsudo設定）

```
jenkins ALL=(ALL) NOPASSWD:ALL
```

また、tty無しでのsudoを許可するため、**/etc/sudoers**の**requretty**の設定をコメントアウトしてください。変更するには、**root**ユーザで**visudo**コマンドにより変更します。

▶ /etc/sudoers（visudoコマンドにより編集）

```
#Defaults    requiretty # この行をコメントアウトする
```

Jenkinsプロジェクトを作成する前に、Jenkins上からAnsibleを実行するために便利なプラグインを追加します。「**Ansible plugin**」と「**AnsiColor**」の2つのプラグインです。

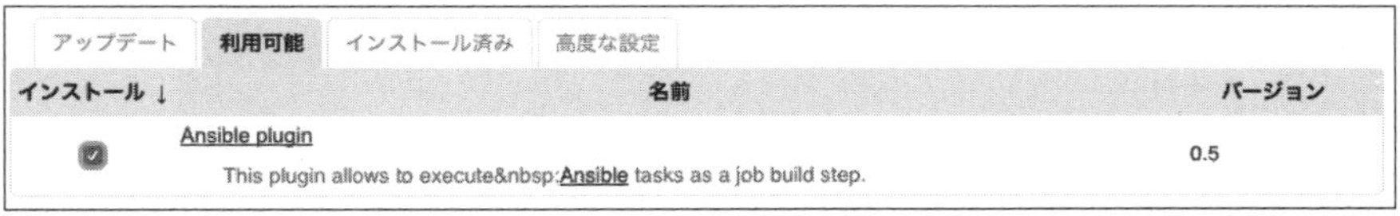

図5-36：Ansible pluginのインストール

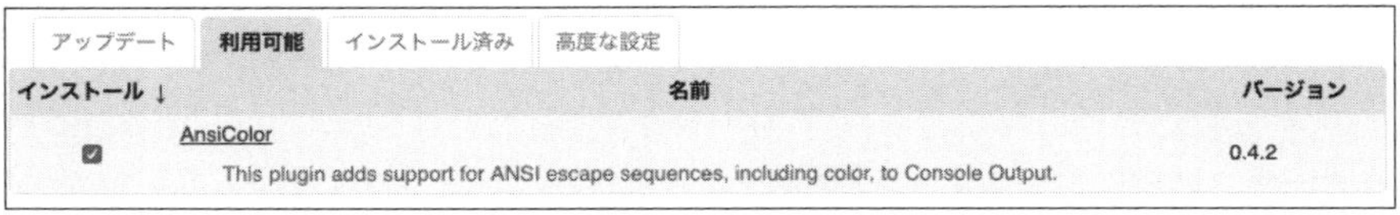

図5-37：AnsiColorプラグインのインストール

Ansible pluginは、**ansible-playbook**コマンド実行に必要なパラメータを個別に指定できるプラグインです。後者のAnsiColorは、出力結果を色付けしてくれます。

次に、Jenkinsプロジェクトを作成します。先ほどはサンプルとなる「**github-sample**」というプロジェクトを作成しましたが、それと同様に「**provision-servers**」というプロジェクトを作成しましょう。プロジェクトには、3つの設定を行います。まず、

GitHubからのクローン用の設定を行います。「**ソースコード管理**」の「`Git`」について、さきほどフォークしたあなたのアカウント上でのGitHubリポジトリを指定してください。

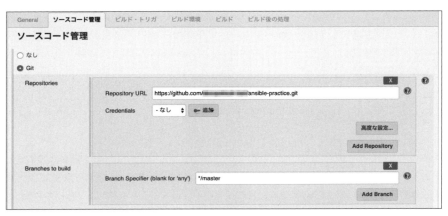

図5-38：JenkinsプロジェクトでのGitHubリポジトリとの連携の設定

次に、「`Color ANSI Console Output`」にチェックを入れてください。最後に、「ビルド手順の追加」から「`Invoke Ansible Playbook`」を選択し、下記の通り指定します。先ほど、`ansible-playbook`コマンドを実行した時と同じです。「`Playbook path`」に「`site.yml`」、また「`Inventory`」に「`File`」として「`inventory/development`」、そして「高度な設定」ボタンを押して「`Colorized stdout`」にチェックを入れておいてください。

図5-39：JenkinsプロジェクトでのAnsible playbookの設定（LBサーバ、Webサーバ）

それでは、いよいよ実行です。ジョブを実行し、結果のアイコンが青色になっていれば成功です。

コンソール出力では、下記のコマンドを実行した時と同じ出力が色付きで確認できます。

▶ コンソール出力との比較

```
$ ansible-playbook -i inventory/development site.yml
```

5-1-6 JenkinsとServerspecの連携：ジョブによりインフラのテストを行う

次に、Serverspecによるテストを設定します。

まずCIサーバにてServerspecが実行可能な状態にした上で、コマンドでの確認、その後Jenkinsプロジェクトからの確認の順に進めていきます。なお、テストコードは、先ほどの **ansible-playbook** コマンドの実行によって、既にCIサーバの **/usr/local/serverspec** 以下に配置されています。テスト項目が気になる方は、Gitリポジトリか上記パスのspecファイルをご覧ください。

Serverspecによるインフラのテスト

まず、CIサーバ上でServerspecが実行可能な状態にします。AnsibleにてCIサーバのServerspecのインストールも含めた構築も行ってしまいましょう。

Jenkinsプロジェクトから、「**provision-ci-server**」という名前の新しいプロジェクトを作成します。このプロジェクトは、「**provision-servers**」のプロジェクトとほぼ同じ設定で問題ありません。1点だけ、Ansibleの設定部分の「**Playbook path**」の部分のみ、「**ciservers.yml**」に変更してください。

図5-40：JenkinsプロジェクトでのAnsible playbookの設定（CIサーバ）

プロジェクトを保存し、Jenkinsプロジェクトを実行してください。これを実行することにより、RubyとServerspecに必要となるgemパッケージの一式がインストールされます。正常に終了すると、CIサーバ上にてServerspecが実行可能な状態になっています。

次に、Serverspecが利用するsshの設定を行います。Serverspecはデフォルトで`${HOME}/.ssh/config`の設定を利用するため、以下のように設定を記載します。

`${HOME}`は、Jenkinsで実行する場合は、`jenkins`ユーザのホームディレクトリとなるでしょう。環境が異なる場合は、適宜読み替えてください。

▶ ~jenkins/.ssh/config

```
Host *
  User centos
  Port 22
  StrictHostKeyChecking no
  PasswordAuthentication no
  IdentityFile "/var/lib/jenkins/.ssh/id_rsa"
  IdentitiesOnly yes
```

最後に、パーミッションを変更しておきます。

▶ パーミッションの変更

```
$ sudo chmod 400 ~jenkins/.ssh/config
```

それでは、Serverspecを実行してみましょう。
実行可能なコマンドは、以下のように確認することができます。

▶ 実行可能コマンドの確認

```
$ cd /usr/local/serverspec
$ rake -T
rake spec:lb      # Run serverspec tests to lb
rake spec:web1    # Run serverspec tests to web1
rake spec:web2    # Run serverspec tests to web2
```

このように、サーバ個別に実行することも可能ですし、`rake spec`で全サーバを実行することも可能です。
実際に実行してみます。

▶ Serverspecの実行

```
$ rake spec
/usr/bin/ruby -I/usr/local/share/gems/gems/rspec-core-3.4.4/lib:/usr/
local/share/gems/gems/rspec-support-3.4.1/lib /usr/local/share/gems/
gems/rspec-core-3.4.4/exe/rspec --pattern spec/web1/\*_spec.rb

SELinux
  should be disabled

Command "timedatectl | grep "Time zone""
  stdout
    should match "Asia/Tokyo"

Group "nginx"
  should exist
  should have gid 2000
(略)
Finished in 1.09 seconds (files took 0.31624 seconds to load)
31 examples, 0 failures
(略)
Finished in 1.08 seconds (files took 0.29963 seconds to load)
31 examples, 0 failures
(略)
Service "haproxy"
  should be enabled
  should be running

Port "80"
  should be listening

Port "8080"
  should be listening

Finished in 0.84318 seconds (files took 0.29671 seconds to load)
19 examples, 0 failures
```

問題なければ、上記の通り3サーバに対して直列でテストを実行し、それぞれのサーバで **0 failures** となって、全てのテストが成功していることがわかります。

JenkinsからServerspecを実行する

次に、Jenkinsプロジェクト上からServerspecを実行してみましょう。
「**test-servers**」というプロジェクトを作成してください。
「**test-servers**」プロジェクトでは、主に新しく2つの設定を行います。
まずひとつ目として、Serverspecの実行です。「ビルド」の「**ビルド手順の追加**」か

ら「シェルの実行」を選択してください。

次に、「シェルスクリプト」欄に、以下のコードを記載します。

▶ Serverspec実行ジョブ

```
SERVERSPEC_ROOT=/usr/local/serverspec
# remove old test results
rm -f ${SERVERSPEC_ROOT}/reports/*

cd ${SERVERSPEC_ROOT}
# execute test
JENKINS=true /usr/local/bin/rake spec
# copy test results to workspace
cp -pr ${SERVERSPEC_ROOT}/reports $WORKSPACE
```

図5-41：JenkinsプロジェクトでのServerspec実行の設定

次に、「ビルド後の処理」から「ビルド後の処理の追加」を選択し、「**JUnitテスト結果の集計**」を選択します。

「**テスト結果XML**」に`reports/*.xml`と入力してください。

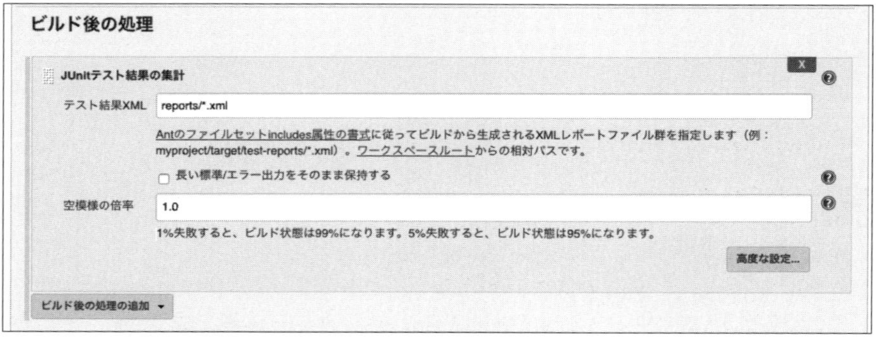

図5-42：Jenkinsプロジェクトでのテスト結果集計の設定

ここまでの設定が終わったら、プロジェクトを保存し、実行します。

すると、テスト結果が、以下の通り推移として表示されるようになります。

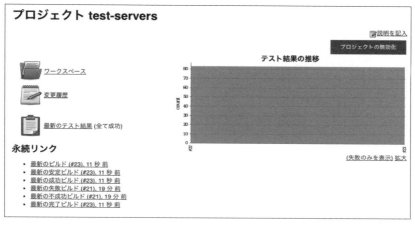

図5-43：Jenkinsプロジェクトからのテスト結果の確認1

「最新のテスト結果」を辿って行くと、例えばnginxのテストとして何が行われ、テスト結果は何だったのかが簡単に分かるようになります。

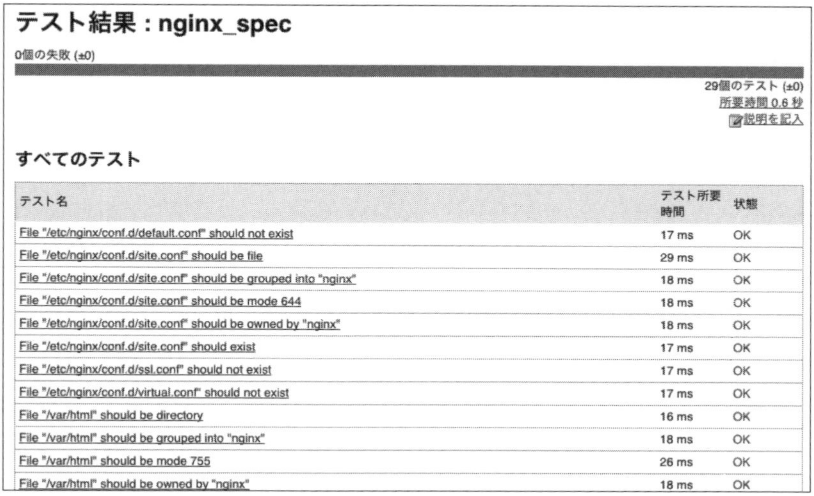

図5-44：Jenkinsプロジェクトからのテスト結果の確認2

コマンドにより文字列で結果が表示されるよりも、ずっと見やすく分かりやすくなったと感じるのではないでしょうか。これにより、もしテスト結果が失敗となった場合も、具体的にどの設定が失敗したのかを判別しやすくなりました。

5-1-7 GitHubからJenkinsによるプロビジョニングを繋げる

ここまでが完了したら、あとは最後の仕上げです。

- **GitHub：`ansible-practice`リポジトリに、サービスフック/Webフックの設定を行う**
  先ほどの例では「`sample-repo`」を利用してサービスフックの設定を行いましたが、それと同様の設定を`ansible-practice`リポジトリに対しても行ってください。
  `ansible-practice`リポジトリが更新された際に、Slack通知が行われ、かつJenkinsにも通知が行われるようにします。

- **Jenkins：`provision-servers`プロジェクトに、サービスフックを受けてプロジェクトが動く仕組みを導入する**
  こちらも、「`github-sample`」プロジェクトの例と同様です。ビルド・トリガを設定し、GitHubの更新を受けてプロジェクトが動く仕組みを入れ、かつプロジェクトの実行時にSlack通知が行われるようにします。

- **Jenkins：`test-servers`にSlack通知の設定を行う**
  上記と同様です。「`test-servers`」プロジェクトに対してもSlack通知の設定を行います。

- **Jenkins：プロジェクト同士を繋げて実行する**
  ここまで、「`provision-servers`」と「`test-servers`」は分けて実行していました。しかし、構築を行ったのであればテストも行うのが普通です。
  したがって、これら2つのジョブを繋げて実行できるようにします。

「`provision-servers`」プロジェクトの設定画面にて、「**ビルド後の処理**」「**ビルド後の処理の追加**」から「他のプロジェクトのビルド」を選択します。そして、「**対象プロジェクト**」に「`test-servers`」を入力してください。これだけで複数のプロジェクトが連続して動作するようになります。
設定が完了したら、プロジェクトを保存してください。

図5-45:「ビルド後の処理」の指定

5-1-8 継続的インテグレーション/デリバリで開発・構築・テストをひとつにする

これまで、パーツごとに構築を行ってきた継続的インテグレーション環境ですが、改めてその全体を振り返ってみましょう。

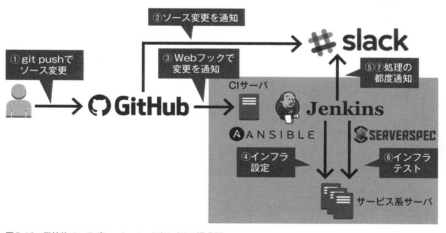

図5-46:継続的インテグレーション/デリバリの構成例

GitHubから始まり、Slack通知を行いながらJenkinsがサーバに対する構築とテストを行うようになりました。早速、その成果を試してみましょう。**ansible-practice**リポジトリのファイルを更新してみます。

▶ リポジトリのファイル更新

```
$ git clone https://github.com/あなたのアカウント/ansible-practice.git
$ cd ansible-practice/roles/nginx/templates/
$ vim roles/nginx/templates/index.html.j2
```

以下のようにファイルの中身を修正します。

 コードの変更

```
(略)
<p>Hello, production ansible!!</p>
<p>This is {{ inventory_hostname }}!</p>
<p>continuous delivery!!</p> <!-- この行を追加 -->
(略)
```

この変更をリモートリポジトリに反映します。

 コード変更の反映

```
$ git add .
$ git commit -m "index.htmlの更新"
[master 09bdc20] index.htmlの更新
 1 file changed, 1 insertion (+)
$ git push origin master
```

すると、Slackに順番に通知が行われ、プッシュ、構築、テストが随時行われていることが分かるようになります。

図5-47：一連の処理のSlack通知

結果として、正常に構築/デプロイが行われ、Web上にも更新された画面が表示されるようになりました。

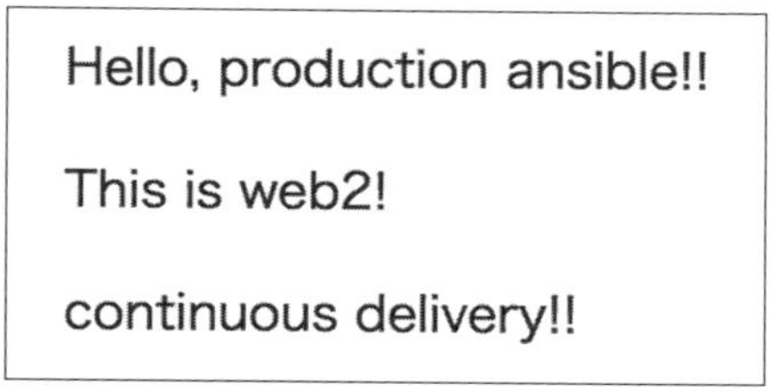

```
Hello, production ansible!!
This is web2!
continuous delivery!!
```

図5-48：Web上での反映の確認

　これまでを振り返ってみると、開発者が（インフラの）コードをコミット/プッシュするだけで、通知を行いながら自動的に構築とテストが行われるようになったことが分かります。この環境は、開発者の手間を極限まで排除し、可能な限り自動的に構築とテストが進むようになっているのです。これは、DevOpsで目指した形そのものです。

5-1-9　より実践的な構成にするために

　ここまでの手順を経て、実践的な継続的インテグレーションの構成を取ることができました。ですが、ここまでの実践例では触れなかったものの、考慮すべき点は他にもあります。

1. セキュリティ

　外部サービスであるGitHubやSlackを組み合わせた仕組みのため、セキュリティは十分に高めておく必要があります。特に、Jenkinsは全てを司る機能を持っているため、ここに誰でもログインできるような仕組みには決してしないでください。

2. ブランチ構成・開発フローと環境

　この例では、GitHub上のmasterブランチのみを対象としてフローを紹介しましたが、実際には2章で紹介したプルリクエストの仕組みを使って、レビューと承認を得ながら進めていくのが理想です。直接masterにプッシュすることは、実際の現場では通常ありません。

　同様に、通常は開発環境と本番環境、場合によってはステージング環境なども存在するはずです。したがって、ひとつのGitブランチで環境を管理することは難しく、例えばdevelopブランチは開発環境用、releaseブランチは本番環境用といった、ブランチと環境の対応をあらかじめ考えておく必要があります。

3. テストの粒度

　この例では、Serverspecによる単純なテストしか行っていません。

しかし実際には、結果的にどのような振る舞いとなるのかHTTPアクセスを行ってみるなど、より総合的なテストが必要になります。

また、アプリケーションをデプロイするのであれば、アプリケーションとしての機能テストも必要でしょう。

したがって、テストを行う種類はより多くして、ユニット、インテグレーション、システムテストの順にそれらを繋げて実行するようにすることが望ましいです。

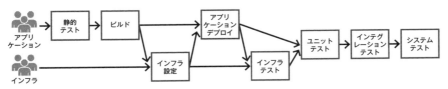

図5-49：アプリケーションやインフラのデプロイとテストのフロー

4. Slackの通知先チャンネル

今回、通知先は「#general」に一本化しましたが、本来は用途を分けてチャンネルを振り分けた方が理想です。あらゆる情報が、用途も目的も混在しつつ「#general」に通知される状態は望ましくありません。例えば、構築の時はこのチャンネル、障害の時はこのチャンネル、といったように、用途に合わせて通知先を決めましょう。ただし、細かく分けすぎるのも考えものです。情報を見るだけでチャンネルを往復するようなことになってしまうと、一連の情報の流れが追いづらくなってしまいます。

5. エラーハンドリング

確かに、GitHubへプッシュすることで、構築とテストは自動化されましたが、仮にテストでエラーになったとしても、それは通知されるだけでそれ以上のことは起こりません。開発環境であればそれでも問題ありませんが、本番環境ではこのような状態で放置することは望ましくありません。したがってエラーになったら自動的に前のバージョンの環境へ戻す、というエラーハンドリングも重要になります。

6. サーバの構築

この例では、既に構築済みのサーバに対して、OS/ミドルウェア以上の設定を行うことを紹介しました。

もしAWSのようなクラウドサービスを利用している場合は、サーバそのものから構築することを自動化したほうがより使いやすくなります。それは、既存の構成を考慮する必要がなくなり、常に新規構築のケースだけを考えればよくなるためです。Immutable Infrastructureのようなサーバの使い捨てができるような環境では、より

一層サーバからの構築に自動化は効果を発揮します。Immutable Infrastructureでの活用事例は、5-3で紹介していきます。

> **COLUMN**
>
> **サービス同士を縦横無尽に組み合わせる**
>
> これまで、GitHub、Ansible、Jenkins、Slackを組み合わせた、ひとつの継続的インテグレーションの形を紹介しました。
>
> ところで、それぞれのツールやサービスを振り返ってみると、Slackにはインテグレーションという機能があり、GitHubやその他サービスとの連携が行いやすくなっていました。GitHubにはWebフックやサービスフックの仕組みがあり、プッシュなどのイベントを外部に連携しやすくなっていました。さらにJenkinsは、プラグインという拡張機能をもって、様々な機能を追加することができ、それによりSlackと連携することなどができるようになっています。
>
> このように、最近のサービスは、基本的にそのサービス単体で機能が完結することはなく、サービス同士を組み合わせることを前提に提供されています。またユーザも、それらのサービスを組み合わせることでより自動化と効率化を進めていく、という考え方が主流になっています。
>
> 皆さんも、ツールやサービス単体での利便性のみを追求して設計するのではなく、それらを組み合わせることでより効率化を進めていってください。
>
> 皆さんの環境に適した、より素晴らしい省力化の形が見つかるかもしれません。

CHAPTER 5

実践・Infrastructure as Code

2 実践 ELKスタック（Elasticsearch, Logstash, Kibana）

4-3-5では、ログ分析の例としてELKスタック（Elasticsearch, Logstash, Kibana）を紹介しました。ここでは、5-1からの続きとしてログ分析と可視化の仕組みを構築していきます。この仕組みによって、Webサーバのアクセスログをリアルタイムに可視化し、分析する基盤が整います。したがって、今どんなアクセスが発生しているか、そのアクセスにどんな傾向があるかを即座に調べることができます。例えば、広告を出した直後にどれだけ反応があったか、あるいはサーバアプリケーションのリリース後にどんな影響が発生したのか、ということを調べられるのです。

5-2-1 ELKスタックの構成要素と連携

まず、全体像から紹介します。
4-3-5で紹介した通り、ログ分析の仕組みは、以下の3つから構成されています。

- **Logstash**
  Webサーバ（ここではweb1、web2サーバ）のアクセスログを読み取りつつ、Elasticsearchに送信します。

- **Elasticsearch**
  Logstashから送られたアクセスログ情報を蓄積します。また、Kibanaからのアクセスに応じて、可視化に必要な情報を返します。

- **Kibana**
  開発者や運用者がログ情報を可視化/分析するために閲覧する画面です。様々な情報の切り口に応じて、情報を可視化します。

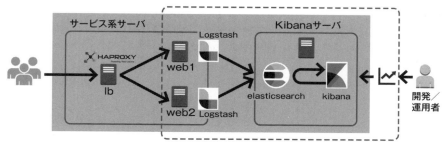

図5-50：ELKスタック

今回の構成では、Kibanaサーバ（ホスト名:**kibana**）に、ElasticsearchとKibana、5-1でも利用したweb1、web2サーバにLogstashを導入し、アクセス情報を可視化していきます。

この構成により、web1、web2サーバのアクセスログをKibanaサーバに転送し、そこに情報を蓄積することで、開発者または運用者はリアルタイムに状況を把握できるようになります。

それによって、自分が携わっているサービスが今どのような状態にあるかを、簡単に把握できるようになります。

5-2-2 ELKスタックの構築

さて、それでは早速ELKスタックを構築していきましょう。
5-1のときの構成から、Kibanaサーバを新設しました。
改めて前提条件を示します。

- **CIサーバ**
  - sshによってKibanaサーバにアクセスできる。アクセスユーザは**centos**
- **Webサーバ**
  - centos（sshユーザ）はsudoが実行可能
  - Kibanaサーバへは9200番ポートでアクセスできる（Logstash → Elasticsearch）
- **Kibanaサーバ**
  - **kibana.devops-book.local** というFQDNで名前解決される
  - **centos**（sshユーザ）はsudoが実行可能
  - 外部へアクセス可能（yumリポジトリからパッケージを取得できる）
  - ブラウザから5601番ポートによってアクセスされる（開発者/運用者 → Kibana）

それでは、まずELKスタックの構築を行います。

5-1でも紹介した、GitHub上の**ansible-practice**リポジトリを利用して、Ansibleにより自動的に構築を行うことができます。実は、既に5-1の作業を行うことで、web1、web2サーバには既にLogstashは導入済みとなっています。5-1の作業を行っていない場合は、CIサーバ上で以下のコマンドを実行してください。

▶ Ansibleの実行（Logstashの導入）

```
$ git clone https://github.com/devops-book/ansible-practice.git
$ cd ansible-practice
$ ansible-playbook -i inventory/development site.yml
```

これにより、web1、web2サーバの構築が、Logstash 2.3.3の導入も含めて完了します（Logstashのバージョンは今後変更される場合があります）。

次に、Kibanaサーバに向けて残りのKibana、Elasticsearchの導入を行います。5-1によってLogstashが導入済みの場合は、この作業から始めます。

CIサーバ上で**ansible-practice**をクローンし、そのディレクトリの中で実行してください。

▶ Ansibleの実行（Elasticsearch, Kibanaの導入）

```
$ ansible-playbook -i inventory/development visualization.yml
```

これによりKibanaサーバ上に、Elasticsearch 2.3.3とKibana 4.5の導入が完了します（Elasticsearch、Kibanaのバージョンは今後変更される場合があります）。**ok/changed**の数はお使いの環境とは異なるかもしれませんが、**unreachable**または**failed**が0件であれば問題ありません。

▶ Ansibleの実行結果確認

```
$ ansible-playbook -i inventory/development visualization.yml

PLAY [kibanaservers] **************************************************

TASK [setup] **********************************************************
ok: [kibana]

（略）

PLAY RECAP ************************************************************
kibana                     : ok=24    changed=1    unreachable=0    failed=0
```

余裕がある方は、5-1と同じようにKibanaサーバ構築のコマンドも、Jenkinsのプロジェクト化や継続的インテグレーションに取り組んでもよいでしょう。

構築が完了すると、以下のURLでKibanaにアクセスできるようになります。

| 参照URL | http://KibanaサーバのIPアドレス:5601 |

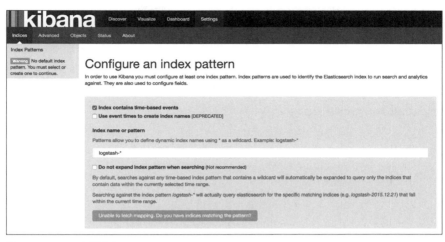

図5-51：Kibanaの初期画面

　ここでは、まだ設定は行いません。Kibanaの画面が問題なく表示される、ということまでを確認してください。

　先に、Logstash～Elasticsearch～Kibanaの間でどのようにデータが扱われるのか、それぞれの設定を紐解いてみましょう。データの流れをイメージしながら設定を確認することで、今後皆さんの環境で可視化を行うときに、どこを見て何を修正すればよいかについて、アタリを付けられるようになります。

　それでは、各サーバの設定を見てみましょう。

Logstash：ログの転送設定

　今回のケースでは、Webサーバの**/var/log/nginx/access.log**に以下のメッセージが書かれていた場合を追っていきます。

▶ /var/log/nginx/access.log

```
172.16.56.178 - - [29/Jun/2016:14:19:03 +0900] "GET / HTTP/1.1" 200 2
06 "-" "Mozilla/5.0 (Macintosh; Intel Mac OS X 10_11_4) AppleWebKit/53
7.36 (KHTML, like Gecko) Chrome/51.0.2704.103 Safari/537.36" "54.199.1
75.180"
```

　形式は、ほぼApacheのログ出力形式です。ただし、末尾に付加的な情報を付与しています。上記の例で言う、**54.199.175.180**の部分です。

　各Webサーバは、ロードバランサからアクセスが振り分けられるため、Webサーバ

311

に記録されるアクセス元IPアドレスはロードバランサのIPアドレスになってしまう
問題があります（上記**172.16.56.178**の部分）。したがって、別途接続元のIPアド
レスを記録するために、HTTPの**X-Forwarded-For**ヘッダから、クライアントのIP
アドレスを記録するようにしているのがこの部分です。

web1、web2サーバ上のLogstashの設定は、**/etc/logstash/conf.d/nginx.
conf**に記載されています（**nginx.conf**というファイル名は、今回のためにAnsible
で特別に定義しています）。

▶ **/etc/logstash/conf.d/nginx.conf**

```
input {                                                          ─ Ⓐ
  file {
    path => "/var/log/nginx/access.log"
    start_position => "end"
  }
}

filter {                                                         ─ Ⓑ
  grok {                                                         ─ Ⓑ1
    match => { "message" => "%{COMBINEDAPACHELOG} ( \"%{IP:x_
forwarded_for}\") ?" }
    break_on_match => false
    tag_on_failure => ["_message_parse_failure"]
  }
  date {                                                         ─ Ⓑ2
    match => ["timestamp", "dd/MMM/YYYY:HH:mm:ss Z"]
    locale => en
  }
  geoip {                                                        ─ Ⓑ3
    target => "client_geoip"
    source => ["x_forwarded_for"]
  }
  geoip {
    target => "geoip"
    source => ["clientip"]
  }
  grok {                                                         ─ Ⓑ4
    match => { "request" => " (?<first_path>^/[^/]*) %{GREEDYDATA}$" }
    tag_on_failure => ["_request_parse_failure"]
  }
  useragent {                                                    ─ Ⓑ5
    source => "agent"
    target => "useragent"
  }
}

output {                                                         ─ Ⓒ
```

```
    elasticsearch {
      hosts => ["kibana:9200"]
    }
  }
```

大まかに分けて、3つのブロックに分かれています。

inputブロック Ⓐ

　inputブロックは、取り込む情報のソースを指定します。Logstashは様々なものからデータを取り込むことができます。例えば、syslogから取り込んだり、直接HTTPでネットワーク越しに転送されたものを受け取ることができます。変わったところでは、直接Twitterからタイムラインを取り込むこともできます。inputを実現しているLogstashのinputプラグインの詳細は以下をご覧ください。

参照URL　https://www.elastic.co/guide/en/logstash/current/input-plugins.html

▶ inputブロック

```
file {
    path => "/var/log/nginx/access.log"
    start_position => "end"
}
```

　ここでは、fileプラグインを利用し、対象のログファイル（**/var/log/nginx/access.log**）を取り込んでいます。また、**start_position**は、Logstash起動時に対象ファイルのどの位置から読み込むかを指定しています。ここでは**end**のため、対象ログファイルの末尾、すなわちLogstash起動後にファイルに追記されたものを読み込むことになります。読み込んだ文字列は、この時点ではそのまま**message**という変数の中に格納されています。内部的には、以下のように記録されています。この情報を、加工しながら最終的にElasticsearchに登録していきます。

▶ ログデータ例 - Inputのみ

```
{
    "message" => "172.16.56.178 - - [29/Jun/2016:14:19:03 +0900] \"GET
/ HTTP/1.1\" 200 206 \"-\" \"Mozilla/5.0 (Macintosh; Intel Mac OS X
10_11_4) AppleWebKit/537.36 (KHTML, like Gecko) Chrome/51.0.2704.103
Safari/537.36\" \"54.199.175.180\"",
    "@version" => "1",
    "@timestamp" => "2016-06-29T06:04:59.977Z",
    "path" => "/var/log/nginx/access.log",
    "host" => "web1"
}
```

filterブロック ❸

filterブロックは、inputブロックで取り込んだ情報を基に加工を行うところです。

1行の文字列から、意味のある変数に分割して値をセットすることを行ったり、値そのものを変換して見やすい形に加工するといったことを行います。通常、inputブロックで取り込んだ情報は**message**に入っているため、この**message**の中の文字列を分割したり加工することを行います。また、加工したものをさらに別のプラグインで加工することもできます。その場合は、上から順番に解釈されます。詳細は以下をご覧ください。

> 参照URL　https://www.elastic.co/guide/en/logstash/current/filter-plugins.html

grokフィルタ ❸1

▶ grokフィルタ

```
grok {
    match => { "message" => "%{COMBINEDAPACHELOG} ( \"%{IP:x_forwarded_for}\") ?" }
    break_on_match => false
    tag_on_failure => ["_message_parse_failure"]
}
```

ひとつ目のfilterとして、grokプラグインが動作します。これは、任意の文字列を解析し、分割するプラグインです。例えば、文字列をsyslog形式であるとみなし、日付やメッセージなどに分割することができます。ここでは、**COMBINEDAPACHELOG**、すなわちApacheのログ形式であるとみなして文字列を分割してそれぞれの変数に格納しています。更に末尾には、**x_forwarded_for**という変数で接続元IPアドレスを記録しています（今回の例ではnginxを利用していますが、nginxでのログ出力形式をApache形式にしています）。また、文字列の解析に失敗した場合は、**tags**という識別子に**_message_parse_failure**という値を付与する設定を行っています。この時点では、**message**は以下のように分割されています。

▶ ログデータ例 - grok適用後

```
{
            "message" => "172.16.56.178 - - [29/Jun/2016:14:19:03 +0900] \"GET / HTTP/1.1\" 200 206 \"-\" \"Mozilla/5.0 (Macintosh; Intel Mac OS X 10_11_4) AppleWebKit/537.36 (KHTML, like Gecko) Chrome/51.0.2704.103 Safari/537.36\" \"54.199.175.180\"",
           "@version" => "1",
         "@timestamp" => "2016-06-29T06:05:42.051Z",
               "path" => "/var/log/nginx/access.log",
               "host" => "web1",
           "clientip" => "172.16.56.178",
```

```
            "ident" => "-",
             "auth" => "-",
        "timestamp" => "29/Jun/2016:14:19:03 +0900",
             "verb" => "GET",
          "request" => "/",
      "httpversion" => "1.1",
         "response" => "200",
            "bytes" => "206",
         "referrer" => "\"-\"",
            "agent" => "\"Mozilla/5.0 (Macintosh; Intel Mac OS X
10_11_4) AppleWebKit/537.36 (KHTML, like Gecko) Chrome/51.0.2704.103
Safari/537.36\"",
   "x_forwarded_for" => "54.199.175.180"
}
```

dateフィルタ Ⓑ2

▶ dateフィルタ

```
date {
    match => ["timestamp", "dd/MMM/YYYY:HH:mm:ss Z"]
    locale => en
}
```

次に、先ほどのgrokプラグインで分割された識別子のうち、**timestamp**という識別子に対しての解析を行っています。

ここでは、**timestamp**の識別子の値を、上記の指定された日付フォーマットであると解釈して値を書き換えています。

geoipフィルタ Ⓑ3

▶ geoipフィルタ

```
geoip {
    target => "client_geoip"
    source => ["x_forwarded_for"]
}
geoip {
    target => "geoip"
    source => ["clientip"]
}
```

geoipプラグインでは、グローバルIPアドレスから大まかな位置情報を解析します。先ほどのgrokプラグインによって分割された識別子の中に、**x_forwarded_for**にアクセス元のIPアドレスが記載されているため、それを基に位置情報を認識して

`client_geoip`識別子を新たに追加します。

▶ 位置情報を追加するために利用する情報

```
"x_forwarded_for" => "54.199.175.180"
```

この情報を利用して、以下の識別子が追加されます。

▶ 新たに追加された情報（client_geoip）

```
"client_geoip" => {
    "ip" => "54.199.175.180",
    "country_code2" => "US",
    "country_code3" => "USA",
    "country_name" => "United States",
    "continent_code" => "NA",
    "region_name" => "NJ",
    "city_name" => "Woodbridge",
    "postal_code" => "07095",
    "latitude" => 40.55250000000001,
    "longitude" => -74.2915,
    "dma_code" => 501,
    "area_code" => 732,
    "timezone" => "America/New_York",
    "real_region_name" => "New Jersey",
    "location" => [
        [0] -74.2915,
        [1] 40.55250000000001
    ]
}
```

また、今回のケースでは`clientip`にはロードバランサのIPアドレスしか入らないため意味はありませんが、`clientip`についても同様の設定を行っています。結果は、`geoip`という識別子に（判別できれば）出力されます。プライベートIPアドレスなど、判定できない場合は何も値は設定されません。

grokフィルタ Ⓑ4

▶ grokフィルタ（2つ目）

```
grok {
    match => { "request" => "(?<first_path>^/[^/]*)%{GREEDYDATA}$" }
    tag_on_failure => ["_request_parse_failure"]
}
```

再びgrokプラグインです。`request`の中の文字列を解析して、更にパターンに

マッチする部分的な文字列を、**first_path**という新たな識別子に追加しています。

▶ パス情報を追加するために利用する情報

```
"request" => "/",
```

この情報を利用して、以下の識別子が追加されます。

▶ 新たに追加された情報 (first_path)

```
"first_path" => "/"
```

今回の例では特に変化がありませんが、例えば**request**に**/path1/path2/path3**という値が入ったときには、第一階層目である**/path1**が**request**に格納されるようになります。

これにより、後でアクセス先を解析する際に、どこに対してのアクセスが多いのかを確認しやすくなります。

useragentフィルタ ❺5

▶ useragentフィルタ

```
useragent {
    source => "agent"
    target => "useragent"
}
```

もともと、**agent**識別子には以下の値が格納されていました。

▶ agent識別子の情報

```
"agent" => "\"Mozilla/5.0 (Macintosh; Intel Mac OS X 10_11_4) AppleWeb
Kit/537.36 (KHTML, like Gecko) Chrome/51.0.2704.103 Safari/537.36\"",
```

これでも構いませんが、せっかく様々な情報が格納されているのですから、これをより分割して解析しやすくします。useragentフィルタは、UserAgentに格納されている値を、自動的により分かりやすい形で分割して識別子に格納してくれます。

これにより、以下のような形式で識別子が追加されます。

▶ 新たに追加された情報 (useragent)

```
"useragent" => {
    "name" => "Chrome",
    "os" => "Mac OS X 10.11.4",
    "os_name" => "Mac OS X",
    "os_major" => "10",
```

```
        "os_minor" => "11",
        "device" => "Other",
        "major" => "51",
        "minor" => "0",
        "patch" => "2704"
}
```

ここまで、様々なフィルタを通して、付加的な情報を追加し、より解析しやすい形で情報が整理されたことがお分かりかと思います。

outputブロック ●

▶ outputブロック

```
output {
  elasticsearch {
    hosts => ["kibana.devops-book.local:9200"]
  }
}
```

最後に、outputのブロックでは、これまで解析したデータをどう出力するかを定義します。様々なプラグインが用意されており、ファイルに出力することもできます。詳細は以下をご覧ください。

> 参照URL　https://www.elastic.co/guide/en/logstash/current/output-plugins.html

ここでは、ここまで解析した情報を、Elasticsearchに登録する定義を行っています。**kibana**というサーバの9200番ポートに対して、データを投入しています。

Elasticsearch：情報の取り込みの設定

次に、Kibanaサーバ側の設定を見ていきます。

Elasticsearchでは、**/etc/elasticsearch/elasticsearch.yml**という設定ファイルに、以下のような設定を行っています。

▶ /etc/elasticsearch/elasticsearch.yml

```
cluster.name: kibana-es                                        ●Ⓐ
node.name: node-es1                                            ●Ⓑ
network.host: 0.0.0.0                                          ●Ⓒ
discovery.zen.minimum_master_nodes: 1                          ●Ⓓ
```

ここでは最低限の設定を行っています。Elasticsearchは、特に明示しない限りデフォルトで9200番ポートを利用しているため、ここでは特に記載していません。

Ⓐの`cluster.name`は、Elasticsearchがクラスタを構成する場合のクラスタ名です。
　Ⓑの`node.name`は、クラスタを構成するノード名です。
　Ⓒの`network.host`は、このElasticsearchがどこからアクセスを受け付けるかを指定します。デフォルトでは、ローカルホストのみアクセスを許容します。**0.0.0.0**の場合は制限を設けず、どこからでもアクセスを受け入れます。
　Ⓓの`discovery.zen.minimum_master_nodes`は、最低何台のマスターノードがあればクラスタとして問題ないとするかを決定します。ここではElasticsearchの細かい動作原理までは説明しませんが、今回は1台でElasticsearchを起動するため、最低台数として**1**を設定しています。

Kibana：可視化の設定

　最後に、Kibanaの設定です。といっても、Kibanaの設定はデフォルトのままで、特に追加の設定を行っていません。設定はKibanaサーバの**/opt/kibana/config/kibana.yml**に記載されているため、興味がある方はご覧ください。Kibanaはデフォルトでローカルホストの9200番ポートへElasticsearchの問い合わせに行きます。また、5601番ポートでKibanaの画面アクセスを受け付けます。最初に、以下のURLで確認を行ったのはこのためです。

> 参照URL　http://KibanaサーバのIPアドレス:5601

5-2-3　アクセスログを可視化する

データをKibana上から確認する

　さて、それではいよいよ可視化を行ってみましょう。
　最初に、5-1で構築した環境に何度かアクセスしてみましょう。

> http://LBサーバのIPアドレス/

　アクセスすることにより、Webサーバの`access.log`に接続した履歴が記録されているはずです。この情報が無事にElasticsearchに届いていれば、Kibanaからこの情報が確認できます。
　次に、Kibanaにアクセスして、状況を確認してみましょう。
　Kibanaに最初にアクセスすると、まずどのElasticsearchのインデックスを対象に可視化を行うかを決定するための確認画面に遷移します。インデックスとは、データベースでいうテーブルのようなものとお考えください。

319

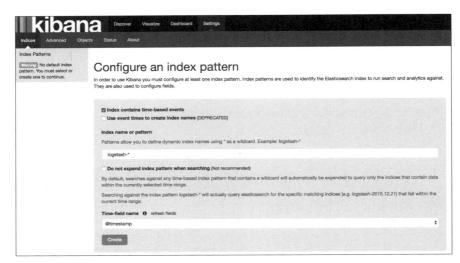

図5-52：Kibanaの初期設定画面

基本的に、この画面の情報は変更する必要がありません。

Index name or patternには、`logstash-*`とあらかじめ入力されています。これは、インデックス名が`logstash-*`というパターンにマッチするものを対象に可視化を行うことを意味しています。LogstashからElasticsearchに連携する場合、インデックス名は自動的に`logstash-YYYY.MM.DD`という名前で作成されます。また、**Time-field name**には`@timestamp`と記載されていますが、これはElasticsearchのインデックスのうち、どのフィールドを「時間」として認識するかを意味しています。フィールドとは、テーブルに対するカラムとお考えください。Kibanaに対する可視化は、基本的に時間軸を基本にして行われます。つまり、状態の遷移を可視化するというものです。例えば、数時間前にある状況だったものが、その数分後にはどのように変化しているか、というものを調べることに利用するのです（時間軸を利用せず、単

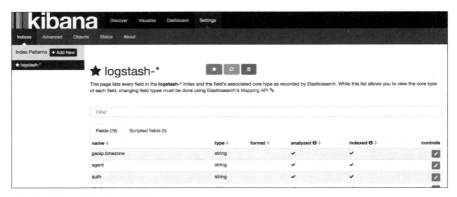

図5-53：Kibanaのインデックス画面

純に可視化のみを行うことも可能です）。

この画面では、「**Create**」を押してください。

次の画面では、インデックスのフィールドの状態を確認することができます。先ほどLogstashの設定の際に、様々な識別子に情報が分割されていく様を確認しましたが、それぞれがElasticsearchでいう「フィールド」として連携されていることが確認できます。この画面では、**logstash-*** というインデックスではどういうフィールドがあるかを確認することができます。

次に、画面上部から「**Discover**」のリンクへ移動します。

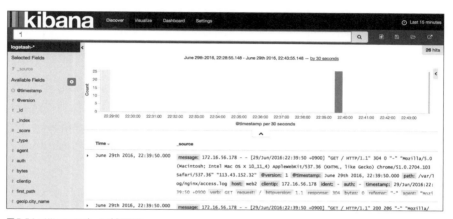

図5-54：Kibanaのデータ確認画面

Discoverの画面では、実際にどのようなデータが流れてきているのかを確認することができます。図では、棒グラフが表示され、時間軸のうちどの時点でどれくらいのデータが流れているのかを確認することができます。

■ ダミーのアクセスログを生成する

さて、このままLBサーバにアクセスして可視化するためのデータを増やし、この状況を可視化してもよいのですが、今回のケースではアクセス元もアクセス先もひとつしかないため、可視化するには少々寂しい結果になってしまいます。

そこで、今回はダミーのアクセスログを生成して、そちらを対象に可視化を行ってみましょう。

ダミーのアクセスログを出力するには、「**apache-loggen**」というツールを利用します。

> 参照URL　https://github.com/tamtam180/apache_log_gen

既に、先ほどのAnsibleの実行により、apache-loggenを実行する仕組みと、その

ログを取り込んでElasticsearchに登録する設定は行われています。

具体的には、既にKibanaサーバ上に以下の設定が行われています。

- apache-loggenのインストール
- Logstashのインストールと、Logstashの設定

それでは、早速apache-loggenを実行してみましょう。
Kibanaサーバ上から、以下のコマンドを実行します。

▶ apache-loggenの実行コマンド例

```
$ apache-loggen --limit=5000 --rate=10 --progress /var/log/nginx/access.log
```

--limitは全部で何件出力するか、**--rate**は秒間何件出力するか、**--progress**はログの出力レートを表示、そして末尾はログの出力先です。つまり、このコマンドは、「秒間10件のペースで、合計5000件のログを **/var/log/nginx/access.log** に向けて出力する」ことを意味しています。必要に応じて、出力件数や出力ペースは増減させてください。

▶ apache-loggenの実行

```
$ apache-loggen --limit=5000 --rate=10 --progress /var/log/nginx/access.log
12[rec] 1.26[rec/s]
```

コマンド実行後、改めてKibanaの画面に戻ります。（コマンドの終了を待つ必要はありません）

Kibanaからアクセス状況を俯瞰する

先に、Kibana上で様々な操作を行うにあたり、メニューバーの説明を行っておきます。

図5-55：Kibanaのメニューバー

それぞれのボタンの意味は、以下の通りです。

表5-2：Kibanaメニューバーの説明

リンク	説明
Discover	データの出力状況を表示する。

リンク	説明
`Visualize`	様々な形のグラフを作成し保存する。例えば棒グラフ、円グラフ、ヒストグラムなど。
`Dashboard`	`Visualize`で保存した様々なグラフを複数貼り付けて、一覧で表示するダッシュボードを作成・表示する。
`Settings`	Kibanaに対する様々な設定を行う。
タイムスパン（`Last 15 minutes`の箇所）	グラフで表示する期間を設定。Kibanaでは、一度に表示されるグラフは、全て同一の期間で連動して表示される。例えば「昨日」や「○月○日から×月×日まで」「直近3時間」という設定が可能。
検索用テキストボックス（*の箇所）	グラフで集計・表示する対象のデータを絞り込む。例えば「PCからのアクセスのみ」や「IPアドレスが○○のアクセスのみ」「HTTPステータスコードが200のもののみ」など。

これからは、まず`Visualize`から様々なグラフを作成し、それを用いて`Dashboard`を作成する、という流れで可視化を行います。

さて、それでは`Visualize`のリンクへ進みます。

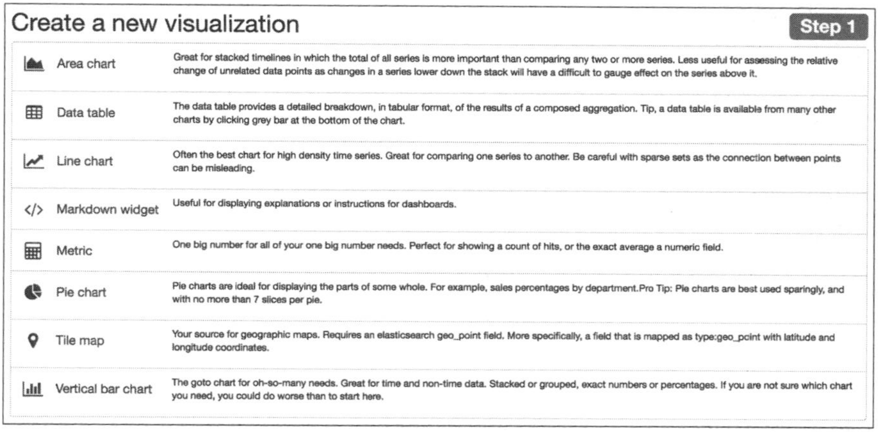

図5-56：Kibana Area chart グラフ作成1

この中で、主に利用するのは`Area chart`（積み上げグラフ）、`Line chart`（折れ線グラフ）、`Pie Chart`（円グラフ）、`Vertical bar chart`（縦棒グラフ）くらいです。

ここでは、まず`Area chart`を選んでみましょう。

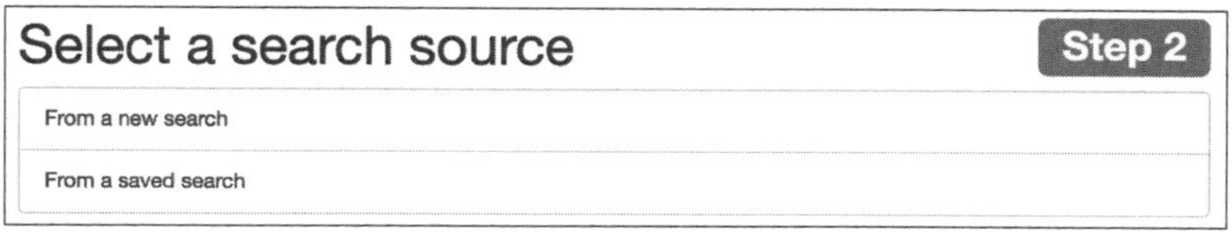

図5-57：Kibana Area chart グラフの作成2

次に、今回はグラフを新規に作成するため、「**From a new search**」を選択します。あとで、作成したグラフをここから編集することもできます。

図5-58：Kibana Area chartグラフの作成3

ここからは、グラフのX軸とY軸に選択するフィールドを指定します。初期画面では上記の通り、何のグラフも表示されていません。ここから、どのようなグラフを表示させたいかによって、X軸とY軸、そしてY軸の積み上げもどのような単位でグルーピングして表するかを決めます。

ここでは、例として「どのようなブラウザ（IEやChromeなど）でどれくらいアクセスを受けているのか」を確認してみましょう。そのためには、上記の画面の左側から、グラフの設定を行う必要があります。

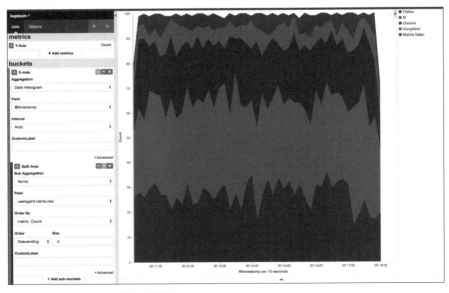

図5-59：Kibana Area chartグラフの作成4

metrics-Y-AxisはY軸の集計のことです。ここでは件数を見たいので、**Count**の

ままで問題ありません。次に**buckets**から**X-Axis**を選択し、表示される**Aggregation**には**Date Histogram**（つまり時間ごとの集計）を選択します。このままでは、単純に時間ごとのアクセス件数でしかないので、次に「ブラウザの単位」でまとめることを行います。**Add sub-buckets**を押し、**Split Area**を選択、**Sub Aggregation**（つまり何の単位でまとめるか）に、**Terms**（値によってまとめる）、**Field**（どのフィールドの値でまとめるか）に**useragent.name.raw**を選択します。

　ここまでが終わったら、緑色の▶を押してみましょう。問題なければ、上記の通りグラフが表示されるはずです。**IE**、**Chrome**、**Firefox**が横並びで、**Mobile Safari**からのアクセスは少ないようです。無事に表示されたら、このグラフを保存しましょう。右上に保存を示すアイコン（ポップアップで**Save Visualization**と表示されます）があるので、それを押し、グラフ名を付けて保存します。ここでは、「ブラウザごとのアクセス件数」とします。終わったら**Save**を押し、保存してください。

　いかがでしょうか。データさえ保存されていれば、Kibanaによって簡単に可視化できるようになったことが実感できたのではないでしょうか。

　もうひとつ、アクセス元の国を表示してみましょう。「**Visualize**」から、今度は「**Vertical bar chart**」を選択してください。次に「**From a new search**」を選択します。

図5-60：Vertical bar chartグラフの作成

　metricsの**Value**は先ほどと同じく**Count**（件数）で問題ありません。**buckets**には**X-Axis**を選択し、**Aggregation**を**Terms**、**Field**を**geoip.country_name.raw**を入力して下さい。ここまでが終わったら、緑色の▶を押すと、上記のように、国別のアクセス数が表示されます。どうやら、アメリカからのアクセスが多いようで

325

す。最後に、このグラフも忘れずに保存しておきます。「国別のアクセス数」という名前でグラフを保存しましょう。

他にも、様々なグラフがありますので、いろいろと触って様々なグラフの作り方を学んでみてください。

最後に、これまでに作ったグラフをまとめて、ひとつのダッシュボードにしましょう。これにより、例えば「アクセスが増加した時に、増加したアクセスにはどんな傾向があるか」を様々な切り口で一目で確認することができます。アクセスするブラウザに偏りがあるのか、特定の国からのアクセスのみが増加しているのか、はたまた、アクセス先が偏っているのかなど、原因を分析して次に繋げるための情報がひとつの画面にまとまるのです。

それでは、メニューバーから「`Dashboard`」を選択してください。

図5-61：Kibana ダッシュボードの作成1

最初は、ダッシュボードに何もありません。ここに、これまで作成した様々なグラフを並べていきます。右上の⊕のボタンを押すと、これまでに作成した様々なグラフを選択することができます。例えば、「ブラウザごとのアクセス件数」を選択すると、即座にダッシュボード部分にそのグラフが表示されます。

図5-62：Kibana ダッシュボードの作成2

同じようにして、他のグラフも選択し、グラフを並べてみてください。それぞれのグラフは、グラフのタイトル部分をドラッグすることで移動させたり、グラフの右下部分をドラッグすることで拡大や縮小ができるようになります。

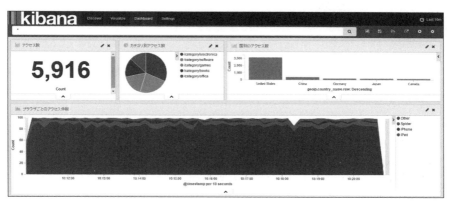

図5-63：Kibana ダッシュボードの作成3

こうして、思い通りに作成したダッシュボードは、グラフと同じく保存することができます。右上の保存のアイコンから、ダッシュボード名を指定して保存してください。

このダッシュボードは、右上のタイムスパンを変更することによって、全てのグラフを連動して見ることができます。常にその時の最新の情報を表示することもできますし、あるいは指定した過去の時点の情報を見ることもできます。URLを共有（**Share**のボタンから短縮URLが発行できます）することで、他のメンバーと状況を共有することもできるのです。Kibanaによって、状況が簡単に可視化できるようになった、ということが実感できるのではないでしょうか。

COLUMN

データがうまく可視化されないときは

可視化の設定を行っていると、うまく結果が表示されないケースがあります。ここでは、どうやってKibanaで可視化できるように切り分けを行うかを紹介します。

1. Logstashで正常にデータを解析できているか？

本編で解説した通り、Logstashの設定は**/etc/logstash/conf.d/**配下の設定が全てです。Elasticsearchにデータを登録する前に、そもそもデータが正常に取り込めており、そのデータがちゃんと切り分けられて解析されているかを確認します。そのためには、outputプラグインでいきなりElasticsearchへ

登録するのではなく、一旦標準出力に表示されるものを確認して、正常である
かを確認します。具体的には、設定でoutputプラグインの部分に以下を記載し
ます（代わりに、outputプラグインで他に指定しているものがあればコメント
アウトしてください）。

▶ logstashのコンフィグ

```
output {
    stdout {
        codec => rubydebug
        }
    }
```

　この設定を記載したあと、対象の設定ファイルだけで一旦Logstashを起動し
てみます。サービスとして起動するのではなく、標準出力に表示されるよう、
以下のコマンドを用いた方がやりやすいでしょう。

▶ 標準出力で確認するためのコマンド

```
/opt/logstash/bin/logstash -f /etc/logstash/conf.d/<コンフィグ
ファイル名>
```

　このコマンドを実行したまま、別のターミナルでログを出力させ、結果が想
定通りのものが表示されれば問題ありません。一方、もし想定された結果では
ない場合、filterプラグインをひとつずつコメントアウトして同じ作業を繰り返
し、どこで解析が行われていないかを確認します。

2. Elasticsearchに正常にデータが登録できているか？

　Elasticsearchには登録されているものの、うまくグラフとして表示できない
場合があります。本編では、Elasticsearchにはほとんど何の設定も行いません
でしたが、本来インデックスのフィールドには、タイプと言われる「型」が存
在します。例えば、リレーショナルデータベースのテーブルにも、文字列型や
数値型というものがあるのと同じです。

　タイプが異なっていると、例えばうまく合計値を取得できなかったり、平均
が計算できなかったりします。Elasticsearchは、最初のデータ投入時に、自動
でタイプを判別します。Kibana上からも、「**Settings**」→「**Indices**」で対
象のインデックスを選択し、各フィールドのtypeを見ることで確認できます。
もし、表示したかったフィールドのタイプが想定と異なっていた場合は、
mappingという設定を行うことで、強制的にタイプを指定することができま

> す。ここではその方法までは紹介しませんが、詳細は以下をご覧ください。
>
> 参照URL　https://www.elastic.co/guide/en/elasticsearch/reference/current/mapping.html
>
> なお、登録済みデータの型を変換することはできません。一度インデックスを消して、mappingを行い、再度データを登録し直す必要があるのでご注意ください。

5-2-4　可視化がDevOpsを身近にする

　ここまで、ELKスタックを用いることによって、状況をリアルタイムかつ簡単に可視化できることを見てきました。今回はアクセスログだけでしたが、例えばサーバのsyslogや、CPU使用率・メモリ使用量などのシステムメトリクスも同時に取得しLogstashで取り込むことで、最終的にはKibanaによって同じ時間軸で可視化することができます。これによって、全ての「状況」が同じステージで確認できるようになります。

　これを実際のサービスに当てはめてみると、一体どういうことが起こるのでしょうか。例えば、新しい機能をリリースした場合を考えてみます。これまで、CPU使用率などのシステム的なメトリクスでのみ状況を確認していたものが、可視化によってより詳細な状況を明らかにしてくれます。「今サービスがどういう状況にあるか」「何が使われていて何が使われていないのか」「エラーが発生しているかどうか」などが、簡単に可視化できるのです。

　もし、機能のリリース後に特定のURLにアクセスが集中していることが分かれば、例えば開発的観点であればそのURLが提供する機能は需要があるとして、さらに新しい機能を盛り込むためのタネを見つけられるかもしれません。一方、運用的観点であれば、そのURLへの集中的な負荷が引き起こす影響を予見し、例えばアクセス分散や負荷低減などの対処を行うことで将来の障害を未然に防ぐことができるかもしれません。これは、従来のシステムメトリクスに対しての「監視」だけでは成し得なかったことです。

　これは、可視化という手段を基に、開発担当と運用担当が同じものを見ているからこそ起こるものです。お互いが同じ情報を見て共有することで、お互いのやることを理解し、進むべき道を再確認し、そして同じ方向へ進んでいくことが可能になります。これこそ、DevOpsが体現する世界に他なりません。可視化が、DevOpsをより身近なものにしてくれるのです。

CHAPTER 5 実践・Infrastructure as Code

3 実践 Immutable Infrastructure

4-3-1 と 4-3-2 では、それぞれ Immutable Infrastructure と Blue-Green Deployment を紹介しました。4-3-3 でも取り上げた通り、これらの仕組みは、簡単にインフラを作成したり削除したりできる、仮想化やクラウド環境において強みを発揮します。ここでは、AWS（Amazon Web Services）を利用して、実際に Immutable Infrastructure と Blue-Green Deployment を組み合わせた仕組みを構築します。この構成により、以下を理解します。

- クラウド環境では、インフラを大きな単位で簡単に作成したり削除したりできること
- その仕組みを利用して、Immutable Infrastructure や Blue-Green Deployment を実際に実現できるということ

この構成を取ることにより、以下のメリットが得られます。

- 素早く、かつ簡単にインフラの構築が行えるようになる
- サービスに影響を与えない形でリリースを行えるようになる。また障害時に、簡単にインフラごと元に戻すことができるようになる
- それらをコマンドラインをベースに実現することができることにより、ツールに組み合わせやすく、ひいては継続的インテグレーションや継続的デリバリとも連携することができる

なお、ここからは AWS の仕組みをフル活用するため、応用編として取り扱います。最低限の説明は行いますが、本文中で登場するそれぞれの用語や仕組みで分からないものがある場合は、適宜調べてみてください。はじめての方には少し難しい内容になるかもしれませんが、仕組みと実現方式を理解して、自分で実現できるようになれば、エンジニアとしてはひとつ大きな成長ができたと感じられると思います。ぜひ最後までチャレンジしてみてください。

5-3-1 Immutable Infrastructure を実現する要素とリリースフロー

先に、これからの構成で利用するツールやサービスを紹介します。既に紹介した通

り、AWSの環境を活用して実現しますので、AWSの各種サービスも利用していきます。ツール、サービスとそれぞれの概要は以下の通りです。

表5-3：Immutable Infrastructureで利用するサービス（機能）

サービス名	サービス名（機能名）	説明	関連URL
AWS	Amazon EC2 (Elastic Compute Cloud)	AWSの仮想マシン	https://aws.amazon.com/jp/ec2/
	ELB (Elastic Load Balancing)	AWSのロードバランサ その中で、Classic Load Balancer (CLB) と呼ばれる機能を本項では利用する	https://aws.amazon.com/jp/elasticloadbalancing/
	AWS CloudFormation	AWSの各コンポーネント（例えばEC2やELBなど）群をテンプレートから1コマンドで作成する	https://aws.amazon.com/jp/cloudformation/
	AWS CLI (コマンドラインインタフェース)	AWSの各操作をコマンドライン上で行うためのコマンドセット	https://aws.amazon.com/jp/cli/
Ansible	Dynamic Inventory	AnsibleのInventoryをファイルから固定的にではなく動的に取得する	http://docs.ansible.com/ansible/intro_dynamic_inventory.html

これらを利用したときの、全体となるイメージは以下です。

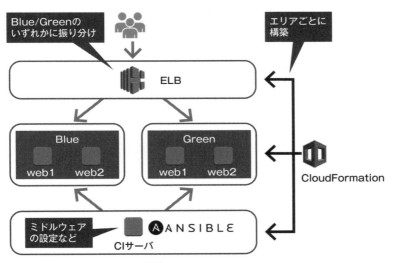

図5-64：Immutable Infrastructure概要

まず、AWS CLIを利用して、CloudFormationによって、ELBやCIサーバ、またBlue/GreenのEC2インスタンスを作成します（最も最初の構築対象であるELBやCIサーバは端末上から行う必要がありますが、その後のBlue/GreenのEC2インスタン

ス構築はCIサーバ上から行います）。Blue/GreenのEC2インスタンス上のミドルウェア構築などは、5-1と同様にCIサーバからAnsibleによって行うようにします。ELBからBlueまたはGreenのEC2インスタンスに振り分けを行う場合の制御（Blueのみに振り分けたり、Greenを加えてBlueを振り分け対象から外すなど）も、CIサーバ上からAWS CLIを利用して行います。

この構成を利用して、以下のような流れでリリース（と切り替え）を行っていきます。

1. （前提）ユーザはBlue側を利用している（※）
2. Green側（非アクティブ側）でインフラを構築する（※）
   1. サーバを作成し、ミドルウェアやアプリケーションをセットアップする（※）
   2. テストを行い、リリース前に正常性を確認する
3. Green側をリリースする。この時点ではユーザはBlue/Greenの両方を利用している（※）
4. 問題がないことを確認し、Blue側を切り離す。ユーザがGreenのみを利用するようになる（※）
5. 利用されないBlue側のインフラを削除する（※）

本項では、（※）の部分をコマンドラインをベースに体験していきます。それ以外については、既にこれまでに学んだ仕組みや手順で十分に実現可能です。例えば、Jenkinsを導入してこの仕組みをGUIで簡単に行えるようにしたり、リリースの流れをSlackに通知すること、またBlue側のリリース後のアクセス状況を可視化して正常性を確認するなどです。これらについては本項では触れませんが、サービスを作る上では備えておいたほうがよいということは、既に皆さんは十分に理解されていることと思います。この仕組みを基本にして、更に精度を高めていく余力があれば、ぜひチャレンジしてみてください。前提として、AWSのアカウントを開設済みであることとします。まだ利用したことのない方は、以下の公式サイトから始めてみてください。

> 参照URL　https://aws.amazon.com/jp/

なお、利用にあたり料金が発生します（AWSでは主に従量課金となり、利用した分だけ支払うことになります）。今回の例では数十〜百円程度に収まりますので、スキルアップのための投資と考えて始めて見るのもよいでしょう。

5-3-2 CloudFormationを利用して基本となる環境を構築する

それでは、まず基本となる部分を作っていきましょう。「基本となる部分」とは、Immutable Infrastructureによって「作り直さない」部分のことを指します。

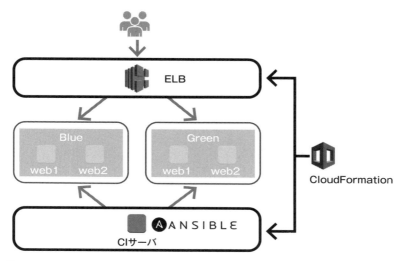

図5-65：Immutable Infrastructureの初期構築対象

　ELBはエンドユーザからのアクセスの振り分けを担っており、これそのものが何らアプリケーション的な設定を持っているわけではありません。またCIサーバは直接サービスには影響がなく、ここを起点にして構築を行うバックエンドのサーバです。これらの要素は、一度構築すると作りなおす必要がありません。したがって、これらをCloudFormationから作成していきます。

AWS CLIを利用できるようにする

　導入にあたって、まず操作を行うためのAWS CLIを皆さんの端末にインストールしてください。Windows版、macOS版など各OSに対応したものが提供されています。

> 参照URL　https://aws.amazon.com/jp/cli/

　インストール後、まず**aws configure**コマンドによって、そのコマンドによってどのAWSアカウントを対象に今後操作を行うかを決定します。

> 参照URL　http://docs.aws.amazon.com/ja_jp/cli/latest/userguide/cli-chap-getting-started.html

▶ AWS CLIの設定

```
$ aws configure
AWS Access Key ID [None]: AKIAXXXXXXXXXXXXXXXX
AWS Secret Access Key [None]: XXXXXXXXXXXXXXXXXXXXXXXXXXXXXXXXXXXX
XX
Default region name [None]: ap-northeast-1
Default output format [None]: json
```

コマンド中のアクセスキーとシークレットキーは、利用者固有の機密情報です。このキー情報が漏洩すると、悪意のあるユーザがAWS上の操作をできてしまうため、厳重に保管してください。皆さんのアカウントにとってのキー情報は、上記URLから辿っていくことで取得することができます。それ以外の**Default region name**は**ap-northeast-1**、**Default output format**は**json**にしてください。

CloudFormationにより基礎となる環境を構築する

それでは、操作のための最低限のセットアップが整いましたので、これから基本的な環境を構築していきます。今回の例では、既にCloudFormationのテンプレートは準備されています。テンプレートとは、何を作るかといった「構築設計書」とお考えください。テンプレートの中に、何を作ってどういう設定にするのかといったことを記載します。テンプレートは以下にありますので、これから順番に利用していきます。

> 参照URL https://github.com/devops-book/cloudformation.git

今回の例では触れませんが、これから皆さんが試行錯誤してカスタマイズすることを考えると、あらかじめフォークしておいた方がよいでしょう。フォークしておくことで、上記のテンプレートを自分のリポジトリの中で好きに改変し、試行錯誤することができるようになります。まず、ELBとCIサーバを構築します。といっても、CloudFormationによってほぼ自動的に構築が行われます。AWS CLIのセットアップが終わっていれば、以下のコマンドによって作成することができます。

▶ **CloudFormationによるELBとCIサーバの構築**

```
$ aws cloudformation create-stack --stack-name blue-green-init
--template-body https://raw.githubusercontent.com/あなたのアカウント/
cloudformation/master/blue-green-init.json --parameters ParameterKey=
VpcId,ParameterValue=[あなたのアカウントのVPC ID] ParameterKey=SubnetId,
ParameterValue=[あなたのアカウントのSubnetID] ParameterKey=KeyName,Param
eterValue=[あなたのアカウントのキーペア名]
```

VPC ID、SubnetID、キーペア名は、あなたのアカウントが持つものを指定してください。それにより、あなたのAWSアカウントのネットワーク上に、EC2インスタンスなどが作成されます。また、あなたの持つSSH鍵でログインできるようになります。あるいは、一度上記Gitリポジトリをフォークし、そのリポジトリからクローンしてローカルにファイルが存在している場合は、以下でも可能です。

▶ **フォークしたGitリポジトリからELBとCIサーバの構築**

```
$ git clone https://github.com/あなたのアカウント/cloudformation.git
$ cd cloudformation
```

```
$ aws cloudformation create-stack --stack-name blue-green-init
--template-body file://blue-green-init.json --parameters ParameterKey
=VpcId,ParameterValue=[あなたのアカウントのVPC ID] ParameterKey=SubnetId
,ParameterValue=[あなたのアカウントのSubnetID] ParameterKey=KeyName,Para
meterValue=[あなたのアカウントのキーペア名]
```

このコマンドにより行われていることについては、上記のjsonファイルの中身をご覧ください。大まかに行っていることは以下です。

- 必要なセキュリティグループ（サーバ間やインターネットとの通信経路の許可設定）を作成
- ActiveELBという名前のELBの作成
- CIサーバ用EC2インスタンスの作成、セキュリティグループの指定、Ansibleのインストール
- ElasticIP（固定的なグローバルアドレス）の取得とCIサーバへの割り当て

これら一連の構成が、「スタック」というひとつの単位で構築されるようになります。作成には少し時間がかかりますので、作成後にCIサーバのグローバルIPアドレス向けにSSHでアクセスできるようになるはずです。AWSのManagement Console上でも途中経過と結果を確認できますが、最終的には以下のコマンドで出力を確認することができます。

▶ CloudFormationの構成を確認

```
$ aws cloudformation describe-stacks --stack-name blue-green-init
--query "Stacks[0].Outputs[].[OutputKey,OutputValue]" --output text
```

このコマンドにより結果が出力されていれば問題ありません。例えば以下の様な出力になるはずです。詳細な結果は環境によって異なります。

▶ スタック情報の確認

```
InactiveELB         InactiveELB-227625242.ap-northeast-1.elb.amazonaws.com
CiAccessIp          52.197.131.248
ActiveELB           ActiveELB-1613817285.ap-northeast-1.elb.amazonaws.com
LbSecurityGroup     sg-1837797c
SshSecurityGroup    sg-1f37797b
```

この出力結果でいう、**ActiveELB**の右の出力がELBへのアクセス先です。エンドユーザがこのDNSに向けてアクセスするという想定でお考えください。つまり、上記の例では以下のアクセスが発生する想定です。

http://ActiveELB-1613817285.ap-northeast-1.elb.amazonaws.com

　現時点では、まだBlue/GreenのECインスタンスも作成しておらず、ELBの配下に何のEC2インスタンスも紐付けていないため、何も起こりません。先ほどの出力結果のうち、**LbSecurityGroup**と**SshSecurityGroup**については、控えておいてください。この後、BlueまたはGreenの面を作る際に利用します。

CloudFormationによりBlue側の環境を構築する

　それでは、初回構築としてここからはBlue側のサーバを作成していきましょう。これから先の作業は、端末上ではなくCIサーバ上で行います。CIサーバには、先ほどの出力結果でいう**CiAccessIp**へSSHでアクセスします。

▶ CiAccessIpへSSHでアクセス

```
$ ssh -i あなたの保存したSSHアクセスキー(キーペア名) centos@CiAccessIpのIPアドレス
```

　これにより、CIサーバにSSHでアクセスできるようになります。以降の作業は、全てCIサーバ上で行います。

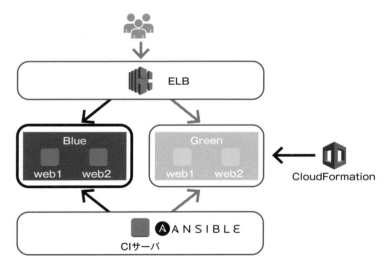

図5-66：Blue側の作成

細かく、以下の3段階でBlue側を作成していきます。

1. Blue側のEC2インスタンスの作成：CloudFormationの実行
2. Blue側のEC2インスタンスの構築：Ansibleの実行
3. Blue側のEC2インスタンスのELBへの紐付け：シェルスクリプトの実行（AWS CLIの実行）

　CIサーバにSSHでアクセス後、まずはBlue側のEC2インスタンスなどを作成します。CIサーバにGitをインストール後、先ほどまで端末上で利用していたGitリポジトリを再度クローンしてください。

▶ CIサーバ側でGitリポジトリをクローン

```
$ git clone https://github.com/あなたのアカウント/cloudformation.git
$ cd cloudformation
```

　Blue側の作成もCloudFormationのコマンドによって簡単に構築することができます。先に **aws configure** によって、**aws**コマンドの初期設定を行っておき、次に以下のコマンドを実行します。

▶ blueスタックの作成

```
$ aws cloudformation create-stack --stack-name blue --template-body file://blue.json --parameters ParameterKey=VpcId,ParameterValue=[あなたのアカウントのVPC ID] ParameterKey=SubnetId,ParameterValue=[あなたのアカウントのSubnetID] ParameterKey=SshSecurityGroupId,ParameterValue=[SshSecurityGroupで取得した値] ParameterKey=LbSecurityGroupId,ParameterValue=[LbSecurityGroupで取得した値]
```

　少しコマンドが長いですが、行っていることはblueというスタックを作成し、必要なパラメータを渡しているだけです。blueのスタックでは、Webサーバとそれに関連するセキュリティグループなどが作られます。先ほど **blue-green-init** の結果として得られた値を、**SshSecurityGroupId** と **LbSecurityGroupId** という名前で付与しています。この時点で、空のEC2インスタンスは作成できました。
　次に、Ansibleを実行して、この空のEC2インスタンスに必要なミドルウェアの構築を行います。5-1や5-2でも利用した、**ansible-practice** リポジトリを利用します。

▶ ansible-practiceリポジトリの準備

```
$ cd ~ # ホームディレクトリへ移動
$ git clone https://github.com/あなたのアカウント/ansible-practice.git
$ cd ansible-practice
```

ここからは、先ほど紹介したAnsibleのDynamic Inventory機能を用いて構築を行います。Dynamic Inventoryとは、インベントリ情報をコマンド実行時に動的に取得する仕組みです。2章や5-1で紹介した**ansible-playbook**コマンドで構築を行っていた際は、インベントリ情報は固定ファイルに記載されていたものを利用していました。しかし、クラウド環境のように、ホスト情報が動的に変更する環境においては、インベントリ情報を固定的に記載するのはあまり嬉しくありません。ホスト情報が変わるたびに、インベントリファイルを書き換えなければならないためです。一方、Dynamic Inventoryでは、**ansible-playbook**コマンド実行時に、動的に実行先を取得することができます。つまり、いちいちインベントリファイルを更新する必要がなくなるのです。具体的な設定内容は**inventory/ec2.ini**ファイルに記載されているので、興味があればご覧ください。大まかには、デフォルトの値から以下のみ変更しています。

▶ inventory/ec2.iniの変更点

```
vpc_destination_variable = private_ip_address # ip_addressから変更
cache_max_age = 0 # 300から変更
```

それぞれ、Ansible実行時にパブリックIPアドレスではなくプライベートIPアドレスでリモートサーバへ接続する、コマンド実行時に毎回ホスト一覧を問い合わせる（ホスト一覧の取得結果をキャッシュしない）、です。

もともとのDynamic Inventory用のスクリプトファイルは以下に配置されています。

参照URL　https://raw.githubusercontent.com/ansible/ansible/devel/contrib/inventory/ec2.py
　　　　　https://raw.githubusercontent.com/ansible/ansible/devel/contrib/inventory/ec2.ini

それでは、**ansible-playbook**コマンドを実行してみましょう。先に、AnsibleからAWSのアクセスキーとシークレットキーを認識させるため、以下のように環境変数として認識させる必要があります（あるいは**inventory/ec2.ini**ファイル中に記載してしまっても構いません）。

▶ ansible-playbookによるミドルウェアの構築

```
$ export AWS_ACCESS_KEY_ID=[あなたのアクセスキーID]
$ export AWS_SECRET_ACCESS_KEY=[あなたのシークレットアクセスキー]
$ ansible-playbook -i inventory/ec2.py blue-webservers.yml --diff
--skip-tags serverspec
```

インベントリファイルの指定が、以前は固定的なファイルだったものが、**ec2.py**というPythonスクリプトファイルになっていることがお分かりかと思います。
また、**blue-webservers.yml**では、Dynamic Inventoryで取得したインベントリの中から、さらに実行対象を絞り込んでいます。

▶ blue-webservers.yml

```
# file: blue-webservers.yml
- hosts: tag_Side_blue ─────────────────────────── Ⓐ
  remote_user: centos
  become: yes
  become_user: root
  gather_facts: yes
  roles:
    - common
    - nginx
```

　このⒶの部分で、EC2インスタンスのうち、**Side**という名前のタグの値が**blue**であるもの、という絞り込みを行っています（AWS上のあらゆるリソースにはタグを付けることが可能で、CloudFormationの実行時にタグを付与しています）。このホストの書き方は、Dynamic Inventoryのスクリプトの中で自動的に決まっています。

　最後の **--skip-tags serverspec** は、task実行中にタグとして**serverspec**を付与しているものをスキップさせるための書き方です。5-1と異なり、CIサーバには Jenkinsをインストールしていないため、準備が不十分としてエラーになってしまうため、今回スキップさせています。もしJenkinsをインストールさせたのであれば、この**--skip-tags serverspec**は記載しなくても構いません。

　ここまでで、Blue側のEC2インスタンスに、Webサーバとしての基本的な設定を行いました。この後はもちろんテストを行い、このWebサーバとしての正常性を確認することになりますが、今回は省略します。5-1などで紹介済みのため、もし余力があればチャレンジしてみてください。

　いよいよ、ELBから振り分けを行います。最初にクローンした**cloudformation**リポジトリの中に、簡単なスクリプトを用意しておきました。

▶ ELB振り分けの設定

```
$ cd ~  # ホームディレクトリへ移動
$ cd cloudformation
$ sh register-instances-with-load-balancer.sh blue ActiveELB
```

　スクリプト**register-instances-with-load-balancer.sh**の中で行っていることは非常に簡単で、EC2インスタンスのうち、タグに**ServerType**が**web**、かつ**Side**が**blue**（引数1）になっているものを、ELB（引数2）に紐付ける、ということをAWS CLIによって行っています。

　ここまでが終わったら、ブラウザからELBに向けて何度かアクセスしてみてください。

　　http://ActiveELB-1613817285.ap-northeast-1.elb.amazonaws.com
　　（DNS名は環境によって異なります）

Blue側のWebサーバ2台に順次振り分けられていることが分かります。ここまで、手順は少し多いと感じたかもしれませんが、非常に大きなことをコマンドにより簡単に行っているということを実感していただけたでしょうか。EC2インスタンス（仮想マシン）を複数台、しかもELB（ロードバランサ）と一緒にコマンドひとつで作ってしまい、しかもセキュリティグループ（アクセス制御）までも行ってしまいました。このような大きな環境変更を、たった数回のコマンド実行で実現できてしまうというのが、クラウドの強みのひとつです。

5-3-3 Blue-Green Deploymentを利用したリリースを行う

ここまでは、Blue側を構築して振り分ける、単なる構築の作業でした。ここからは、いよいよImmutable InfrastructureとBlue-Green Deploymentの見せ場である、リリースと切り替えを行います。ここまで一度も登場しなかった「Green」を作り、それにELBの振り分けを切り替えることを行います。

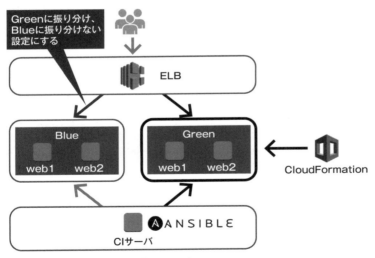

図5-67：BlueからGreenへの切り替えイメージ

リリースと切り替えといっても、Blue側で動いていたものを切り離してしまうと、サービスに影響を与えてしまいます。したがって、まずGreenを作り、ELBに紐付けたあとに、Blue側を切り離すという流れでリリースを行います。

ここからの作業の流れは、以下の通りです。

1. Green側のEC2インスタンスの作成：CloudFormationの実行
2. Green側のEC2インスタンスの構築：Ansibleの実行
3. Green側のEC2インスタンスのELBへの紐付け：シェルスクリプトの実行（AWS CLIの実行）
4. Blue側のEC2インスタンスのELBからの切り離し：シェルスクリプトの実行（AWS CLIの実行）

既に行った、Blue側の作業とほぼ同じであることにお気づきでしょうか。CloudFormation、およびAnsibleのDynamic Inventoryは、EC2のタグによって管理されています。今回利用しているCloudFormationのテンプレートでは、自動的にEC2インスタンスには**blue**や**green**のタグを付与するようにしています。これによって、その後の作業はほとんどBlueとGreenの違いを意識せずに、単に対象を変えるだけで実現できてしまうのです。

それでは、早速作業を行っていきましょう。ここからも引き続きCIサーバ上で行います。コマンドも、Blue側で行ったものとほとんど同じです。まず、Green側のEC2インスタンスを作成します。

▶ GreenのEC2インスタンス作成

```
$ cd ~/cloudformation
$ aws cloudformation create-stack --stack-name green --template-body file://green.json --parameters ParameterKey=VpcId,ParameterValue=[あなたのアカウントのVPC ID] ParameterKey=SubnetId,ParameterValue=[あなたのアカウントのSubnetID] ParameterKey=SshSecurityGroupId,ParameterValue=[SshSecurityGroupで取得した値] ParameterKey=LbSecurityGroupId,ParameterValue=[LbSecurityGroupで取得した値]
```

次に、AnsibleによってGreen側にWebサーバとしての構築を行います。今回の例では、Blue側で行った構築の設定と全く同じものをGreen側にも設定しています。

実際の開発では、BlueでWebサーバを構築した時よりも開発が進み、設定がBlue側とは異なる形となった上でGreenを構築することになるでしょう。

▶ ansible-playbookによるミドルウェアの構築

```
$ cd ~/ansible-practice
$ ansible-playbook -i inventory/ec2.py green-webservers.yml --diff --skip-tags serverspec
```

最後に、GreenをELBに紐付けます。

▶ ELBへGreenを組み込む

```
$ cd ~/cloudformation
$ sh register-instances-with-load-balancer.sh green ActiveELB
```

　ここまで、単に**blue**という名前を**green**と書き換えただけでした。慣れてしまえば、非常に簡単だと感じるのではないでしょうか。ここでは紹介しませんが、コマンドで実行できるため、Jenkinsによってジョブとして動かすことも簡単に行うことができます。この時点でELBにブラウザでアクセスすると、Blueの2台、Greenの2台の合計4台に振り分けられていることが分かります。最後に、アクセスが問題ないと確認したら、Blueを切り離してしまいましょう。

▶ Blueの切り離し

```
$ sh deregister-instances-from-load-balancer.sh blue ActiveELB
```

　これで、Greenの2台のみでサービスを提供している形になりました。改めてブラウザでアクセスすると、2台のみしかアクセスできないことが分かるでしょう。

5-3-4　障害発生時にインフラを切り替える

　ここまでで、Immutable InfrastructureとBlue-Green Deploymentの例を紹介しました。最後に、「もしリリース後に障害が発生したとしたら」を考えてみましょう。例えば、以下のようなシナリオです。

　Webサーバに新しいアプリケーションをGreen側にリリースしたとします。ところが、アプリケーションに重大な不具合が発生しており、サービスの提供ができなくなりました。障害の原因は不明で、根本的な対処の目処が立っていません。この時点での最優先事項は、一刻も早くサービスを復旧させることです。リリース前の時点のアプリケーションに戻したいとした場合、ビルドやテスト、デプロイを改めて行う必要があり、時間がかかってしまいます。

　このような場合に、Blue-Green Deploymentの構成は非常に有効に機能します。なぜなら、過去のバージョンが、まるまるBlue側に残っているからです。Greenをリリースした後にBlue側に切り替えるのは非常に簡単です。先ほどBlueからGreen側に切り替えたのと同じように、GreenからBlue側に切り替えればよいのです。

具体的には以下の通りです。

1. Blue側のEC2インスタンスのELBへの紐付け：シェルスクリプトの実行（AWS CLIの実行）
2. Green側のEC2インスタンスのELBからの切り離し：シェルスクリプトの実行（AWS CLIの実行）

コマンドにしてみても、ほんのこれだけです。

▶ GreenをBlueに切り替える

```
$ cd ~/cloudformation
$ sh register-instances-with-load-balancer.sh blue ActiveELB
$ sh deregister-instances-from-load-balancer.sh green ActiveELB
```

実際にはEC2インスタンスを起動したり、ELBに紐付けたあとにテストを行ったりと、本当にこれだけの手順で全てが終わるわけではありませんが、非常に簡単に切り替えと切り戻しが行えることがお分かりいただけるのではないでしょうか。

> **COLUMN**
>
> ### CloudFormationのスタックを削除する
>
> 本文中では、CloudFormationを利用して様々なスタックを作成し、それを組み合わせることでImmutable InfrastructureとBlue-Green Deploymentを紹介してきました。この検証が終わったあとに、「環境を綺麗に片付ける」ことも、CloudFormationでは簡単に行うことができます。
>
> ▶ スタックの削除
>
> ```
> $ aws cloudformation delete-stack --stack-name blue  # Blue側を完全に削除
> $ aws cloudformation delete-stack --stack-name green # Green側を完全に削除
> $ aws cloudformation delete-stack --stack-name blue-green-init # 初期構築用環境を完全に削除
> ```
>
> AWSでは従量課金のため、インスタンスを起動し続けていればいるほどお金がかかります。したがって、全てを利用し終えたら、上記コマンドによって環境を削除するとよいでしょう。

5-3-5　さらに実践的な構成にするために

ここまで、簡単な構成ではありますが、Immutable InfrastructureとBlue-Green Deploymentの例を見てきました。一度作ってしまえば非常に簡単に実現できるとはいえ、この構成にも課題があります。もしサービスでこの構成を参考にBlue-Green Deploymentを実現しようとする場合は、以下に注意してみてください。

1. 今BlueなのかGreenなのか分からない

この構成では、作業者が「今BlueなのかGreenなのか」を完全に把握していることが前提になります。もし誤ってサービス提供側を対象に作業をしてしまった場合、サービスに直接影響を与える悲惨な状況になってしまいます。現時点では、この構成ではどこにもオペレーションミスを防ぐ仕組みはありません。少し考えてみると、2色である必要はないことに気づくかと思います。そして、リリースを行う場合は「常に最新に切り替える」「最新でないものを切り離す」というルールがあります。ということは、EC2インスタンスのタグ名を「色」ではなく「作成日時」などにすれば、より柔軟かつ安全に仕組み化することが可能でしょう。

2. 構成台数が固定になっている

せっかくのクラウド環境であるにもかかわらず、今回の例では2台で固定となる構成でした。仮にサービスが成長し、現状の2台でアクセスをまかないきれなくなった場合は、テンプレートを修正する必要があります。しかし本来、クラウド環境においては台数を固定的にするという制約は枷にしかならないため、例えばAWSにおけるAutoScalingなどの機能によって台数を柔軟に増減させる仕組みを活用するべきです。

3. ステートフルなサーバには利用できない

これはImmutable Infrastructureとしての制約ですが、今回のようなシンプルなやり方を行う場合、基本的にはステートレスなサーバでしか利用できません。この問題については、4-3-1および4-3-2で紹介した通りです。

4. 事前のテストを行っていない

今回利用したCloudFormationのテンプレートでは、実はActiveELBの他に、InactiveELBという名前のELBも作成しています（しかし何も利用していません）。

本来、これからELBに組み込むインスタンスでは新しいバージョンのアプリケーションが動くことが普通なので、サービス利用のELBに組み込む前に、入念なテストが必要になります。そういった場合に、いきなりサービス利用のELBに組み込むのではなく、まず内部検証用のELB（今回の例でいうInactiveELB）に組み込んだ上でテ

ストを行うなどの必要があります。内部検証用のELBでは、インターネット向けに全開放するのではなく、例えば社内からしかアクセスできなかったり、認証を行ったりと、限られた環境でアクセスできるようにします。

また、今回は紹介しなかった継続的インテグレーションとの組み込みも今後は必要になるでしょう。

5-3-6 Immutable Infrastructureがインフラの利用を根本的に変えていく

ここまで、主にAWSを利用してImmutable InfrastructureとBlue-Green Deploymentの実践例を見てきました。
改めて、本項の最初に理解したかったこととして述べたことを振り返ります。

- **クラウド環境では、インフラを大きな単位で簡単に作成したり削除したりできること**
  AWS環境を利用して、インフラを簡単に作成したり消したりすることができるようになりました。1コマンドでサーバを作ることができる手軽さは、オンプレミスの従来の環境にはないメリットがあります。

- **その仕組みを利用して、Immutable InfrastructureやBlue-Green Deploymentを実際に実現できるということ**
  概念として理解していたImmutable InfrastructureとBlue-Green Deploymentを、実際に利用できる形で紹介しました。皆さんがそれぞれのサービスを考える際に実現方式に困ったときに、考える元となる環境と構成を紹介できるよう工夫したつもりです。

振り返ってみると、クラウド環境の利用は、オンプレミスの既存の環境にはない、これまでの常識を一変させるような手軽さを秘めていることが実感できたのではないでしょうか。逆に、それを基本に考えると、これまでの常識が取り払われ、本来の「ビジネススピードに追従するためのインフラ」というものを、より具体的に、かつ鮮明にイメージできるようになります。

今後、クラウド環境も仮想マシンからコンテナへと進んでいきます。将来に進むにあたって、インフラとアプリケーションの境目は曖昧になり、より「サービス」というものを包括的に、かつ簡単にコントロールできるようになるでしょう。そのような仕組みの背後には、DevOpsと同じく、環境を便利に扱うことによってビジネスを素早く簡単に実現したいという想いがあります。この実践例が、ビジネスを実現するためのインフラ、ひいてはサービスとは何かを常に考えていきながら、DevOpsをさら

に高めていくための道標となっていければ幸いです。

　最後となる6章では、これまでの技術的な要素からは離れて、これまでに学んできた仕組みやツール、そして何より「ビジネス価値を高める」という目的と「密に連携していく」という意識を、いかにしてチームへ展開・浸透させていくかという、組織について考えていきます。DevOpsの定義である「Dev（開発）とOps（運用）が密に協調・連携して、ビジネス価値を高めようとする働き方や文化」の通り、DevOpsは単なるツールや技術だけで成り立つものではありません。働き方や文化にまで影響を与えるために、いかにしてチームのメンバーへ働きかけていくかという、心構えと組織へのアプローチについて考えていきます。

CHAPTER 6

組織とチームの壁を越える DevOps

　5章までDevOpsを支える考え方や技術・ツールを学び、ケーススタディを通して実際のサービス開発や製品開発に導入する方法を考えてきました。DevOpsに関する知識を得て、いよいよ自分の組織においてもDevOpsを実践してみたいと考える人はたくさんいると思います。あなたがまだ組織に入ったばかりでも、組織のチームリーダーでも、組織のトップでも、DevOpsの導入を実践することは可能です。6章では、メンバーの視点から徐々にDevOpsを組織に浸透させるにはどうしたらよいのかを中心に、DevOpsを組織に展開する方法について考えていきます。この章を読み終われば、DevOpsを組織にどうやって広げていくかの登り方を考えて進められる様になります。

CHAPTER 6

組織とチームの壁を越える DevOps

1 DevOps を伝えることの難しさ

　本書全体を通して、いかに DevOps が開発の省力化や、ビジネス価値の創造に有効であるかを説明した上で、それを実現する技術要素とその技法について詳細に触れてきました。

　1章では、DevOps の概要と周辺知識と歴史を学び DevOps を学び取る基礎を身につけました。2章では、DevOps を実現する技術は、個人の開発環境においても有効で、例えば、開発環境構築ひとつとっても、開発担当と運用担当のチーム間におけるコミュニケーションや要求分析等のオーバーヘッドを削減することが分かりました。各チームが行うはずだった作業を引き取り、開発の仕事・運用の仕事の両面を個人で担うことになったとしても、DevOps を支える技術は横展開が可能なように作られており、全体で見ると作業時間の大幅な削減に繋がることも見てきました。

　3章・4章では、チームの開発フローや実運用において DevOps を実現することで、少人数で高品質なサービス提供を可能にする技術とその方法も見てきました。そして、5章では応用編として、DevOps を支える技術の組み合わせによる実践方法を学びました。

　DevOps を実施すればどう変わるのか、どんなメリットがあるのかを、ここまで読んできた人は十分に理解していると思いますし、今後どうしていくべきかを理解している人同士で話していけば、世の中の技術動向やスピードが、仮に DevOps を前提としてしまったとしても、それほど困ることはなくなるでしょう。一方で、ここまで紹介してきた通り、DevOps とは非常に幅広く抽象的な部分もあることから、学ぼうとしていない人、積み重ねてきた知識がない人に、DevOps とは何かを説明するのは大変難しいことです。この章では、いかにして組織やチームに DevOps を適用するか、DevOps を適用することによって組織やチームがどう変化するかを考えていきます。

CHAPTER 6 組織とチームの壁を越えるDevOps

2 DevOpsを組織に導入する

6-2-1　新しい組織にDevOpsを適用する

　全く新しい組織で、サービス開発・製品開発を始めるにあたっては、DevOpsで用いられる手法を組み込むチャンスは非常に多いと言えます。開発体制や開発フローの組み立て等、DevOpsを提案し旧来の方式との比較を行って最適解を話し合えるタイミングが多く、限られた予算で最大限のアウトプットを出すにはどうしたら良いかを考えた時に、選択肢のひとつとしてDevOpsを挙げやすいためです。

　もしトップダウンアプローチがとれるなら、新組織・新開発におけるDevOps適用はより一層効果的なものとなるため、ぜひ実行してください。後述するDevOpsがとりうる組織構成の例を知り、自組織の文化にあわせてセットアップをすれば、それぞれのDevOpsの組織構成が持つメリットをそのまま享受することができます。人数や開発規模に合わせて、最適な組織構成を戦略的に選ぶことによって、その後の開発は何倍にも効率的になるでしょう。

　一方で、新しい組織・新しいプロジェクトにもかかわらず、トップダウンによる指示系統がなかったらどうしたらよいでしょうか？　そうした場合には、組織やプロジェクトが固まっておらず柔軟なうちに、周りへのDevOpsの啓蒙を開始し、仲間を増やして思い通りのチームを作っていきましょう。アプローチは後述の「既存の組織にDevOpsを適用する」で説明していきますが、新しい組織には既存のルールや古い習わしがない分、導入のしやすさは新組織・新開発における導入のほうが格段に容易です。

6-2-2　既存の組織にDevOpsを適用する

　皆さんの所属する組織は大小様々かと思います。これまでに説明してきたDevOpsに関する技術的な要素が、いかに有効であると理解しても、それを既存の組織に適用し、浸透させるのがいかに大変かを実感している方も多いのではないかと思います。

　組織には幾種類ものパターンが存在します。理解あるメンバーに恵まれ、サービスや製品側にもこれといって制約がない場合は、まるまる既存の仕組みや組織をリセットしてDevOpsを導入し、全く新しい業務形態をとることができるでしょう。しかし、

既に長い年月運用を続けてきているシステムで、ノウハウが各チームの秘伝のタレとなり、属人的で複雑に絡みあった運用フローになっている場合はどうでしょうか？　古いやり方を変え、新しい取り組みを導入する余地は全くないかもしれません。決められた手順による品質を重視するあまり、変えることによるトラブルを恐れ、何かを変えることができなくなっていることも珍しいことではありません。

　そのような中、省力化や少人数化、あるいは、サービスの提供にスピードや柔軟性を求められた場合に、DevOps化を進めたいと強く願ったとしても、既存の枠組みや組織をどうしていったら変えていけるのか悩むことも多いと思います。トップダウンで整えられたDevOps体制が導入できれば言うことはありませんが、上記のように既存の組織には簡単にはいかない多くの事情があり、むしろDevOps体制の導入に苦労するケースの方が多いでしょう。では、実際にDevOps化を進めるには、どうしたらよいのでしょうか？

組織の壁を越える

　既存の組織では、開発スタイルや通常のサービス運用体制において、トップダウンによる大幅な変革が行われることは稀です。経営者が変わる、エヴァンジェリストが入社して体制が変わる等、特殊な例を除き、今までと同じ上司・同じチーム・同じメンバーで、ビジネススピードの改善や、作業の効率化だけを求められるケースがほとんどでしょう。その場合、組織の上位で開発スタイルや体制のあり方を決め現場に落としてくるトップダウン・アプローチではなく、現場主導であり方を決めるボトムアップ・アプローチによる変革が求められます。

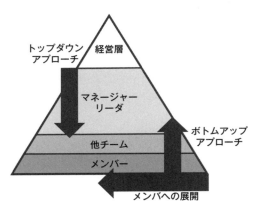

図6-1：変革を行うための様々なアプローチ

　トップダウン・アプローチでは、組織の変革は求めていないにもかかわらず、改善だけを求められるケースもありえます。経営層やリーダー層であっても、万能ではないので、常に先を見据えた正しい判断を下しているとは限らないのです。上位層が現

場より先にDevOpsを学んで導いてもらうことを期待するよりも、新しいやり方・新しい技術は現場から伝えていく方が、はるかに早く実務への導入を期待できます。

複数あるプロジェクトのうち、ひとつだけのプロジェクトを変革させたい時も同様です。組織の全体方針に沿ったプロジェクト運用がなされている中、ひとつのプロジェクトだけ開発・運用スタイルを変えるには、調整や説得の範囲から見ても、ボトムアップからのアプローチによる変革がDevOps化への近道となり得ます。

ボトムアップで組織を変え、DevOps的な手法を導入していくには、個人がチームや組織の壁を超えてメンバーや仲間を段階的に動かしていく必要があります。これまで見てきた通り、まずは自分自身がDevOpsのツールを用いて個人の開発環境のツールを変えていき、良さを啓蒙してメンバーに浸透させていきます。そして、チーム全体のルールを変え、チーム間のコミュニケーションを変えて役割分担を見直し、少し体制を変えてフィードバックして、と段階的に適用していくアプローチとなるでしょう。ここでは、ボトムアップから組織にDevOps的手法を導入する際に、特に注意して考えていく必要がある点をあげ、具体的にどうしたらよいのかを考えていきます。

ゴールを見立てる

ボトムアップでやろうと決めたとして、どこまでの範囲を巻き込んで変えていけば良いでしょうか？　あなたが所属しているのが開発チームの場合、開発チームだけを変革すればゴールでしょうか？　他のチーム、例えば、運用チームまで巻き込むのでしょうか？　サービスにかかわる人達全て？　実行中のプロジェクトだけ？　所属している部全体？

進めても進めても目標とする範囲がコロコロ変わり、終わりなき戦いに疲弊しないよう、最初にゴールを見立てる必要があります。例えば、「開発チームの全員のデプロイ手法を統一的に変えるところまでやり遂げよう」といった具体的な目標が良いでしょう。目標が決まれば、自ずとやらなければならない範囲が絞り込めて、より現実的に施策を打つことができるようになります。いきなり大きな目標を立てるよりも、小さく段階的に導入していくことで積み上げていくアプローチをとっていくことを強くお勧めします。届かない目標よりも、届く目標をこなしていき、振り返ってみたら大きな目標にたどり着いているというのが理想です。

情報を収集する

新しい仕組みを導入しようとする、新しく変えていこうとする時のアプローチは何事も大抵同じで、まずは現状を知るところから始めます。DevOpsの手法を導入する際も同様です。個々人が使っているツールは何か、チーム内にはどういう作業があるのか、各チームの役割分担はどうなっているのか、チームの間ではどのようにコミュニケーションされているか、責任範囲はどうなっているか、ドキュメントはどんなものが用意され、手順はどうなっているのか、どんな課題を抱えているのか等の情報を

集めて、整理します。

　ここで収集整理した情報を基に、後でDevOpsで用いる手法をどこにどんな形で入れていくのが良いかを考えていくことになりますが、最初に情報の整理を行う際は、感情を取り除き、ただ客観的な事実を列挙していきます。情報を集めている最中に、違和感を覚えたところからすぐに取り掛かってしまうと、最も効果的な導入ポイントはどこなのか、全体が見えなくなってしまうことがあります。例えば、継続的インテグレーションからデプロイの仕組みを徹底的に作りこんでみた結果、デプロイされるアプリケーション側を修正しないとテスト環境と本番環境が切り替えられないことに気づくようなことが起こりえます。この段階では、DevOpsがどうとか、ひとつの作業のやり方のどこが問題か等は考えず、ひたすら情報を集めて事実を列挙することに徹底して、視野を広く持ち取り組みます。

　ボトムアップ・アプローチでは、まずはチーム内の状況を収集・整理します。メンバーのツールの利用状況や、チーム内のルール、自分のチームから他のチームへのコミュニケーション手段やフローの可視化、今ある事実・ドキュメント等を列挙してみるのが良いでしょう。可視化は、当たり前すぎて個々人がドキュメント化することなく頭の中にもっている作業を明文化したり、定量的な数値がとれるもの、例えば毎回デプロイに発生する各工程の作業時間等について、数値をグラフにできる状態まで持っていきます。個々の業務の繰り返しの件数やひとつのタスクにかかっている時間、チーム間のコミュニケーションで発生している待ち時間などは数値化しやすいでしょう。ここで集めた数値によって、いきなり改善ポイントやDevOps的手法の導入効果が大きく見立てられることも少なくありません。

現状を分析する

　現状のやり方・状態が列挙できたら、いよいよ分析していきます。分析のフェーズでは、現在の作業手順・タスク・フローのうち、本質的に必要なこと、本質的に不要なことを振り分けます。

　分析が必要なのには理由があります。長い時間を乗り越えてきた組織で作り上げられてる手順やフローには、組織を作り上げた当時の「事情」が練りこまれていることがあります。例えば、組織を作り上げた当時のコストの仕組み・承認の仕組みに合わせて一年間の会社の経理の動きに沿った開発手法が組み上げられていたり、組織を作り上げた当時の部や課の目標に応じたチーム内の厳しいルールが既に意味をなさないのに残っていたり、というようなケースがあります。ひどい場合は、声が大きく意見の強い人が強引に取り決めた不要なルールを、その人がいなくなった後に入ってきた人たちが理由もなく守り続けている場合もあります。体制を作り上げた当時の事情にあわせているため、現在の事情に全くあっていないまま理由なく信仰され、厳格化されているルールが維持されている例も珍しくなく、いる・いらないを客観的に判断するための現在の分析の手順は非常に重要となってきます。

ボトムアップからのアプローチでは、チームメンバーを集めてブレインストーミングを開催したり個別にヒアリングしながら、現チームに対して現在求められている品質や成果を整理し、収集した情報を淡々と並べた上で、本質的に必要なこと、不要なことに順番に分類していきます。自分一人で決めることが辛い場合は、チームメンバーと一緒に振り分けていくことで解決することもできますが、相談した相手がそもそも理由なく過去のしがらみに洗脳されて不要な作業を必要だと思い込んでいる可能性もあるため、「必要」なこととして振り分けられる時は注意深く「理由」を聞き出してください。「そういうルールだから」という説明しか得られない場合は、一歩引いて考える必要があります。このようにメンバーの力を借りつつ、第三者的な視点を持って振り分けます。

本質的に不要なことを排除する

　DevOps的手法の具体的な導入検討の前に、客観的事実を基に理由を確認しながら、チームにとって本質的に不要な作業やルールを順次取り除いていきます。いろいろな例がありえます。例えば、実施手順の中に、必ず成功するコマンドの実行結果の目視確認は、本質的に不要な行為です。また、誰にも読まれていないドキュメントが作成されていないでしょうか？　作成後、誰も目を通さず、誰も説明できず、いつか読むだろうと思っても、ドキュメント上の記載が意味を成さないドキュメントではないでしょうか？　ドキュメントに書いてあるけれど、毎回スキップされている暗黙の作業もあるかもしれません。深く考えなくても、既に「やめる」だけですむ作業であれば、苦労なく取り除くことができます。昔誰かが作ったルールが形骸化していないかを疑ってみるのが良いでしょう。

　ボトムアップでは、既に要不要をメンバーと一緒に相談し振り分けていると思いますので、実施するのをやめるだけですむ不要なことを取り除くのは難しいことではないでしょう。排除するのに、多少の作業や変更をともなう不要なことの場合でも、不要であることを客観的事実を基にチームメンバーに説明すれば大抵のケースで、変更や排除への努力を納得してもらえるでしょう。形骸化しているルールが本質的に不要だと考えた場合、もともとある洗脳を取り除くための説得が必要になるかもしれませんが、客観的に見て不要な行為は、組織やチーム、個々のメンバーにとっても残しておいて良いことは何一つないので、反論等にひるむことなく取り除いていきましょう。

　大切なのは、今本質的に必要な作業はどんなものであるかを明るみに出して、改善を検討する対象をはっきりとすることです。仮に、不要な作業を取り除くことを説得しきれなかったら？　形骸化していたルールであるにもかかわらず、恐怖心として多くの仲間に植え付けられて取り除くことが困難だったら？　もしかしたら完全にすべてを綺麗に取り除くことは難しいかもしれません。しかし、不要なことが何かを知り、いずれDevOpsの手法を導入する対象はどこなのか、というのが分かっていること自体が大切なので、仮に不要なことが取り除ききれなかったとしても落胆する必要はありません。

手法を変えられるポイントを探す

　ここまでで、本質的に必要なことがリストアップされました。完全に不要なことが取り除ききれていなかったとしても、これから改良を加えていくべきポイントがどこであるのか、分かっていると思います。本質的に必要で、DevOpsのツールや開発手法や体制に変換しても既存の開発フローや運用がそのまま踏襲できるようなポイントを探します。そこがDevOps的な手法の初期の導入ポイントです。

　ひとつの考え方としては、今までに学んできたようなDevOpsのツールで丸ごと置き換えたとしても、同じインプットをすることで、同じアウトプットができるような工程がないかを探す切り口が分かりやすいでしょう。他には、他チームとの間をまたいでいない自分のチームで閉じている作業にターゲットを絞ったり、自分の担当作業範囲にターゲットを絞る等、範囲を狭めてみて検討してみるのも良いかもしれません。

　余裕のある人は、DevOpsの手法を導入する箇所がどこかだけでなく、導入可能な複数のポイントのうちから、導入効果や優先度を検討してみることで、より少ない努力で効果的なDevOps施策を導入することができます。導入効果や優先度と言われると尻込みしてしまう人もいるかもしれませんが、数値化できているならば、繰り返しの作業がなくなる、コミュニケーションのオーバーヘッドが減る、アップデートの期間が縮められる等を軸にして改善ポイントを並べ直してみると良いでしょう。実際、これまでのルールに沿いながら、新しい方法に入れ替えていくのはそれなりに時間もかかるため、一度にたくさんの改善はできません。限られたリソースで最大限の効果を発揮するにはどうしたら良いかを考え、入れ替え終わった後にどのような効果があるのかを見立ててから、新しい手法を導入することには大きな意味があると言えます。

導入する

　DevOps化できるポイントを絞ったら、フローや手順をこれまでに学んだDevOpsの手法に置換していきます。「手法を変えられるポイントを探す」におけるポイントの探し方の通り、新しい仕組みの導入時の障壁は、「既存の（開発・運用）フローが変わる」ことへの反対となります。従って、インプットとアウトプットが変わらないか、導入ポイントが狭く絞れていれば、既存の開発・運用フローが変化しない「手段の変更」自体について、メンバーから抵抗をうけることは少ないでしょう。

　この段階で苦労するポイントは、置換する作業のインプットとアウトプットが同じであっても、単純に「そのまま置換はできない」場合があるということです。例えば、ツールを用いて自動化に置き換えていこうと思った場合、既存の手順を全て踏襲してしまうと、設定・確認・設定・確認のような順番で、一旦設定を止めて人による判断や確認をいれるのが非常に面倒になる場合などが該当します。設定・確認・設定・確認の4手順のうち設定の2手順を入れ替えるのではなく、むしろ、設定はまとめて

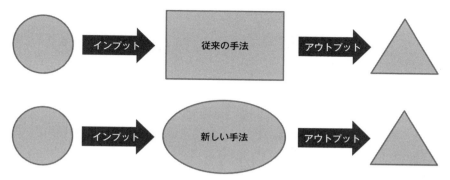

図6-1：インプットとアウトプットを合わせて手法のみを変更する

やってしまい、確認も最後にまとめてやれるように順番を見直せれば、DevOpsツールによる設定→結果の確認、という2手順に縮めることができるため、より効率的と言えます。このように、置換する部分の作業を終えた時点で、最終的に何ができていれば良いかを考え、最終的に達成すべきアウトプットが同じになるように、置換する部分のそもそもの手順を入れ替えてしまいましょう。

機械的に全てそのままDevOpsのツールや方法に置き換えていくことは難しいことです。手作業やチームごとに仕事を分けていた時の考え方には、DevOpsの設計思想とそもそもの違いがあることも踏まえて、既存のやり方とアウトプットをあわせることだけを考え、置き換える手順自体は一度リセットして新しく考え直しても良い、ということを押さえておきましょう。

啓蒙する

DevOpsのツールや仕組みや体制の導入を少しでも始めることができたのなら、チームの内外やメンバーに積極的に成果を伝えていきましょう。置き換えたツールや手法はどういう仕組みで、どういう背景で選択されたかを伝えることによって、チームやメンバーが、具体的なイメージをもって必要性が理解できるようになります。加えて、世の中はどういうトレンドで、導入するとどういう世界が待っているのか、自分たちのやり方は世の中と比べてどういう立ち位置にあるのかを教えることによって、組織やチームが今向かおうとしている方向が正しいのか、これからどうしていけば良いのかを理解させることができます。また、チームの中にDevOpsらしく広い範囲にわたった業務を少ない人数でこなせるような人材が育ってきたら、その人材に対してエンジニアとしての競争力の点でも焦りを感じて学び始める人は多いと思います（そうでありたいと願うばかりです）。

放っておいても自分から学ぶ人は少ないと捉え、自分から成果を積極的に発信して働きかけ、なぜDevOpsのような考え方が生まれ、どうして自分たちにも必要なのか、

どんなスキルでどんなやり方が世の中のトレンドとなっているのかを伝え、聞き手の世の中とのスキルの差や立ち位置をクリアにし、同じようにDevOpsをやってみたいという仲間を増やしていくことで、さらにDevOps化をやりやすくしていきます。

ボトムアップからのアプローチの場合、実際に1箇所でもDevOpsのツールや手法に変えられたタイミングで自分の周りのメンバーから順番に啓蒙を始めると、実例をともなって理解しやすく、非常に効果的です。足元から固め、仲間を増やすことで今後の導入を加速することができます。

▍効果を測定して全員にフィードバックする

部分的であっても、DevOpsのツールや手法の導入が終わったら、効果を測定しましょう。測定といっても、全て定量的に測る必要はありません。どれだけオーバーヘッドが減ったのか、リスクはどのように変化したのか、効率化できた所はどんな所か等を、定量的にでも良いし定性的にでも良いので、振り返ってみましょう。今後、各チームの役割は結果的にどのように変えられそうか等の見込みを見直してみるのも良いでしょう。

DevOpsの手法は、もとよりビジネスの加速・システム開発の省力化を念頭においたツールや手法が多く、何かしらの改善効果が見込めるため、導入効果を測定し、目に見える形で組織・メンバーに伝えることによって、改善効果を実感し、達成感を得ることで、更により良くしたいと思う味方が増えていきます。ある境界を越えてしまえば、一気に組織全体を動かすことができるようになるでしょう。

▍一人でやらないでみんなでやる

さて、ここまでどのようにDevOpsをボトムアップから導入していったら良いかについて見てきましたが、上記のようなボトムアップからのDevOpsの導入手順を、全て一人でこなそうとしていないでしょうか？　あなたがリーダーであったとしても、なかったとしても、孤独な状態で進めることは良いことではありません。

一人でできることには、限界があります。時間、体力、気力、推進のためのアイデア出しの範囲など、どの項目についても、一人でやるよりメンバーと協力して推進することによって何倍にも成果を大きくすることができるようになります。啓蒙やフィードバックを通して仲間を増やし、できることを分担して、知恵を絞り合って進めましょう。

▍全体的なゴールを考えつつふたつ目の施策に移る

ひとつDevOpsの施策導入が終われば、次の施策導入に移っていきます。段階的に登っていくため、ひとつの導入を終えたらそこで終わりではなく、次にどこを変えるかを常に見通しながら進めていきます。

では、いくつ施策をいれるのか？ 全体として、何歩、どの方向に進むのかということを考える必要があります。つまり、ひとつひとつの施策の範囲やゴール設定とは別に、DevOps化全体のゴールをぼんやり決めておきます。どこまでの範囲に、どれだけの入れ替えを行い、最終的にはどうなっていたいのか、ということです。

　繰り返しの改善によって、全体のゴール設定に達しているかを振り返って、達していなければ、何が足りていないのかを考えながら次の施策の検討時に課題として積み、軌道を修正します。とあるひとつの施策が、全体のゴールに全然近づかない一歩だったとしても、落胆する必要はありません。DevOpsの改善のほとんどは、積み上げてこそ効果を発揮する性質のものです。落ち着いて粘り強く施策の遂行を繰り返し、設定した全体のDevOps導入ゴールを目指しましょう。

　では、既に見立てた全体のDevOps導入ゴールに達成していたら？ おめでとうございます！ もう組織やチームはDevOpsによって、大きく変わっているのではないでしょうか。一旦、DevOpsの改善導入は区切って、サービス開発・製品開発に没頭しても良いかもしれません。

　幸か不幸か、世の中のツールの発達の速度や、新しい技術の登場の速度、技術革新の進み方からして、DevOpsの世界において、改善・導入のアイデアがなくなることは、現時点ではほぼないと言っても良いでしょう。それに、一度改善の味を知ったら、これ以上、改善・導入しないなんてことが可能でしょうか？ 次の改善・導入で、チームに組織にと、もっと良いことが起きるかもしれません。終わりなきDevOpsを用いた改善の世界へようこそ！ さあ、早速、次の一歩を踏み出しましょう！

6-2-3　DevOps導入のアンチパターン

　DevOpsを知り、ツールを知って、いち早く改善したいと、はやる気持ちでボトムアップから導入しようと試みたら、仲間を増やすどころか誰もついてこなかった、トップからもメンバーからもまるで理解されなかったということも、もちろん起こり得ます。そのような結末になってしまったとしたら、改めてアンチパターンに陥っていないかを確認してみてください。

目的と手段を取り違える

　誰もついてこなかった場合は、DevOps化する目的は何だったかを振り返ってみてください。今やるべきことは、すぐAnsibleを導入することだったでしょうか？ Jenkinsでデプロイを自動化すること自体が目的？ 落ち着いて考えなおしてください。ツールの導入・仕組みの導入は、あくまで手段です。

　DevOps的な手法を導入する目的は、他にあったはずです。ビジネスの速度をあげ

たい、少人数で運用していける体制にしたい、より良いサービスを作っていきたい。その目的に、今導入しようとしている手段は合致するでしょうか？

ごくごく狭い範囲のボトムアップであれば、手段が先行することはもちろん可能です。しかし、人を動かす時には、目的と、導入したことで何が起きるのか、その先に何が待っているのかというシナリオが必ず必要となります。良いツールや良い手法がどれなのかを考えるのではなく、良い世界を実現するためには、どのツールや手段が最適なのかを検討するのです。

導入したけど使われない

DevOpsのツールを大なり小なり導入できたのに、実運用では誰も見向きもせず、いれたはずの施策が全く使われない、ということはないでしょうか？ 理由は簡単で、それは以前のやり方に比べて激しく「変わりすぎた」のです。

現在の開発や運用を捨てて、新しい仕組みに馴染める人が一体どのぐらいいるでしょうか？ 自分は違う？ 確かに、そうかもしれません。メンバーはどうでしょうか？ 誰もが先進的で柔軟でしょうか。仮に、全員が理解あるメンバーだったとしても、目の前には他の仕事もたくさんあります。変わりすぎた開発・運用に適応する体力や気力は残っているでしょうか？

ボトムアップからの導入で気をつけるのは、まだDevOps的手法が馴染みきらない序盤のうちは、手段を置換する部分のインとアウトは、必ず元の手段におけるインとアウトとあわせておく、ということです。多少の変更を伴うことすら許容できないかもしれません。置換しようとしている手順が開始する部分と、導入した手順により実行した結果が、もともとのルールを逸脱しないように配慮していることの納得感に勝るものはありません。まだ慣れてないメンバーや、DevOps的手法に馴染んでいないチームにとって、新しい仕組みについていくには、今までやってきたことを「全く」変えなくても、新しい仕組みが導入できていることが重要です。

かえって運用が大変になる

DevOpsの手法やツールを導入した結果、やることが増えたということはないでしょうか？ 新規導入したツールを動かすために、都度2個〜3個以上の手順が増えて、DevOpsのツールを使いたいがために、手動でフォーマットを変換して対応、なんて笑えない話もあります。

DevOpsの手法やツールを導入する時は、必ず導入した結果がどうなるのかの全体を見立てておきましょう。部分的に理想を追いかけた結果、全体ではどんどんやることが膨らみ、既存運用との並行対応が必要になり、並行運用ではさらに作業が増えて、というように導入後に維持できない手法は避けなくてはなりません。

DevOpsチームが権威となる

　DevOpsチームの導入・立ち上げに成功したとしましょう。果たしてDevOpsはいつも正しく、絶対的な正義でしょうか？

　もちろん、DevOpsは素晴らしい考え方ですし、それをサポートするツールも豊富です。改善施策をという強い思いで導入もしてきましたし、チームの立ち上げには相当な苦労を要したことでしょう。しかし、DevOpsチームが全てで、他が悪いだという考え方にならないことは重要です。DevOpsのひとつの目的はサイロ（縦割りの組織で部門間の連携を欠いた状態）を壊すことです。自分たちが、自分たちの正義を信じるあまり、もしくは改善が進みすぎて権威をもってしまい、新しいサイロを作り上げてしまったら本末転倒もいいところです。

　DevOpsは常にオープンであるべきです。DevOpsで独立したチームや、独立した考え方を作り上げる場合は、作り上げたDevOpsチームは常に柔軟に他のチームとの意見交換ができる状態に保つ必要があることを忘れてはいけません。

DevOps人材が育たないとなげく

　DevOps化を推進するにあたって、開発も運用も分かるスーパーマンを増やさなくていはいけないと考えていないでしょうか？

　DevOpsは、Dev（開発）とOps（運用）の長所を吸収した体制のことであり、全員が同一のスキルを持つことではありません。DevOpsの手法・施策を知り、開発と運用がそれぞれお互いのことを知り協力した体制を組めることをサポートしたツールがたくさんある、というわけです。運用チームがコード実装を知らないからDevOps化が進まないということではないし、開発チームがサーバ運用のスキルをいつまでも身につけないことが問題視される話でもないのです。DevOps的手法の導入によって即座に、スキルセットが統一され、オーバーヘッドが減り、サイロが壊れ全てが解決するというわけではなく、お互いのスキルを理解し学び、無駄なコミュニケーションの問題を解消して効率化し、サイロを取り除いていくその考え方自体がDevOpsだということです。

　では、開発も運用も分かるスーパーマンは不要かという問題に関しては、Noと言えます。一人でも良いから両方が分かる人がいれば、DevOpsを立ち上げ根付かせることが何倍も早くなるでしょう。一番大変なのは、開発が運用を、運用が開発を理解する双方向の理解を作り上げるところなのです。両方の気持ちが分かる人が翻訳し代弁してケアすることで、導入への道のりはぐっと短くなるでしょう。

DevOps導入後に失敗が起きたから我々にはDevOpsは向いてないと考える

　DevOps的手法の導入後に、大きな失敗を起こしたとします。例えば、開発が運用

上利用可能なリソース利用量を気にしない実装を入れてしまい、リリース後数時間でトラブルが起きました。様々な意見が出るでしょう。「DevOpsなんて考え方はやっぱり我々には無理だった」「うちの開発チームは運用の本質を理解できないだろう」「そもそもこんな手間がかかるならDevOpsじゃなくて元のエキスパートを揃えた専門部隊同士の承認行為が必要なのではないか？」など、失望や反発、または取り組み自体を疑問視する声があるかもしれません。

　トラブルが起きた場合は、開発と運用での振り返りは絶対に必要です。これはDevOpsに限ったことではありませんが、トラブル対応ではどこかで必ず問題点を振り返る必要があります。振り返った上で大切なのは、どこが問題でどう直していくかを検討することです。DevOpsは改善を積み上げてでき上がっていくものであり、短期に導入の成功・失敗を判断するものではありません。

　それに、我々に向いてないという意見が出たとしても、ひるむことはありません。DevOpsでできなくてはいけないことは、本質的には単なる協力体制です。どこの組織や会社にもある、本質的な能力です。単純にできなかったことに対しての改善策を検討して、次なる対策をいれていけば良いのです。

6-2-4　DevOpsを導入する組織体制のベスト・プラクティスはあるのか？

　DevOpsを導入し、組織を変えるにはどうしたら良いかをお話してきましたが、行き着く先のDevOpsの組織の体制には様々な種類があり、体制の形はひとつではありません。DevOps導入のゴールのイメージを持つためには、ボトムアップのアプローチか、トップダウンのアプローチかにかかわらず、どういう運用をするつもりで、そのためにどういう組織構成になりたいのかを考える必要があります。ここでは、DevOps導入後の組織構成についてケーススタディとして学び、いずれ自分なりのやり方・自分の組織にあった形に変えることができるように備えておきましょう。

　プロビジョニングツールであるPuppetのブログポストでは、What's the Best Team Structure for DevOps Success?（DevOpsの成功のためのベストなチームとは何か？）というトピックで、以下のようなDevOpsの体制が3つに分類され、紹介されています。こちらの整理が一番分かりやすくまとめられているので紹介します。

参照URL　https://puppet.com/blog/what%E2%80%99s-best-team-structure-for-devops-success

- Type 1：Close-Knit Collaboration Between Dev & Ops
- Type 2：Dedicated DevOps Team
- Type 3：Cross-functional teams

Type1 から順に説明すると以下のようになります。

▍ Type 1：Close-Knit Collaboration Between Dev & Ops

　Close-Knit とは、「しっかりと結びついた」という意味です。開発と運用をしっかりと結びつけ、並んで働く高いレベルの協力体制が築けるよう開発と運用のチームを再編成したものとして紹介されています。開発は開発を、運用は運用を担当しますが、この協力的な体制によって、組織が必要とするソフトウェアの技術と深いシステムの理解を最大限に混ぜ合わせることができます。

　体制を維持することによって、アプリケーション開発ができ、インフラにもアプリケーションを動かすのには必要最低限の知識がある、というようなスタートアップには欠かせない人材を発掘することができるようになります。この組織構成では、初期のプランニングからプロダクションリリースまでのライフサイクルに開発と運用のそれぞれのチームがかかわるため、例えば、開発の人がプロダクションでサービスが動作することを意識するようになり、そこで生まれた共感によって、開発・運用のそれぞれの立場から「他の人の仕事だ」という意識がなくなっていきます。

▍ Type 2：Dedicated DevOps Team

　Dedicated とは、「専門」という意味で、Dedicated DevOps Team は、本書で紹介してきたようなツールや手法の知識を持つエンジニアを集め、はじめから専門のDevOps チームとして編成し、インフラをコードで書き、継続的インテグレーションを組み、バージョンコントロールを行うようなチームとして紹介されています。

　本書の手法を全て実践してみるような人材が集まって作った組織のため、DevOpsツールの背景も相まって自動化に取り組んで更なる省力化を目指すことに長けているチームとなるでしょう。最近のトレンドとして、Web企業等では、上記のようなDevOps 人材を集め DevOps というチーム自体を作る傾向があるようです。

　実際、この手の人材をどうやって集めるか、まだ概念自体が広まっていない現在において集められるのか、そして既存の組織からこういった人材を育てられるかという、人にまつわる問題はついてまわるのですが、組織構成できてからのチームのスピード感は期待以上となるため、苦労して集める価値があります。

▍ Type 3：Cross-functional teams

　Cross-functional は、「機能横断」のことを指しており、商品の企画からリリースまでの全ての工程で、各専門の代表者を集めてチームを編成する手法です。アジャイル開発の場合には、開発体制として、プロダクトオーナーからテスターまで含めて最低一人ずつが参加したチームで構成しますが、それと同様に、ビジネス企画・設計・開発・テスター・運用などから代表者が参加し、チームを構成します。

こうした機能横断チームでは、各プロセス間の伝達オーバーヘッドや認識齟齬が少なく、担当をまたいだ知識のシェアにも優れており、より効果的な成果をあげることができます。開発・運用という枠組みを超えているため、スピード感のあるビジネスへの万能な最適解にも見えますが、サービス・製品の規模によっては、どうしてもチームを大きくせざるを得なくなりコントロールが難しくなるため、一概に優れた組織構成というわけではありません。

既存組織を変えずに導入する手法

　組織構成としての変更について、3つのやり方を紹介してきました。しかし、実は組織的な構成自体はDevOps化を加速できるものの、それが全てではなく、一時的なチーム構成や、技術的な解決策によってDevOpsらしさを作り上げることもできます。
　DevOpsのツールにはInfrastructure as Codeの考え方でインフラの全てをコード化しようという流れがありますが、これによって運用チーム・開発チームの体制はそのままに、例えば運用チームで運用するインフラをInfrastructure as Codeで自由に使えるインフラを整備し、使い方マニュアルを作って開発チームに公開することを考えてみましょう。導入後、運用側からみて開発側の面倒を見る機会は減り、開発側からみて運用側にお願いするオーバヘッドは減り、おまけに選択肢は増え、ぐっとシステムの開発や運用を省力化することができるようになります。これは体制や組織の変革というよりも、単なるやり方の変革でDevOpsらしさを実現するものです。このように、DevとOpsのお互いのコミュニケーションのインタフェースを技術に寄せるということは、ひとつの有効な手段です。何かと問題になるインフラと開発の境界について、AWSやOpenStackといったIaaSのAPIを界面にしたり、構成管理ツールの利用を許可できる環境を作ったりと、技術的な解決策も考えていけるでしょう。
　小さなDevOps専任チームが、開発チームと運用チームをまたいで活躍する体制を作る手法も考えられます。開発・運用のそれぞれの専門家が相談する先を、小さなDevOps専任チームに任せ、専任チームはインフラのコード化による構成管理・デプロイの自動化・継続的インテグレーションのセッティング・モニタリングの整備などに注力するという方法です。DevOps専任チームが一時的に作られ、立ち上げ完了と同時に解散したとしても、環境の整備は整い、各チームから相談していた人にDevOps的手法のノウハウは残るので、体制の変更なく導入が進められる可能性があります。

CHAPTER 6 組織とチームの壁を越える DevOps

3 チームで作り上げる DevOps

　DevOps を実現し、継続するにはチームメンバーの力が必要不可欠となります。

　Dev と Ops だけでなく、サービス提供にかかわる全ての人が協力的により良いものを追求していくことで、よりビジネススピードに貢献し、省力的な開発・運用で、品質の高いサービスや製品を世の中に送り出せるようになるでしょう。そのためには、チームや組織の雰囲気をより良いものとし、風通しを良くしてひとつの目標に向かって進む土壌を作ることこそが、DevOps の最初の一歩になると言えます。そして、そういった土壌を作ろうという姿勢や努力は、様々な障壁や抵抗にくじけそうになった時にも、あなたの大きな支えとなります。

　誤解を恐れずに言えば、「DevOps 化しよう」という大きなテーマと戦おうとすると、躓いてしまうかもしれません。本書全体を振り返っていただくと、まず問題や課題があり、定めるべきビジョンがあって、そこに向けて着実に変えていくというアプローチが基本となっていることにお気付きいただけると思います。振り返った時に「DevOps 化していたんだな」と思うことはあっても、変えようとしている最中には、単に「問題を改善した」という当たり前の改善活動を積み上げていっているだけなのです。ですから、「DevOps 化しよう」という大きなテーマよりも、地道な改善活動を繰り返すだけでも良いものだと考え、ひとつひとつ積み重ねていってください。その際、本書を、DevOps 化への道筋を見通しやすくするためのツールとしてお使いいただければと思います。

　DevOps を実現するための手段は世の中に非常に多く存在します。ほとんどの書籍では、DevOps の紹介もほどほどに、いきなりツールの細かい使い方に話が飛んでしまう傾向にありますが、それには理由があります。DevOps というキーワードでは範囲が広く、それに加えて用いられるツールが自由にカスタマイズ可能で設定内容もバラエティに富んでおり学ぶべきことが非常に多く、限られたスペースでは紹介しきれないからです。このように奥深い DevOps においてチームとしての力を最大限に発揮するには、システムやツールだけでなく組織的な関わり、チームとの関係や働き方といった、ベースとなる仕事の仕方自体が大切になるという側面もあるということです。

　本書では、DevOps の背景、DevOps とは何か、DevOps のツール・手法等を紹介してきました。ここまで読んでいただいた皆さんが、DevOps にまつわるツールを使いこなしてより作業を効率化し、理想とする DevOps らしい働き方や文化・DevOps のチーム・組織編成に近づいて、より良い製品・サービスが世の中に生まれてくることを切に願って、本書の結びとさせていただきます。

INDEX

A
Ansible
　　　016, 062, 066, 077, 291, 293, 295
AWS ······ 228, 273
AWS CLI ······ 331, 333

B
BitTorrent ······ 215
Blue-Green Deployment
　　　221, 223. 225, 340
Borg ······ 025
bot ······ 029, 261

C
CentOS ······ 046
CFEngine ······ 016
ChatOps ······ 029, 258, 263
ChatWork ······ 029
Chef ······ 016, 062
chroot ······ 024
CircleCI ······ 030, 199
CloudFormation
　　　274, 331, 332, 334, 343
Continuous Everything ······ 204

D
DevOps ······ 008
Docker ······ 024, 130
　　〜のインストール ······ 135
Docker Compose ······ 152
Docker Hub ······ 135
Dockerfile ······ 147
dry-runモード ······ 075

E
Elasticsearch ······ 237, 308, 318
EFKスタック ······ 238
ELKスタック ······ 032, 236, 308

F
Fluentd ······ 032, 235

G
Git ······ 094
　　〜のインストール ······ 095
　　〜の初期設定 ······ 096
　　〜のリポジトリ作成 ······ 096
git branch ······ 119
git checkout ······ 120
git clone ······ 114
git pull ······ 116
GitBucket ······ 118
git-flow ······ 128
GitHub ······ 110, 118, 276, 280, 284, 302
GitHub Flow ······ 128
GitLab ······ 118

H
Hubot ······ 261

I
IaaS（Infrastructure as a Service）
　　　228, 229
Immutable Infrastructure
　　　217, 218, 330
Infrastructure as Code ······ 013, 015
Infrastructure Automation ······ 214
Infrataster ······ 092

J
Jail ······ 024
Jenkins ······ 163, 280, 284, 287,
　　　295, 297, 299, 302
　　〜のインストール ······ 165
JIRA ······ 027, 250

K
Kibana ······ 237, 308, 319, 322
Kirby ······ 092

L
Linux-VServer ······ 024
Logstash ······ 235, 308, 311

LXC（Linux Containers）	024

N

nginx	066

O

OpenStack	230

P

Packer	014
PDCAサイクル	022, 023, 239
Playbook	070, 073
Provisioning Toolchain	013
Puppet	016

R

Redmine	027
REST API	027
role	073

S

SaaS（Software as a Service）	231
SCM	029
SDN（Software Defined Network）	026
SDS（Software Defined Storage）	026
Serverspec	081, 297, 299
Site Reliability Engineering（SRE）	252, 253
Slack	029, 261, 272, 276, 287
Solarisコンテナ	024

T

template	074
Test Kitchen	092
The Twelve-Factor App	209, 210
Trac	027
Travis CI	030

V

Vagrant	051
vars	074
Velocity	017, 021
VirtualBox	044
VLAN（Virtual Local Area Network）	026

VMware	025

X

Xen	025

ア

アジャイル開発	009, 240, 243
アプリケーション・アーキテクチャ	209
アンチフラジャイル	215

イ

イテレーション	242
インフラ・アーキテクチャ	217
インフラ構成管理	013, 076, 078, 160
インベントリファイル	073

ウ

ウォーターフォール	010

エ

エピック	243

オ

オーケストレーション（Orchestration）	014
オンプレミス	228

カ

開発サイクル	239
開発フロー	305
可視化	319, 329
仮想化	024
課題管理システム（ITS）	027, 250
監視ツール	032

キ

キャパシティモニタリング	256

ク

クラウド（パブリッククラウド）	030, 228, 229

ケ

継続的インテグレーション	030, 091, 190, 272, 303
〜の構成要素	193
継続的インテグレーションツール	195
継続的デプロイ	202, 203

継続的デリバリ 200, 202, 272

コ
コミュニケーションツール 028
コンウェイの法則 037
コンテナ 131
コンフィギュレーション（Configuration）
.... 014
コンフィギュレーションツール 016

サ
サイト信頼性 253
作業効率化 110

シ
自動化 026, 197, 256
収束化 017, 064
障害対応 257, 266
省力化 016, 042, 065, 256
ジョブ管理ツール 188

ス
スクラム開発 243, 245
スクラムチーム 244
スタック 335
スプリントプランニング 246

セ
静的テスト 193
セキュリティ 305
宣言的 016, 063

ソ
ソフトウェア構成管理ツール 029

チ
チーム開発 110
チケット駆動開発 028, 250
チケット管理ツール 027
チャットツール 029, 258, 263
抽象化 017, 063

テ
テスト 197
　〜の自動化 081
　〜の種類 201
テストツール 092

ト
動的テスト 194

ハ
バージョン管理 065
パイプライン 177
バグトラッキングシステム（BTS） 250

ヒ
標準化 023
ビルドパイプラインツール 163, 188

フ
ブートストラッピング（Bootstrapping）
.... 014
ブランチ 118
ブランチ構成 305
プルリクエスト 122
プロダクトバックログ・スプリントバックログ
.... 252
プロビジョニング 302
分散型バージョン管理システム 094

ヘ
冪等性 017, 064

ホ
ポータビリティ 065, 160

マ
マージ 127
マイクロサービスアーキテクチャ 212

モ
モニタリング 031, 255

ユ
ユーザストーリー 243

リ
リモートリポジトリ 112
リリースプランニング 245

ロ
ローリングアップデート 035

● 著者紹介

河村 聖悟（かわむらせいご）
ソニー株式会社にてアーキテクトとして、定額制音楽サービスMusicUnlimitedを19カ国へ展開。欧米のチームを率い、配信基盤とBravia/Android/iOS/PS4等のクライアント開発をリード。2014年リクルートテクノロジーズ入社。オンプレミスの全面的なInfrastructure as Code化を推進中。「エンジニアのためのGitの教科書」（翔泳社）を執筆・監修。

北野 太郎（きたのたろう）
某通信系SIerとして大規模インフラの設計・開発と運用に携わった後、2013年にリクルートテクノロジーズ入社。検索エンジンSolrのリクルートグループ全体への普及と運用保守を担当。現在、リクルートインフラの構築・運用自動化に従事。「[改訂新版] Apache Solr入門 オープンソース全文検索エンジン」（技術評論社）を執筆。

中山 貴尋（なかやまたかひろ）
1988年生まれ。三重県出身。大学で数学を学んだ後、新日鉄住金ソリューションズ株式会社に入社。社内ではインフラ系事業部に所属し、構築・運用自動化案件の支援を通じて本書の執筆に参画。HadoopやOpenStackなど、大規模分散システムを実現するインフラ技術に興味がある。現在は構成管理ツールなどを用いて手のかからないインフラを整備する日々を送っている。

日下部 貴章（くさかべたかあき）
2010年、某独立系SIerに入社。主にプライベートクラウドの支援を担当し、主にストレージ、ハイパーバイザ、クラウドコントローラの構築・運用に従事。その後、大規模なオンプレミス環境を担当したい思いが強くなり2014年にリクルートテクノロジーズ入社。業界の第一人者に多く関わる機会に刺激され、負けじと日々勉強に励む。好きな技術はKVM、Ceph。

● 本書内容に関するお問い合わせについて

本書に関するご質問、正誤表については、下記のWebサイトをご参照ください。

　　正誤表　　　　　http://www.shoeisha.co.jp/book/errata/
　　刊行物Q&A　　　http://www.shoeisha.co.jp/book/qa/

インターネットをご利用でない場合は、FAXまたは郵便で、下記にお問い合わせください。
　　〒160-0006　東京都新宿区舟町5
　　（株）翔泳社　愛読者サービスセンター
　　FAX番号：03-5362-3818
　　電話でのご質問は、お受けしておりません。

※本書に記載されたURL等は予告なく変更される場合があります。
※本書の出版にあたっては正確な記述につとめましたが、著者や出版社などのいずれも、本書の内容に対してなんらかの保証をするものではなく、内容やサンプルに基づくいかなる運用結果に関してもいっさいの責任を負いません。
※本書に掲載されているサンプルプログラムやスクリプト、および実行結果を記した画面イメージなどは、特定の設定に基づいた環境にて再現される一例です。
※本書に記載されている会社名、製品名はそれぞれ各社の商標および登録商標です。
※本書の内容は2016年8月執筆時点のものです。

装丁・デザイン		宮嶋 章文
企画・編集		関根 康浩
DTP		株式会社 シンクス

DevOps導入指南
デブオプス
Infrastructure as Codeでチーム開発・サービス運用を効率化する
インフラストラクチャ・アズ・コード

2016年10月13日　初版　第1刷発行

著　　　者		河村 聖悟（かわむらせいご）／北野 太郎（きたのたろう）／ 中山 貴尋（なかやまたかひろ）／日下部 貴章（くさかべたかあき）／ 株式会社 リクルートテクノロジーズ
発　行　人		佐々木 幹夫
発　行　所		株式会社 翔泳社（http://www.shoeisha.co.jp）
印刷・製本		凸版印刷 株式会社

©2016 Seigo Kawamura / Taro Kitano / Takahiro Nakayama / Takaaki Kusakabe
Recruit Technologies Co.,Ltd.

＊本書は著作権法上の保護を受けています。本書の一部または全部について（ソフトウェアおよびプログラムを含む）、株式会社翔泳社から文書による許諾を得ずに、いかなる方法においても無断で複写、複製することは禁じられています。

＊本書へのお問い合わせについては、367ページに記載の内容をお読みください。

＊落丁・乱丁はお取り替えいたします。03-5362-3705までご連絡ください。

ISBN 978-4-7981-4760-4　　　Printed in Japan